즐거운 한옥읽기
즐거운 한옥짓기

즐거운 한옥읽기
즐거운 한옥짓기

이상현 지음

그물코

들어가는 글

'집'하면 뭐가 떠오르나요?
…

너무 익숙한 단어여서 순간 아무 생각이 안 날지도 모릅니다. 그러나 가족이 하나 둘 떠오르고, 이내 많은 이야기들이 떠오를 겁니다. 슬프고 또 기쁜 이야기들 말입니다. 이야기 속의 사람들은 저마다의 눈으로 세상을 보고 이야기합니다. 철없는 아이는 동심으로 세상을 보고, 하나님을 믿는 어머니는 그 믿음을 통해 세상을 보고, 땅을 일구는 아버지는 땅을 통해 세상을 봅니다. 그리고… 저는 한옥을 통해 세상을 봅니다. 한옥을 통해 보는 세상은 따뜻합니다. 바로 집 이야기기 때문이죠. 저와 함께 한옥이 만드는 세상을 한 번 느껴보시는 게 어떨까요? 제가 안내하겠습니다.

사람들은 가장 한국적인 것 하나를 꼽으라면 한글, 한복, 거북선… 많은 것을 들겠지만 저는 구들을 꼽고 싶습니다. 구들은 단순한 난방시설이 아니어서 한옥뿐 아니라 거의 모든 문화에 영향을 주었습니다. 그래서 4장의 생생한 구들 이야기는 매우 흥미롭습니다.

'세상에서 제일 편한 곳'하면 저는 집을 꼽습니다. 아무 눈치도 보지 않고 벌렁 누울 수 있으니까요. 집은 지친 내 몸이 들어가 쉴 수 있는 곳입니다. 그 뿐이 아닙니다. 거기에서 사랑이 움트고, 아이들은 어머니에게 배움을 얻어 사회로 나갑니다. 그러니 집은 몸과 함께 마음이 쉬는 곳이며, 사람과 함께 문화가 사는 곳입니다. 한옥을 보면 우리의 문화와 역사를 볼 수 있습니다. 그런 의미에서 한옥은 우리 민족이 꿈꾼 세계까지 세세하게 들여다 볼 수 있는 망원경이고 현미경입니다. 그래서 집은 때로 문학처럼 시적일 수도 있습니다. 집은 눈에 보이는 것만으로 지어지는 게 아니니까요. 1장은 그런 느낌으로 읽을 수 있습니다. 옛날부터 이어진 한옥이야기는 구들과 마당의 발달이라는 두 축으로 정리되어 2장에 있습니다.

위와 같은 문화의 바탕 위에서 누구나 한옥을 실제 지을 수 있으면 합니다. 한옥 짓기는 아주 어려운 것으로 알려져 있습니다만 꼭 그런 건 아닙니다. 한옥은 우리 민족 누구나 지어서 살아온 집이기 때문입니다. 한옥 짓기가 너무 추상화되고, 일본의 강점과 근대화로 전통의 맥이 끊어져 어려워 보일 뿐입니다.

한옥을 지은 사람으로 어떤 이는 사대부를 어떤 이는 목수를 꼽습니다. 그리고 그 대상은 지금 남아 있는 양반들의 한옥입니다. 그러나 한옥은 양반만의 집이 아닙니다. 그래서 사대부나 이름 있는 목수가 한옥의 아름다움을 독차지 하는 것에 동의하기 어렵습니다. 한옥은 누구나 짓던 우리의 민속주택이고 그 다양성에 의해서 지금까지 생존력을 유지하고 있기 때문입니다. 따라서 한옥을 누구나 지을 수 있다고 믿고 싶습니다. 아주 최근까지 우리 민중은 도움을 받기는 했겠지만 스스로 집을 지어냈습니다.

한옥은 눈에 보이는 재료로만 짓지 않습니다. 한옥이 가진 자연미는 우리의 타고난 마음씨고, 우리는 이를 바탕으로 집터를 잡습니다. 이 때 간단한 풍수원리를 생각하면 좋을 것입니다. 5장에는 어려울 것 같던 풍수가 재미

있게 그려져 있습니다. 집을 지을 때는 서둘지 말고 크게는 마을부터 작게는 창문 하나까지 신경을 쓸 필요가 있습니다. 6장에는 이런 고민을 함께 할 수 있는 공간디자인에 관한 내용이 있습니다.

이제 집을 지읍시다. 한옥을 뼈대집으로 짓는다면 나무 관리도 할 줄 알아야 하고 나무 쓰는 법도 알아야 합니다. 8장에는 나무에 관한 중요한 내용을 쉽게 정리했습니다. 그리고 7장과 9장에서는 간단한 힘의 원리와 장부의 원리를 쉽게 정리했습니다. 이 원리들을 가르치는 학교도 없고, 제대로 제시된 책도 없습니다. 한옥 짓기 원리를 알았다면 연장을 써서 나무를 다듬고 짜면 됩니다. 뼈대가 만들어지면 지붕과 벽에 흙을 바르고 지붕과 벽을 취향에 따라 마무리 하면 됩니다. 집을 짓는 기초 지식과 방법을 10, 11, 12장에 자세하게 적었습니다. 부재 물목을 뽑는 일부터 오래 목수 일을 하신 분도 알기 힘든 선자연 놓기 등 고급스러운 기술까지도 특강으로 공개합니다.

재미있는 한옥학 개론을 쓴다는 생각으로 썼습니다. 많은 내용을 담으려 했지만 개론으로서 한계도 있을 것입니다. 쓰는 내내 느꼈습니다만 책도 문화이고 보면 혼자 쓰는 게 아닙니다. 많은 책과 논문의 저자들이 쏟아 놓은 정열이 한옥에 대한 처음의 호기심부터 책의 완성까지 저를 지켜주고 도와주었습니다. 그리고 목수로서 혼자 알기 힘든 한옥 기술을 기꺼이 가르쳐주신 분들과 혼자 준비하기 힘든 사진들을 제공해 주신 분들에게도 고마움을 전합니다.

2007년 10월 6일
이상현

차례

들어가는 글 · 005

제1장 / 오늘의 한옥이 있기까지_013

최초의 건축물은 무엇일까? · 014 | 한옥은 스타일이다 · 017 | 한옥, 무엇이 다를까? · 019 | 한옥은 은유로 가득하다 · 024 | 한옥을 만든 생각들 · 026 | 바람 햇빛 습도를 다스리다 · 029 | 강산, 한옥을 낳다 · 032

제2장 / 세월, 한옥을 키우다_035

한옥 태어나다 · 037 | 한옥, 중국과 교류하다 · 041 | 한옥이 자라다 · 044 | 한옥이 완성되다 · 049 | 개량한옥으로 거듭나다 · 052 | 한옥 전통을 이어받다 · 054

제3장 / 한옥 이렇게 지어왔다_057

옛날에는 집을 어떻게 지었을까? · 058 | 옛날에도 건축법이 있었을까? · 061 | 한옥 짓는 목수 집단은 언제 나타났을까? · 063 | 한옥 산업도 있었을까? · 066 | 한옥산업에도 경기가 있을까? · 072

제4장
구들이 있어 한옥이다_075

구들이 있어 한옥이다・076 | 구들이 있어 우리 겨울은 따뜻했다・077 | 구들이 만든 한국문화・079 | 구들이 진화하다・083 | 구들이 적응하다・086 | 구들 이래서 좋았다・089

제5장
풍수 한옥의 터를 봐주다_095

바람은 무엇인가?・096 | 풍수를 이해하다・099 | 마을풍수를 보다・103 | 집터풍수를 보다・105 | 건물풍수를 보다・109 | 내 방은 어느 쪽으로 할까?・112 | 주변학문과 풍수를 생각하다・115

제6장
한옥 공간을 이해하고 그리다_117

공간을 보고 공간을 그리다・118 | 공간나누기 방법과 의미를 알다・128 | 한옥 밑그림을 그리다・130 | 한옥에 사람 담다・137

제7장
건물은 왜 무너질까?_151

힘의 개념을 알다 • 152 | 건물도 스트레스를 받는다 • 157 | 한옥을 보는 주류 건축학의 시선이 따뜻해지다 • 161

제8장
나무를 알다_165

나무와 친해지다 • 166 | 나무를 말리다 • 171 | 나무를 관리하다 • 174 | 집 지을 나무를 고르다 • 177 | 우리가 알아야 할 나무버릇은 이런 것들이 있다 • 183

제9장
장부의 마술을 풀다_193

마술을 풀다 • 194 | 장부를 이해하다 • 195

제10장 / 나무 다듬기를 위한 기초를 알다_211

치목 기본개념을 익히다 • 212 | 먹을 매기다 • 218 | 장부 따기 일반원칙을 알다 • 224

제11장 / 바심질하다_229

바심질을 준비하다 • 230 | 기둥을 깎다 보아지·창방·장여·주두·기둥 232 | 대들보를 깎다 대들보·충량·안기둥·도리 • 245 | 동자주(쪼구미)를 깎다 동자주·종보·중장여·중도리 255 | 판대공을 깎다 판대공·마루장여·마루도리 • 261 | 처마를 만들다 서까래·평고대·부연 • 264

제12장 / 한옥을 짓다_271

나무를 짜다 • 272 | 주춧돌을 놓다 • 275 | 기둥을 세우다 • 279 | 보아지와 창방을 끼우다 보아지·창방·주두·소로·대들보·충량·도리 283 | 동자주와 판대공을 짜다 중장여·종보·중도리·마루장여·마루도리 • 294 | 평고대·서까래 그리고 개판을 얹다 • 297 | 수장을 들이다 • 303

특강/ 한옥의 고급 기술 _311

특강의 취지 • 312 | 특강_ 01 추녀 만들기 • 313 | 특강_ 02 왕지맞춤 이해하기 • 321 | 특강_ 03 선자연 놓기 • 326 | 특강_ 04 합각 만들기 • 337 | 특강_ 05 마루 놓기 • 344 | 특강_ 06 필요한 부재 셈하기(물목뽑기) • 351 | 특강_ 07 내가 살 집을 짓는데 얼마나 들까? • 359

부록/ 한옥 연장 및 사용방법을 알다 _363

자를 알다 • 364 | 필기도구를 알다 • 366 | 수평과 수직을 확인하다 • 368 | 다듬기 도구를 알다 • 370 | 전동공구를 알다 • 374 | 짜기 도구를 알다 • 377

용어정리 • 380
참고서적 • 386
참고논문 • 392
참고미디어 • 398
도움 받은 사이트 • 398

제1장

오늘의 한옥이 있기까지

최초의 건축물은 무엇일까?

 우리에게 콜라병으로 친근해진 부족 부시맨은 집을 참 빨리 짓는다. 보통 여자 혼자 집을 짓는데 한 시간 남짓이면 충분하다. 하지만 그들은 늘 옮겨 다니고 그 때마다 집은 버려진다. 말하자면 일회용 집이다. 이 집을 건물이라 할 수 있을까? 비바람조차 피하기 힘든 초막집이다. 건물이라면 무언가 계획적이고 일관된 작업이 있어야 한다. 그리고 무엇보다 중요한 것은 오랫동안 그 곳에서 안전하게 머물 수 있어야 한다. 부시맨이 만든 초막집을 건물이라고 하기에는 아직 부족하다.
 그런데 최초의 집이 동굴이었다는 건 맞는 말일까? 이 의견이 최근 깨지고 있다. 늘 먹이를 따라 옮겨 다니던 사람들이 잠깐 머물기 위해 동굴을 찾아다닌다는 것이 현실성이 없기 때문이다. 그래서 천막 정도가 최초의 집 형태라는 주장이 유력하다. 그렇다면 '인류가 처음 지은 건물 종류는 집이다'라는 주장은 맞을까? 아직까지는 집이었다는 것이 한결같은 의견이다. 그런데 다른 가정을 한 번 해보자. 왜냐하면 사람은 늘 기도하기를 좋아하기 때문이다. 이런 마음은 구석기시대부터 있었다. 사람들은 집에서 기도하기도 하지만, 뭔가 특별한 곳을 찾는다. 오래 전 집 대신 동굴을 사용하기도 했던 시절, 주거용 동굴과 기도용 동굴이 따로인 경우도 있었다. 그러니까 이 동굴에서 생활하고 저 동굴에서 제사(기도)를 지낸 것이다. 구석기시대 유적인 프랑스 라스코 동굴벽화에도 그 흔적이 있다. 따라서 최초 건물이 꼭 집일 필요는 없다. 비바람이 불편하기는 했지만, 이를 일으키는 존재가 더 무섭지 않았을까? 아니 절박하지 않았을까? 그런 생각이 크게 부당하지 않다면 사람들은 집보다 먼저 신전을 지었을 것이다. 그 가능성을 더욱 높이는 건 신전에는 난방이 필요 없다는 점이다. 따라서 신전은 굳이 움집으로 땅 밑에 지을 필요가 없었다.

건축이 신전에서 출발한 흔적은 여러 곳에 있다. 이런 특징은 우리와 같은 몽골리언에게 특히 많다. 호간이라는 집에 사는 인디언 부족이 있다. 살이집을 따로 세워도, 이를 꼭 세운다. 아이들은 놀 때도 호간을 만들면서 논다.

저녁노을로 지은 호간이 서 있네.
호간은 신의 축복을 받았네.

그들이 부르는 노래의 일부다. 첫 행의 '저녁노을'을 '옥수수', '조개껍질'로 바꾸어 부른다. 선사시대 조개껍질과 옥수수의 가치를 생각해 보자. 그런 집을 사람이 살자고 짓지는 않았을 것이다. 결국 이는 신전이다. 호간은 움집 평면처럼 둥글다. 가족은 이 하나의 공간을 상징적으로 나누어 쓴다. 임의의 공간을 정하여 신의 자리를 남겨둔다. 이들에게 호간은 모든 악이 사라지고 모든 선이 생겨나는 곳이다. 이처럼 신성한 공간은 비슷한 모양의 집을 짓는 몽골에도 남아 있는데 발음이 마루와 비슷해서, 이것을 한옥 마루의 어원으로 보는 사람도 있다.

한옥도 집을 신의 몸뚱이로 생각한다. 따라서 한옥을 짓는 일은 성주신을 만드는 과정이다. 개토제, 모탕고사, 상량식 등이 신을 모시던 의식의 흔적으로 남아 있다. 아직도 한옥 대청에는 성주신을 모신다. 또 서낭당은 마을 입구에 있는 신전이다. 여기서 한 걸음 더 나아가 천 년 동안 유지되다 8세기에 돌연 사라진 고대 멕시코의 유적지 떼오띠우아깐은 도시 전체가 신전처럼 느껴진다. 이 도시는 영화에나 나옴직한 커다란 피라미드와 지하사원으로 이루어졌다.

잠깐 상식
건축이란 말은 언제부터 쓰였을까?

건축이라는 말은 일본이 쓰기 시작했다. 이는 construction의 번역어이다. 일본이 이 땅을 강점하기 전 우리는 영조라는 단어를 사용했다. 따라서 건물에 영조라는 단어를 쓰고 있다면 그건 일본의 조선 강점 전 건물이다. 최근 영조물이라는 단어는 건축 용어가 아닌 법적인 용어로 공공건축물을 뜻한다.

한옥은 스타일이다

한옥은 무엇인가? 한옥은 한국 사람이 지은 집이다. 어쩐지 좀 밋밋하다. 이렇게 정의하면 한옥을 굳이 다른 건물과 나눌 필요가 없을 것 같다. 그러니 여기서는 한옥을 하나의 스타일로 보자. 전통성, 순수성, 보편성이라는 면에서 한옥은 아주 특별한 양식을 가지고 있기 때문이다.

먼저 한옥은 바닥 난방을 기본으로 하고 있다. 형태에 차이가 있기는 하지만 구들은 한반도 어디에나 있다. 우리 한옥만이 가진 특별함이다. 마당이 다양하게 발달한 것도 한옥의 특징이다. 한옥에 있는 마당 중정 봉당은 그 뿌리와 쓰임새가 다 다르다. 또 한옥에는 툇마루나 대청이 있다. 이는 보통 마루와 다르다. 마루가 구들을 만나 태어난 것이다. 마지막으로 한옥은 나무 기둥으로 지붕 무게를 견디는 목구조 집이 대부분이다. 그러나 일부 평야지대에 있던 흙담집, 일부 산간 지방에 있던 귀틀집 역시 한옥이다. 그들 모두 구들과 마당을 가지고 있기 때문이다. 담집에서는 기둥 대신 담(벽)이 지붕 무게 전부 또는 일부를 부담한다. 귀틀집은 통나무를 쌓아올려 짓는다. 그러므로

현대식으로 발전한 귀틀집

귀틀집에는 기둥이 없다. 따라서 이도 담집이다.

한옥 스타일 하면 우리는 커다란 '기와집을 떠올린다. 그리고 한참 뒤에야 '아, 작은 초가도 있지!' 생각한다. 우리가 무의식중에 기와집과 초가를 구분하고 있지만 사실 큰 차이는 없다. 삶의 규모가 다르므로 공간의 활용 방법이 다를 뿐이다. 다만 양반이 살던 반가와 양민이 살던 민가를 나눈다면, 민가는 우리에게 민속학적인 의미보다 신분이 낮은 사람들의 집이라는 이미지가 강하다. 그러나 양반도 초가에 살았다는 점을 생각할 필요가 있다. 따라서 한옥은 기와집이 아니다. 그래야 내가 들어가 살 수 있고, 그래야 한옥이 계속될 수 있기 때문이다.

잠깐 상식
한옥의 다양한 분류

민가가 신분이 낮은 이들의 집이라는 의미로 처음 쓰인 건 언제일까? 기록상으로는 고려시대다. 높은 사람이 사는 집을 제택(第宅)이라고 하여 민가와 구분했다. 왕의 가족인 군이나 공주들이 궁궐을 나와 사는 집을 궁집이라고 구분하기도 한다. 그 밖에도 한옥은 평면 모양이나 재료 등 다양한 관점에서 접근하고 분류할 수 있다.

한옥, 무엇이 다를까?

한옥은 한 시대에 뚝딱 만들어진 것이 아니라 세월을 두고 꾸준히 발전해 왔다. 그래서 한옥을 보는 눈도 다양하다. 어떤 이는 대청에 모신 성주신에서 샤머니즘을 읽어내고, 어떤 이는 남쪽으로 앉은 건물에서 패철을 들고 두리번거리는 풍수쟁이를 떠올린다. 산이 어미 품인 듯 앉은 집채를 보면서 산신에게 기도하는 어머니를 느끼는 이도 있다. 어디 그 뿐인가 부처님은 용마루에 걸터앉아 용이 되었고, 공자님은 안채를 담으로 가두고 사랑채에 앉아 졸고 있다. 사랑채보다 큰 안채는 고려시대까지 여인이 가졌던 진취적이고 자유로운 생활이 녹아 있기 때문일지도 모른다.

한옥에 처음 관심을 가지는 사람은 한옥이 다 다르다는 점에 놀란다. 한옥은 사는 사람의 형편과 땅의 생김에 맞춰 지어지기 때문이다. 찍어내듯 만드는 다른 나라 건물과 다르다. 한옥은 하나의 모양만을 사람이나 자연에게 강요하지 않는다. 이는 사람과 자연을 하나로 담는 포용성이다. 대청이 안과 밖을 담고 마당은 자연과 사람을 담는다. 때로 한옥은 마루와 구들처

초가와 울타리

럼 극단적인 요소까지 하나로 소화한다. 이런 문화적 특성이 공간 하나를 필요에 따라 마음대로 바꿔 쓰는 좌식문화를 이루어냈다.

　이렇게 포용성을 가진 한옥에도 대개 울타리나 담이 쳐진다. 안과 밖을 구분하여 안을 보호하는 것이 집이 갖춰야 할 제일의 덕목이기 때문이다. 한옥은 그 덕목에 충실하다. 그러나 듬성듬성한 싸리나무 울타리 너머 한옥을 보면서 닫힘을 온전히 느끼는 사람은 드물다. 즉 닫혀 있되 답답하지 않다. 이는 울이 담이 되어도 마찬가지다. 한옥 대청에 앉아 있을 때의 시원함은 아주 특별하다. 한옥은 목구조 집이 대부분이어서 벽이 지붕을 받치고 있을 필요가 없다. 그래서 창이며 문이 뻥뻥 뚫려 있다. 대청이나 안방을 중심으로 방들이 이어지고, 건물의 안과 밖이 이어진다. 창호에서 시작한 공간은 방을 지나고 대청을 지나 마당으로 나가 순식간에 앞산으로 내달린다. 학자들은 이를 확장성이라고 부른다. 이는 점점 커지는 공간의 의미이면서, 한편으로는 작은 우주인 사람이 큰 우주로 커진다는 철학의 의미도 담고 있다.

　그러고 보면 한때는 인간이 이 큰 우주만물의 척도였던 적이 있다. 미터법이 나오기 전까지 동양이나 서양이나 무언가를 가늠하는 기준으로 사람을 썼다. 1미터는 지구 자오선의 1/4000이지만, 동양의 자는 엄지와 중지 끝을 연결한 길이고, 서양의 피트는 발 길이다. 그러나 가늠 기준이 사람이라는 것과 사람에게 편한 집을 짓는다는 건 다르다. 서양은 황금비율을 기준으로 건물을 지었다. 황금비율은 아름다움이라는 개념을 기준으로 하는 개념기준이다. 물론 한옥도 직각삼각형 원리를 쓴다. 그러나 방을 나누고 마루를 나눌 때는 사는 사람을 배려한다. 이를 개념기준과 구분하여 사람기준이라고 할 수 있을 것이다. 한옥의 인간다움은 '사람중심의 척도'에 있는 것이 아니라 '사람중심의 공간'에 있다. 보통 건축이 관심을 가지는 부분은 건물 자체의 모습이었다. 그래서 시선이 건물 밖에 머문다. 그러나 한옥에서는 시선이 늘 안에 있다. 집이 보이는 집이 아니고 사는 집임을 뜻한다.

십년을 경영하여 초로삼칸 지어내니
나 한 칸 달 한 칸에 청풍 한 칸 맡겨두고
강산은 들일 데 없으니 둘러두고 보리라.

조선시대 사람인 김장생의 시다. 한옥을 잘 표현한 글이다. 그의 시는 대청에 앉아 자연을 바라보는 주인의 시선이다. 한옥은 그 곳에 사는 사람의

 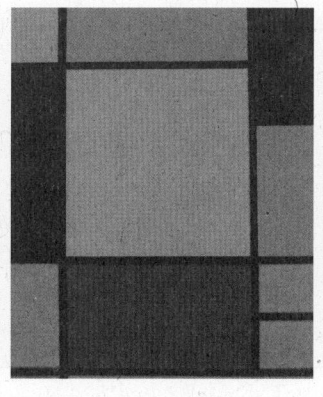 

한옥의 벽 / 몬드리안 작품 / 몬드리안 개념 건물

시선을 가진다는 점에서 어떤 나라의 집보다 우수하고, 인간적이다.

한국의 미를 '선과 백의 미요, 무작위의 미'라고 평가한 야나기 무네요시의 눈은 김장생의 눈과 달리 길손의 시선이다. 이제 길손의 눈으로 한옥의 아름다움을 한번 보자. 한옥 미의 으뜸은 자연스러움이다. 그래서 사람이 한 일을 자연이 한 일로 느끼게 한다. 서양과 견주어보자. 앞쪽 첫 번째 그림은 우리 조상이 그저 만든 한옥의 일부이다. 어디서든 볼 수 있는 모습이다. 가운데 그림은 몬드리안의 그림이다. 오른쪽 사진은 이를 응용한 건물이다. 이미 눈치 챘겠지만 한옥은 그저 만든 것이고, 오른쪽 건물은 예술가가 규정한 아름다움을 나타낸 것이다. 즉 서양 건축물에서 아름다움은 규정된 것이다. 황금비율이 그렇고 몬드리안이 그렇다. 즉 그들은 개념을 통해서만 아름다움에 도달할 수 있다.

그저 만든 자연성은 그대로 율동성으로 이어진다. 한옥 마을을 걸어보자. 한옥 지붕이 여러 겹 포개어지다 풀어지고, 담은 길을 따라가며 하나가 되고 둘이 되어 포개지다 또 헤어진다. 그 선이 주는 율동감이 살맛난다. 봄·여름·가을·겨울 철이 바뀌면 마음도 바뀐다. 시간이 흐르면서 우리 담과 지붕과 생활은 색다른 율동감을 가진다. 자연스러움은 집의 생김새에도 나타난다. 아래 사진은 자연을 꼭 닮은 집들이다. 이는 한옥이 가진 공간의 위계

뒷산을 닮은 초가 / 뒷산을 닮은 기와집

성을 표현한 것이기도 하다. 위계성이란 산봉우리-산기슭-지붕의 순으로 질서가 있다는 뜻이다. 위계성은 때로 사랑채와 행랑채의 높이 등으로 신분 질서를 나타내기도 하고, 마을 전체가 하나의 위계 속에 들어가기도 한다. 지붕 위로 연기를 피워 올리는 굴뚝과 뒤꼍의 장독대도 한옥에서 빠질 수 없는 아름다움이다.

잠깐 상식
개념기준은 뭐고 사람기준은 뭐죠?

인체측정학이라는 학문이 생겼다. 사람 신체를 고려하여 집을 짓고 물건을 만들자는 학문이다. 이 책에서는 사람을 집의 주체로 접근하는 포괄적인 개념으로 사람기준이라는 말을 쓴다. 황금비율이나 구고현법처럼 사람 아닌 다른 개념으로 기준을 삼는 방법을 개념기준이라고 적는다.

한옥은 은유로 가득하다

익숙하고 낯익은 그림과 무늬들… 세월이 앉은 한옥에는 무언가 특별한 것이 있다. 가만히 바라보고 있노라면 우리 혼도 꿈틀거린다. 아주 오래되어 층층이 쌓인 집단 무의식이다. 내용을 알고 보면 집을 보는 눈길이 훨씬 따뜻해진다. 한옥은 그 자체가 神이다. 한옥은 단지 육체만을 담는 그릇이 아니라 그 정신까지 담는 그릇이다. 그러니 땅에 기둥을 박는 것은 성스러운 교접이다. 그리하여 한옥이 생겨난다. 한옥을 천천히 돌아보자. 한옥에 들어서기 전 담을 보자. 벽에 그려진 소나무는 부부 애정을 뜻한다. 소나무는 잎이 두 개이기 때문이다. 포도나 연꽃이 있다면 이는 다산과 풍요를 기원하는 바람이다. 담의 그림을 다 보았으면 이제 대문을 보자. 용도 있고, 범도 있다. 대문의 그림은 그 집의 수호신이다. 최근에는 십자가를 그려놓은 집도 있다. 문을 열고 마당으로 들어가면 지붕 머리에 무서운 그런데 재미있는 귀면기와(귀신얼굴이 그려진 기와)가 보인다. 귀면은 집으로 들어오는 더러운 기운을 돌려 세운다. 용마루에서 눈을 굴리고 있는 용은 용케 들어온 잡귀를 물리친다. 처마 밑에서 지붕을 받치고 선 익공이 젖가슴처럼 유려하다. 그 젖가슴을 감싼 것이 수서이다. 수서를 풀이하면 혓바닥이다. 그리고 지붕과 관련된 말에 '새'가 많이 들어간다. 막새, 곱새, 디새… 이는 지붕을 하늘의 연결고리로 보기 때문이다. 그러니 우리 집은 하늘의 젖을 담는 그릇이다. 일본

일반적인 익공 모습

에선 아직도 한가운데 방을 어머니 방이라고 부른다. 집이 사람을 기르는 곳이라는 뜻이다. 구수한 냄새를 따라가니 부엌문에 태극무늬가 보인다. 따지고 보면 방은 부엌에서 나왔다. 불을 보관하던 움집에서 하나씩 갈라져 방도 나오고 창고도 나왔다. 지금도 중국 조선족은 부엌 정주간에서 생활한다. 이를 생각하면 부엌의 태극무늬가 예사롭지 않다. 어디 그 뿐이랴. 부뚜막에서 어머니는 밥을 짓고, 가족은 그 밥으로 살아가는 힘을 얻는다. 문살 모양도 다양하다. 그 중 사선으로 된 문양은 가장 전통이 있다. 빗살무늬 토기에서부터 보이는 사선은 빗줄기를 상징하고 풍요를 상징한다. 용(用)자 모양에는 일(日)자와 월(月)자가 함께 들어 있어 천지의 정기가 같이 있다. 만(卍)자는 방이 해탈을 꿈꾸기도 하는 곳임을 귀띔한다. 연꽃 역시 집의 의미를 묵직하게 한다. 집에는 속과 성이 함께 있다.

한옥을 만든 생각들

영국 사람의 집을 성이라고 한다. 굳이 영국을 들먹이지 않더라도 집이라는 공간은 철저하게 보호된다. 집은 더할 나위 없는 개인 공간이기 때문이다. 그러나 집에서 자란 아이는 사회로 나간다. 그래서 집은 개인 공간으로만 남지 못한다. 결국 집은 가족이 몸담은 사회를 보여준다. 사회와 개인이 어떻게 만나는지 집은 안다. 따라서 집은 그 시대정신을 고스란히 담는다. 그리하여 시대정신은 세월이 가도 건물 구석구석에 지층처럼 남는다.

지금부터 한옥에 남아 있는 조상님의 생각들을 살펴보자. 우리 민족은 옛날부터 하늘을 섬겨왔다. 때로 하늘은 산신으로 나타난다. 따지고 보면 단군도 산으로 내려오셨다. 산신은 생각보다 우리에게 참 중요하다. 탄압받던 불교가 임진왜란 뒤 겨우 숨을 돌릴 때 이를 도운 사람들이 양민이었다. 이때부터 사찰은 산신각을 만들어 양민이 믿는 산신을 적극 받아들였다. 그렇다고 산신이 양민에게만 중요한 건 아니었다. 조선시대에는 근정전에 일월오악병이라는 병풍이 있었다. 이는 왕의 큰 권위를 나타내기도 하지만 산신에

절에 지어진 산신각

대한 믿음의 한쪽을 보여주는 것이기도 하다. 샤머니즘 역시 넓은 테두리에서 보면 산신신앙에서 출발한다. 산신에는 남신과 여신이 있고, 산신마다 자신의 영역이 있다. 이는 앞서 살펴본 한옥의 체계성과 자연성에 관계된다.

유교는 삼국시대에 처음 들어와 고려시대까지 조금씩 영향력을 넓혀왔다. 뒤에 조선 건국의 밑바탕이 되어 높임을 받자 주거문화의 모든 면에서 영향력을 행사했다. 특히 건물 배치에 큰 영향을 주어 조상을 모시고 제사를 지내는 사당을 독립시켰다. 사당의 독립은 고려 말 정몽주에 의해 가묘가 등장하면서 시작됐다. 고려시대에 있었던 청사의 제사 기능이 사당으로 독립하였고, 청사의 나머지 기능은 정자나 사랑채 살림채로 흡수되었다. 여자보다 남자를 높이 여기는 사상은 사랑채를 안채와 별도로 짓게 했다. 맏아들에 대한 중요성이 커지면서 작은 사랑이 생겼다. 집 구조가 남자 위주로 배치되면서 사당과 사랑채의 관계가 강화되고, 조상 모시기와 손님맞이가 남성 고유의 영역이 되었다. 신분을 중시하여 건물의 호칭이 기능보다 쓰는 이를 중심으로 붙여졌다. 이밖에도 건물이 가지는 수수함이 유교 사상에서 왔다고 보기도 한다.

불교는 이 땅에 들어온 뒤에 많은 전통양식 건물을 지어왔다. 따라서 불

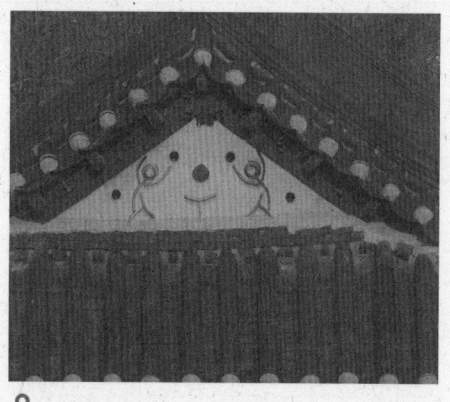
70년대 만들어진 합각

교가 전통 건축에 미친 영향은 어느 사상이나 종교보다 크다. 그러나 한옥에는 이렇다 할 영향을 주지 못한 것으로 보인다. 불교 무상사상이 꾸밈없는 한옥을 만드는데 이바지했다고 하나 이는 유교와 민간신앙으로 설명 못할 바 아니다. 다만 불교는 끊임없이 고급 건물인 사찰을 지어 한옥 구조 발전에 도움을 주었을 것이다. 특히 조선시대 중기 이후 익공집의 출현에 공헌한 것으로 보인다. 조선후기 실학자들은 풍수를 싫어하여 물리치고 생활과 문화를 따져 집터를 잡자고 제안한다. 뒤에 계급이 없어지자 계급 불평등에서 오는 한옥의 배치와 구조가 변화를 겪는다.

1960년대 입식 부엌의 출현은 서양문화의 극적인 출현이었고, 최근 집 평면은 여자가 주도하고 있다. 사진의 합각에 그려진 그림은 친근한 얼굴 같기도 하고, 아이를 그린 것 같기도 하다. 아이가 가족에서 중요해지는 현상을 반영한 것인 듯도 하다. 한편 전통적인 그림과 차이는 있어 보이나, 춤을 추는 듯한 모습에서 우리민족의 오랜 전통이 새롭게 해석되는 듯도 하다.

그 밖에도 비대칭의 균형, 공간의 연속성과 위계성, 공간사용의 효율성들을 노자 사상의 영향으로 보기도 한다. 하지만 다른 사상으로 충분히 설명이 가능하다는 점에서 노자 사상을 특별히 언급하지 않았다. 노자 사상은 불교와 유교에 비하여 우리 역사에서 주도적인 역할을 한 기간이 적고 우리의 자연친화 성품이 굳이 노자에서 기인한 것으로 볼 필요도 없기 때문이다. 풍수 사상은 그 영향력이 아직도 크므로 뒤에 다시 보기로 한다.

바람 햇빛 습도를 다스리다

햇살이 좋은 날이다. 그런데 바람이 분다. 바람이 너무 커 나가기가 마땅 찮다. 구들에 누워 책을 보기로 한다. 그런데 햇살을 쏟아내는 창이 없다면… 시간을 조금만 과거로 돌려보자. 비닐도 없고, 유리도 없다. 그러면 바람을 막으면서 햇빛만을 방안으로 들이는 일이 결코 쉽지 않다. 연기 없이 불을 쓰는 것처럼 매우 어려운 일이었다. 쉽지 않은 일이지만 한옥은 이를 잘 해결했다. 뼈대식 건물이어서 창을 내기 쉬웠고, 빛이 잘 들어오는 종이를 썼기 때문이다. 창호지는 햇빛뿐만 아니라 습도를 조절하고 방 안의 공기도 바꾸어준다. 아주 좋은 건축자재이다. 우리가 종이를 만들어 쓴 시기를 빠르게는 기원전 37년 늦게는 7세기로 본다. 당시 종이를 건축 재료로 썼는지 확인되지 않지만, 햇빛을 방으로 들일 목적으로 창과 문에는 썼을 것이다. 그러나 조선시대처럼 창호지가 집 전체를 두르지는 못했다. 그러자면 방을 따뜻하게 할 난방시설과 문틈으로 들어오는 바람을 막을 정교한 문이 필요하기 때문이다. 영조법식에 격자문 같은 창호 기술이 나오는데, 이를 그

조선의 창호(윤증고택의 안고지기문)

이전부터 있었던 것으로 보고 있다. 중국을 따르던 신라 역시 비슷한 기술을 썼을 것이다.

종이를 건축에 쓴 사실은 고려사절요 등 고려시대 기록 여러 곳에 나온다. 특히 12세기 인종은 닥나무 재배를 민간에 적극 권장하고 관청에 땅(지전)을 주어 종이 구입에 쓰도록 했다. 종이 수요가 크게 늘어났음을 짐작하게 한다. 시기적으로 전면구들이 나타날 때여서 구들과 어느 정도 관계있어 보인다. 이때부터 벽에서 문과 창이 차지하는 비중이 점점 커졌다. 고려시대에는 종이를 벽지나 천막으로도 썼다. 기타 10~11세기 작품으로 짐작되는 금동대탑과 공민왕이 그린 위기도에도 창과 문의 모습이 보인다.

세종 때 간행된 삼강행실도에는 창호지 문과 창이 많은 건물이 나타난다. 겨울이 긴 우리나라에서 덧문도 없이 창호지 문만을 크게 만들어 쓰기는 쉽지 않다. 구들이 없던 '맹씨행단' 양쪽 방 전면에는 문은 고사하고 창문 하나 없다. 구들 없는 방에서 창호지 하나로 겨울바람을 이길 수 없기 때문이다. 2중 3중의 시스템 창호 수준의 문은 종이를 문에 쓰려는 한결같은 노력의 결과다. 이 노력을 뒷받침 한 것이 구들이다. 우리 창호지문이 가장 발달하는 고려말과 조선초에 중국은 벽돌을 쌓아 집을 짓기 시작해 뼈대식 집을 늘려가던 우리와는 다른 형태로 발달한다. 중국은 창호지문도 대개 반은 판문을 대고 윗부분에만 창호지를 붙이거나 덧문을 대는 형식이다. 전체 또는 대부분이 창호지인 우리 문과는 다르다. 물론 중국도 따뜻한 곳이고 앉아서 움직이는 공간이라면 전면이 창호지인 문을 썼겠지만, 추운 곳에서 종이로만 문을 만든 곳은 없는 듯하다. 따라서 빛, 습도, 난방 등 실내 환경만을 따지고 보자면 우리 민족 특히 서민은 아주 오래전부터 지금의 국제기준에 적합한 조건에서 살았던 셈이다. 그리고 양반들이 구들을 받아들이면서 문과 창이 몇 겹이 되고 이제는 방안의 빛, 열, 습도를 마음대로 조절하게 되었다.

그러나 외부사람이나 짐승으로부터 집을 보호하기 위해서 부엌문이나 곡간문은 널문이 쓰였다. 당연히 산골집이라면 창호지문 대신 널문을 더 많이 썼을 것이다.

강산, 한옥을 낳다

사계절이 되풀이되는 곳. 우리 민족의 활동 무대이던 요동과 만주를 아우르고 지금 우리가 사는 한반도까지. 이곳이 한옥을 낳은 산하이다. 공간적인 배경을 요동과 만주까지 늘려보는 것은 한옥의 올바른 뿌리를 찾기 위해서다. 공간을 한반도에 국한시키다 보니 우리가 만든 구들조차 막연히 북쪽에서 왔다고 했다.

이 땅에는 산이 많다. 산은 한옥이 앉는 자리와 한옥을 짓는 재료에 영향을 주었다. 풍부한 황토와 나무는 한옥이 발전하기에 좋은 조건이다. 굴피, 너새, 억새, 너른 돌은 지붕재료가 되었다. 산이 많기는 하지만 거칠지 않다. 저고리 소맷부리처럼 완만하다. 땅이 생겨난 지 오래된 까닭이다. 경주지방은 지형이 배와 같다 해서 지붕을 맞배지붕으로 하는 풍습이 있었다. 그 만큼 집은 주변 지형을 닮는다. 산의 생김새를 보노라면 굳이 풍수를 들먹이지 않아도 산을 등지고 앉은 한옥을 이해할 수 있다.

뚜렷한 사계절과 남북으로 긴 반도 모양의 땅은 한옥 평면에 영향을 주었다. 구들과 마루를 여러 가지로 응용하게 했고, 겹집과 홑집이라는 다른 형태의 한옥을 만들었다. 홑집은 용마루 지붕 아래 방을 한 줄로 만든다. 이와 달리 겹집은 지붕 아래 방이 두 줄 들어간다. 아파트를 보면 방이나 거실이 나란히 놓인다. 방 양쪽에서 바람이 들어오는 절보다는 방이 포개져 있는 아파트가 따뜻하다. 따라서 추운 곳에서는 겹집이, 따뜻한 곳에서는 홑집이 발달했다. 한옥의 기단과 싼 물매 역시 기후에 영향을 받은 것이다. 한 해 강수량의 50~60%가 6~8월에 내리붓기 때문이다.

우리에게는 아직도 여러 나라 전통이 다양하게 남아있다. 고구려, 백제, 신라의 전통이 지역적으로 일정한 경계를 형성하면서 서로 경쟁하고 돕는다. 이는 작은 반도에서 한옥이 다양할 수 있는 좋은 자양분이다.

제 2장

세월, 한옥을 키우다

한반도 최초의 집은 언제 만들어졌을까? 그 규모는 어느 정도나 되었을까? 궁산리 집터를 보면 궁금증이 조금 풀린다. 거기에서 발견된 나무 길이는 6m, 지름은 20~30cm가 된다. 이 정도면 중국 앙소 문화 유적지에서 나온 유물보다 큰 집이다. 이런 집을 대략 6~7000년 전부터 지었다. 그러나 학계에서는 우리가 움집을 극복하고 한옥을 지은 시점을 기원전 3~1세기로 보고 있다. 이는 문명을 보는 태도가 굳어있기 때문이다. 문명이 동시에 발생할 수 있고, 다양한 교류가 가능하다는 다원적인 관점이 필요하다. 중국을 보아도 앙소 문화와 아무 관계없는 하모도 문화 유적지에서 목조건물이 나타났다. 또 황하와 양쯔강을 기준으로 중국 건축양식은 전혀 다르다. 더구나 우리 조상이 중국과 대립관계에 있던 북방계통임을 헤아려야 한다. 중국과 제일 친했던 신라조차 처음에는 내물마립간이라는 칭호를 썼다. 여기서 간은 북방 민족이 중국 황제에 대응하여 사용한 단어이다. 따라서 중국 기록에만 의존하여 한옥의 뿌리를 찾기보다는 지정학, 인종학, 고고학적 탐구에 힘써야 한다.

한옥 태어나다

　신석기 시대 개발된 건축도구로 가장 중요한 건 자다. 물론 이 시기에 쓰던 자가 남아 있는 건 아니다. 하지만 당시 한 자의 크기를 알 수 있다. 대동강 남경유적에서 발견된 빗살무늬토기 크기는 56, 70, 84cm로 대중소가 있다. 이는 14cm의 배수이다. 즉 14cm를 한 자로 했을 때 4자 5자 6자의 크기가 된다. 신석기사람은 우리가 생각하는 것보다 합리적이고 수치에 밝았다. '건축할 때 쓰는 자'인 영조척은 이미 신석기시대부터 있었다.

　보통 집하면 문과 창을 제일 먼저 떠올린다. 그럼 문은 언제 처음 만들어졌을까? 건물과 같이 태어났을까? 그렇지는 않다. 문이 만들어지기 전에는 아무 쪽이나 거적을 치고 드나들거나 단순한 출입구멍만 있었다. 최초 문의 흔적은 황해도 봉산군 지탑리 유적지에 있다. 문은 서남쪽과 동북쪽에 위치했다. 방향을 보면 출입뿐 아니라 햇빛들이기도 고려한 듯하다. 개인적으로는 이 시점을 문이 특히 중요한 한옥이 첫발을 내딛은 때로 삼고 싶다. 따라서 한옥 역사는 기원전 4000년이면 시작한다. 이때부터 구들이 나타나는 청동기시대까지를 한옥의 태동기로 본다. 그러나 최근 단양 도담리 유적을 근거로 구석기사람을 우리 조상으로 보는 견해가 있고, 우리 신석기 문화가 시베리아의 신석기 문화보다 앞선다는 보고가 있다. 이 땅에서 구석기와 신석기가 단절되지 않고 이어졌다면 한옥 역사는 훨씬 길어진다.

신석기사람은 여럿이 모여 주로 움집에서 생활했다. 움집은 동그란 평면에 고깔 같은 모임지붕을 쓰고 있었다. 시간이 지나면서 평면은 점차 타원형으로 변해갔고, 길어진 담에 흙을 빚어 올렸다. 흙담집은 두 가지 형태가 있다. 하나는 단순히 흙을 다져 올리는 집이다. 다른 하나는 광주리 짜듯 뼈대를 짜서 진흙을 붙이는 방식이다. 흙집 유적지로는 동해안 오산리가 있다. 집 바닥에 진흙다짐을 한 평지집터다. 자갈을 함께 다지거나 불에 구워 썼다. 이때 이미 건물이 땅 위에 있었다는 뜻이다. 신석기시대 지상건물을 사용했다면, 지상건물을 움집보다 높게 평가할 필요는 없다. 추운 겨울을 나기 위해서는 건축기술보다 난방이 더 큰 문제였다. 조선시대 수원성을 지을 터를 갖추는 과정에서 보상한 집에는 움집도 여럿 있었다. 움집을 어느 시대의 건축을 평가하는 잣대로 삼는 건 위험하다. 따라서 '땅 위의 건물'은 집보다는 신전처럼 사람이 살지 않는 건물일 가능성이 있다. 움집지붕에 진흙을 얹은 시점도 신석기시대 말에서 청동기시대 초까지로 보고 있다. 이는 건축에서 굉장한 진전이었다. 여름에는 냉방, 겨울에는 난방 단열재로 쓴 것이다. 사실 움집은 대단히 괜찮은 집이었다.

강가에서 살던 신석기사람과 달리 청동기사람은 주로 언덕에서 살았다. 언덕에 살며 다양한 곡물을 재배하고, 청동기로 만든 무기를 들고 전쟁을 했다. 당시 아시아 대륙에 불고 있던 전쟁을 통한 지역통합 분위기를 보면 알 수 있다. 이 시대 한옥은 얼마나 발달했을까? 이를 알기 위해 살필 것이 고조선이다. 고조선에 대한 기록은 다양하게 전해진다. 그 중 기원전 7세기 기록인 《관자》에 의하면 조선에 조공을 오게 하는 방안을 논의하는 대목이 있다. 이때 이미 상당한 국가인 고조선이 있었다는 뜻이다. 이때는 바닷길을 이용하기도 했기 때문에 배를 만들어 썼다. 배를 만드는 기술은 높은 수준의 건축 능력을 반증하는 것이다. 따라서 청동기시대까지 한옥은 이미 상당히 발전해 있었을 것이다.

신석기시대에서 청동기시대로 넘어오면서 건물 겉모습에 가장 큰 변화가 있었던 곳은 지붕이다. 신석기 움집은 원형 중심이었으나 청동기 움집은 직사각형의 평면이 큰 흐름을 이룬다. 모임지붕이 맞배지붕으로 한 단계 발전한 것이다. 원형 움집에는 불이 중앙에 하나만 있었지만 직사각형 움집에는 불이 두 군데로 늘어난다. 문 반대편에 불이 자리 잡으면서 공간 설계 능력이 크게 향상된다.

청동기시대 유적을 정리하여 한옥을 보면 평면이 커지면서 끈으로만 지붕을 잡을 수 없었다. 길이 15미터가 넘는 집터도 있어 장부도 나타났을 것으로 보인다. 장부가 없다면 이 큰 집터에 나무를 연결할 방법이 없다. 주추를 놓고 지붕을 받기 위해 기둥 여러 개를 세우거나, 기둥에 도리를 올려 서까래를 받고, 바람에 맞서 버티게 보를 올렸다. 대들보 위에 다시 대공을 두어 용마루를 얹었다. 따라서 자연스럽게 맞배지붕이 만들어졌다. 한옥에서 중요한 마을이 나타난 것도 이때다.

예수님이 마구간에서 태어난 건 당시 난방시설을 생각하면 어쩔 수 없는 일이었다. 그러나 우리는 구들을 썼기 때문에 집짐승과 같이 사는 생활방식에서 일찍 벗어났다. 물론 집짐승을 보호하고 쇠죽을 끓이기 쉽게 부엌에 우리를 붙여 놓기도 했지만 서양과는 본뜻이 전혀 다르다. 영변 세죽리 유적 보고서에 의하면 고조선시대에 이미 외줄고래가 있었다. 민가가 땔감 부족을 극복하기 위해 움집에서 구들을 개발하는 동안 지배계층은 풍부한 땔감을 바탕으로 바닥을 다진 땅 위의 집을 발전시켰다. 그러나 중국 기록에 의지하다보니 귀틀집조차 고구려시대에 가서야 확인된다. 그러나 귀틀집은 신석기시대 이래 발달한 담집 유형이다. 북방에 구들이 개발되는 동안 남방에서는 마루가 만들어지고 있었다. 남방은 무덥고 땅이 습해 땅 위에 건물을 지으면 물기가 올라오고 짐승의 공격도 피할 수 없었다. 그래서 나무 위에 오두막집을 짓고 가족이 늘어나면서 마루로 발전했다. 마루는 높다는 의미다. 울타리는 울주의 바닷가 그림(암각화)에서 처음 보인다. 울타리로 집짐승을 가두거나 마당을 구분해서 사용했을 것이다.

잠깐 상식
한옥에서 유적지가 중요한 까닭

우리 민족은 우리의 고대문화를 글로 거의 남기지 않았다. 그래서 중국의 기록에 의지하여 우리 고대사를 살펴왔다. 그러나 지금까지의 중국사료는 공자의 존왕양이 사상으로 편집된 역사라고 할 수도 있다. 따라서 주위와의 관계에 있어서 역사가 인위적으로 기록되었을 가능성이 많다. 최근 발해만 일대에서 발견된 랴오허 문명의 주체가 우리의 선조로 알려진 동이족인 것으로 알려졌다. 랴오허 문명이 중국의 황하문명보다 앞서고 있어서 중국 학자들이 당황하고 있다. 우리가 중국에 문명을 전수했다는 민족사 학자의 주장이 설득력을 얻고 있다. 이러한 사실들은 한옥의 기원과 발전을 파악하는 데 있어서 아주 중요한 내용들이다.

한옥, 중국과 교류하다

중국은 완성된 형태의 건축 양식을 기원전 2000~1500년경에 이룬 것으로 주장한다. 그 근거는 室 宮 樓와 같은 상형문자다. 그러나 중국의 기록을 살펴보면, 건축기법이 다른 곳에서 전해졌을 가능성을 암시하는 대목이 보인다. '옛날에는 동굴이나 들판에서 살았으나, 뒷날 성인이 궁실로 바꾸었다. 위에 대들보를 얹어 집을 만드니 대개 튼튼하다.' 이는 《역경》계사편에 나오는 내용으로 중국 최초의 건축이론이라고 할 수 있다. 궁실은 가옥, 집이라는 뜻이었으나 뒤에 궁이라는 의미로 바뀌었다. 실제 중국의 건축은 한나라에 와서 크게 발전한다. 기원전 7세기면 고조선은 이미 상당히 발달해 있었다. 기원전 4세기 연나라는 고조선을 교만하고 잔인하다고 적대감을 보였고, 고조선은 실행하지는 않았지만 연나라를 칠 계획도 있었다. 즉 고조선은 매우 큰 군사력을 가지고 있었다. 이는 건축 발전 없이는 불가능한 일이다. 건축기술은 당시 전쟁에서 매우 중요했기 때문이다. 당시 중국(한나라)에서도 여전히 동굴집을 쓰고 있었다는 점을 살피면 좀더 확실해진다. 귀족만이 정원을 갖춘 회랑에서 살았을 뿐이다. 그리고 진시황의 아방궁을 우리가 넘볼 수 없는 건축으로 주장하나 사실 이는 건축이라기보다는 대규모 토목공사라는 점에 더 의미가 있다. 그렇다면 우리나라 신석기시대 유적지의 진흙다짐과 다를 바 없다. 또 하나를 덧붙이면 중국의 사합원은 회랑으로 둘러싸인 중정 집이다. 그러나 고구려 벽화 속의 집은 회랑이 아니다. 단지 여러 건물이 지어진 마당 집으로 보인다. 따라서 청동기시대 후기와 철기시대를 중국 건축이 옮겨온 시기가 아니라 중국 건축과 교류를 했던 시기로 봐야 옳다. 특히 벼농사가 당시 중국 남쪽에서 전해졌다면 이곳과의 교류도 중요하다.

철기시대에 들어오면서 철제 연장이 널리 보급된다. 폭 2cm의 톱이 발견되는 시점이 기원전 2세기다. 연장 발달은 그 이전까지 쌓아온 기술과 더해져 세밀한 가공에서 큰 진전을 이루었다. 오늘날과 같은 주춧돌을 쓴 것도 이 시기로 보고 있다. 귀틀집, 다락집 등에서 차곡차곡 쌓인 건축기술이 중국 책에 다양하게 나타난다. 너와, 억새, 굴피, 돌기와 등은 지붕 재료로 쓰였다. ㄱ자 고래가 초기 철기시대에 완성되었다는 것을 확인한 건 고고학 발달에 힘입었다. 삼한지역에서 발견된 원형 구들시설도 기원전후 것이다. 앞으로 구들 기원은 더 올라갈 수 있다. 분명한 건 철기시대에 이미 한반도 남쪽 끝까지 구들이 전해졌다는 사실이다. 이 말은 청동기시대나 철기시대가 지금 생각하는 것보다 훨씬 역동적이고 이동이 많던 시대였다는 뜻이다. 이런 상황에 대한 인식이 고구려사를 요동사로 분리하려는 움직임을 막을 수도 있을 것이다.

◦ 잠깐 상식
고조선은 언제부터 있었나요?

한반도의 청동기시대가 언제부터 시작했는가는 매우 중요하다. 학계에서 청동기시대를 대체로 기원전 10세기부터 기원전 4세기까지로 보고 있다. 청동기시대의 출현을 기원전 20세기까지 올려보기도 하고 10세기에서 좀 내려보기도 한다. 기원전 20세기까지 올려볼 수 있다면 삼국유사에서 제시하는 고조선 건국시기와 대체로 맞다. 올해부터 중·고등학교 교과서에 청동기시대를 기원전 2000년으로 올려 잡기로 했다고 한다. 한편 고조선의 위치에 대해서도 최근 논란이 되고 있다. 이는 고조선의 표지유물인 비파형 동검이 한반도 밖에서 많이 발굴되고 있기 때문이다. 따라서 단군이 고조선을 세운 자리가 대동강 유역이 아닌 요동지역이라는 주장에 설득력이 있다. 이 설득력을 기반으로 요동사를 한국사와 구별하려는 움직임도 있다.

한옥이 자라다

지역통합에 성공한 고구려, 백제, 신라는 아주 큰 건축 사업을 일으켰다. 이렇게 국가적인 건축에 힘을 쏟을수록 민가는 허술했다. 당시 민가 모습을 살펴보자. 《구당서》 동이전 고구려조에 보면 '…물 좋은 산골짝에 모여 산다. 지붕은 띠로 덮고 오직 절과 궁만 기와를 덮는다…' 고 적고 있다. 고구려 시대에는 띠풀로 만든 초가집이 흔했음을 알 수 있다. 아궁이는 아직 방안에 있었다. 그리고 방 밖에 따로 세운 굴뚝이 확인된다. 굴뚝이 방 밖에 세워지면서 한옥에 고유한 마당이 나타났다. 5세기 후반 온달의 집에 들어가지 못한 평강공주가 시문(柴門) 아래서 잠을 잤다고 하는데 여기서 시문을 사립문 정도로 해석할 수 있으므로 마당이 당시에 일반적이었다는 것을 알 수 있다. 따라서 이 시기 민가는 ㄱ자 구들을 설치한 초가로 마당을 가지고 있었다. 방바닥은 흙바닥에 풀을 까는 정도였다.

고구려 고분에서 확인할 수 있는 지배층의 집은 기능적으로 분화되었다. 방앗간, 주방, 차고, 외양간, 마구간 등 한옥에 딸린 건물이 모두 나타난다.

그러나 고구려 집은 중국집과 달랐다. 무용총 벽화에서 춤꾼들이 춤추는 곳은 다름 아닌 마당이다. 그림 왼쪽에서 음식을 나르는 여인들에서 좀 더 확실해진다. 구들을 지배계층이 전혀 쓰지 않았다고 기술하는 책도 있으나 아차산의 고구려 군사시설에서 볼 수 있듯이 공식적인 건물에도 구들이 쓰였다는 점을 생각할 필요가 있다. 이 구들은 굴뚝개자리가 있는 매우 발달한 형태다. 또한 지배계층의 것으로 짐작되는 동대자 유적지에도 구들은 있다.

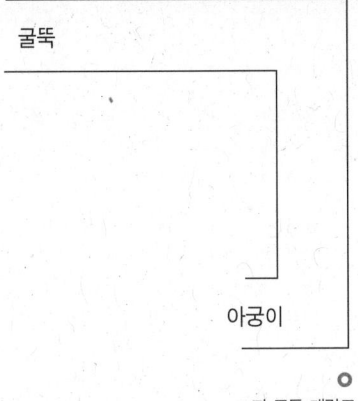
ㄱ자 구들 개략도

한편 남쪽에서는 마루가 생기고 있었다. 중국인 동월이 지은 《조선부》에 '백제 사람은 땅에서 떨어뜨려 높게 마루를 만들어 그 위에 살고 사다리를 써서 오르내린다.'는 기록이 있다. 백제 초기 이미 널마루를 썼음을 알 수 있다. 신라에 마루가 있었다는 것은 가형토기로 짐작한다. 통일신라시대에는 판방(板房)이라는 마루방이 흔하게 쓰였다. 신라산 융단이 있었던 것을 보

무용총 벽화 개략도

면 귀족은 마루나 전돌 위에 융단을 깔고 살았던 것으로 보인다. 고구려는 쪽구들을 쓰고 있어 평상 형태의 뜰마루를 많이 썼을 것이다. 목수 입장에서 보면 손대패가 없던 시절 마루를 평평하게 깎는 일은 어려운 작업이다. 따라서 잘 다듬어진 마루방은 아무나 가질 수 있는 것이 아니었다. 참고로 고구려의 창고시설인 부경에서 마루의 기원을 찾기도 한다.

황룡사 9층탑을 만든 기술을 생각하면 귀족 집은 중국의 그것보다 화려했을 것이다. 집이 화려했던 것은 중국기록에서도 보인다. 《삼국지》위지 동이전 고구려조는 '…궁실을 고치기 좋아하고 거처 왼쪽과 오른쪽에 큰 집을 세워 신에게 제사지내고…' 라고 적고 있다. 막새기와도 이 시대에 나타난다.

여기서 문화의 흐름을 잠깐 볼 필요가 있다. 신라가 통일하면서 그 때까지 우리 정신의 뿌리이던 산신에 대한 믿음 등 고유문화는 중국 문화에 주인 자리를 내주고 만다. 따라서 이때부터 귀족들은 산신신앙, 자연일체사상, 샤머니즘 등 토속문화를 양민에게 넘겨주고 중국 문화를 들여와 썼다. 그렇지만 한옥에서 보는 것처럼 고유문화는 없어지지 않고 생명력을 가지고 꾸준히 살아남았다. 문화의 이런 뒤바뀜 현상은 조선후기 한옥이 완성되면서 비로소 바로잡힌다. 따라서 통일신라시대 귀족의 집은 가장 중국다웠을 것이다. 통일신라까지 집 평면은 중국과 같은 1실 1채가 기본이었다는 것이 보통 의견이다. 중상류계급에서도 뜰집처럼 중정이 발달한 건물이 흐름을 이루었을 것이다. 그리고 통일신라 이후 공식적으로는 한옥에 단청을 허용한 적이 없다. 그러므로 한옥은 예나 지금이나 나무 모습 그대로 지어졌다. 물론 힘 있는 사람들이야 법을 어기면서까지 단청을 입혀 위세를 높였지만 지금이라면 굳이 절집처럼 지을 사람이 없을 것이다.

정주간 집은 집중형 한옥의 대표적 예이다. 정주간은 발전을 거듭하여 함경도 지방에 자리 잡았다. 혹독한 추위에서 열효율을 가장 크게 하고 들짐승의 공격을 효과적으로 막을 수 있었다. 딸린 건물 없이 한 채에 모든 것이 들어간다. 따라서 안마루와 정주간, 봉당 등이 발달했다. 마당은 담이 필요 없는 바깥마당이 형성되었다. 중정을 가진 집은 열을 갈무리하지 못하므로 가능한 모든 일을 집 안에서 하는 형태다. 열을 갈무리해 사용할 수 있는 구들이 있는 집은 바깥마당에서 활동하고 안으로 들어와 쉬는 것이 능률적이었다. 따라서 구들을 사용하는 북부지방은 마당을, 구들을 사용하지 않던 남부지방은 뜰집의 중정을 발전시켰다.

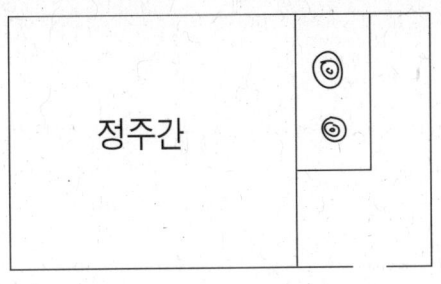
함경도 정주간집 평면도

송나라 사람 서긍은 《고려도경》에 '귀족은 중국 사람처럼 평상에서 생활해 외국이라는 느낌이 없으나 양민은 땅을 파 흙 침상을 만들어 눕는다.' 고 적고 있다. 그때까지 양반은 구들을 거의 쓰지 않았지만 양민은 대체로 썼다는 짐작을 하게 한다. 그러나 잠깐 머문 서긍의 기록을 그대로 받아들일 필요는 없을 것 같다. 최자, 이규보 등의 글을 보면 상류층도 관심을 가지고 또, 쓰고 있었음을 알 수 있다. 구들은 10세기 전후 전국적으로 보급되고 12세기가 되면 전면구들이 나타난다. 전면구들이 나타나면서 건물을 통채로 쓰던 한옥에 변화가 생겨 간(間)이 분화한다. 신의주 상단리는 최초의 전면구들 유적이다.

초가삼간에서 적지 않은 가족이 살 수 있던 것은 여러 사람이 잘 수 있고, 또 그 자리에서 밥도 먹을 수 있는 구들 때문이다. 따라서 구들은 난방이기 이전에 양민이 선택의 여지없이 받아들인 주거형태였다.

구들을 쓰기 전 귀족은 벽에 비단이나 회벽을 바르고 방바닥에는 흙이나 마루를 깔았다. 살이집으로 가장 오래된 여말선초 맹사성 집에는 흙 대신 방전이 깔려 있었다. 그 밖에 고려시대에는 꽃담도 보이고 청자기와도 보인다.

전면구들이 전국적으로 퍼지면서 방안에 있던 아궁이는 12~13세기면 방 밖으로 나간다. 아직 부뚜막과 아궁이가 하나로 쓰이지 않았지만, 땔감을 아끼기 위해 차츰 아궁이에 부뚜막이 올라가고 부엌은 방 옆으로 옮겨왔다. 이제 구들과 대청이 하나인 한옥이 생겨날 시간이 되었다. 《동문선》에 있는 이인로의 글을 보면 동정이라는 14칸 정자를 지을 때 욱실과 양청을 건축했다. 다툼은 있으나 이를 구들과 대청으로 본다. 마루는 일정한 권위를 가지고 있었다. 흙으로 대충 지은 집과 나무를 깎아서 만든 집은 전혀 다르다. 여기서 당시 사회 분위기를 살펴볼 필요가 있다. 재산은 남녀 구분 없이 나누어져 상속됐고, 데릴사위제가 여전히 있었고 여자도 자유롭게 이혼하고 다시 결혼했다. 따라서 이 시대 마루가 가지는 권위는 남자가 여자에게 가지는 것이 아니라 양반이 양민에게 가지는 권위였다. 조선시대 가부장제를 확립하는 데 200년 이상이 걸렸다고 하니 고려시대라면 부엌을 안방과 한 건물에 들이고 마루가 대청이 되어 구들을 연결하는 게 어렵지 않았을 것이다. 지역적으로 대청은 춥기도 하고 덥기도 한 중부지방에 만들어졌고, 지역마다 기후에 맞게 안마루 툇마루 쪽마루 들마루 등 여러 가지 형태로 구들과 하나가 되었다. 마루도 구들처럼 지역 차이를 반영하여 발전했다. 기후조건과 큰 비용 때문에 대청은 일반화되기 힘들었을 것이다. 고려시대 한옥은 구들을 쓰면서 창호지 사용이 가능하도록 창과 문이 정교하게 발전해 조선시대 쓰인 시스템 창호가 선보였을 것이다. 이때까지를 한옥의 형성 발전기로 볼 수 있다.

한옥이 완성되다

고려 말과 조선 초에 한옥은 크게 발달한다. 돌을 다루는 기술이 발달해서 구들에 필요한 돌 공급이 쉬워졌다. 퇴비 주는 방법을 들여와 농사를 해마다 지을 수 있게 되었다. 이때 뒷간은 잿간과 함께 대문 쪽으로 옮겨갔다. 이때까지 인분은 돼지 먹이로 쓰여 뒷간은 돼지우리 옆에 있는 경우가 많았다. 그런 까닭에 '똥 떨어진 데 섰다.'라는 말이 좋은 뜻을 가지는 속담으로 쓰인다. 벼 생산량이 늘어남에 따라 짚도 많아져 초가가 일반화되었다. 이제 지붕에 쓸 풀을 산으로 가 따로 베지 않아도 되었다. 이 시기 양민 생활이 나아지면서 민가에서도 집 지을 나무를 많이 구하게 되었다. 민가에 장여를 쓰지 못하게 하는 규제가 이때 생겨 조선후기까지 이어졌다. 양민의 주거환경은 이때부터 많이 나아졌다.

태종은 '부부가 따로 잘 것'을 명령하는데 이를 계기로 현재 우리가 보는 반가의 틀이 만들어진다. 여인들을 가두기 위해 ㅁ자 평면이 발달했다는 주장이 설득력을 가지는 까닭이다. 조선시대의 한옥에는 창이나 문처럼 뚫린 곳이 많다. 문 크기가 작은 것도 많다. 사방이 열려 있으니 문 크기를 줄여 개인 생활을 지키려 한 것이다. 한편 문은 빛, 바람, 공기를 안팎으로 이어지게 했다. 다만 ㅁ자 평면 집은 당시 유학이나 풍수와도 관련 있고, 한편 마당과 중정의 결합 결과일 수도 있다. 따라서 이를 단순히 여자를 가두기 위한 것으로는 보기 힘들다.

조선시대에는 기름먹인 장판지가 나와 양반이 구들에 더욱 호감을 가지게 됐다. 한옥이 구들을 쓰자 난방문제를 해결할 수 있었고, 빛들이기에 유리한 창호지 문을 많이 쓸 수 있었다. 조선의 모든 사람이 창호지와 기름먹인 장판지를 사용할 수 있는 시대가 열린 것이었다. 이에 힘입어 16세기 말이면 전남지방까지 구들이 들어간다. 아궁이는 부뚜막과 부엌에서 하나가 되었다. 그 위로 다락이 생겼다. '맹씨행단'에서 보는 것처럼 우리 살이집은 대칭 구조가 흐름이었다. 그러나 구들을 받아들이고 대칭적인 주거문화를 포기한다. 이로써 귀족의 입식 생활은 좌식 생활로 변한다. 동선이 짧아지고 남성 권위가 커지면서 누각까지 사랑채에 흡수되는 현상이 보인다. 구들이 제주도에까지 완전히 보급된 건 19세기경이다. 그리고 한옥이 완성되는 시점에서 익공집이 나타나 포집과 구별된다. 익공이 나오므로 한옥은 더욱 견고해졌다. 구들은 정자, 서원, 향교에까지 들어간다. 구들이 사대부의 집에 들어가면서 마당과 중정이 하나로 만난다. 따라서 한국의 마당은 지역마다 여러 가지로 발달한다. 구들을 지방 파견이 많은 관리들이 남쪽으로 퍼뜨렸다고 주장하기도 하나, 보부상이 계속 활동했고, 포구를 통해 물건이 운반되고 이와 함께 문화가 움직였다는 점을 생각하면 관리보다는 양민이 퍼뜨렸을 가능성이 여전히 많다.

앞서 말했듯이 초가삼간 하나에서 온 가족이 살아야 하는 양민에게 좌식문화는 선택이 아니라 어쩔 수 없는 구속이었다. 일부 지역에 남은 기록을 보면 10% 미만이던 양반의 수가 조선후기에는 전체 인구의 50%를 넘어서고 있어 이런 주장의 신빙성을 높인다.

한옥의 완성은 모든 계층이 하나가 되면서 이루어진다. 19세기 말 서양 귀족문화가 무너지면서 대중문화가 새로운 가치로 등장한다. 우리는 이보다 앞서 대중문화가 주류를 이루었다. 청나라가 명나라를 무너뜨리고 중국을 차지하고, 일본이 우리나라를 침략하여 쑥대밭을 만든 전쟁 통에 사람들의 세계관이 바뀔 수밖에 없었고, 우리 것을 돌아보는 계기가 되어 우리 것을 잘 보존하고 있는 하층민에게 관심을 가지게 되었다. 임진왜란과 병자호란을 극복하는 실제적인 힘 역시 이들 하층민에게서 나왔다. 판소리가 생겨 양반들이 관심을 가지는 것도 이 때다. 밖으로는 임진왜란과 병자호란을 겪고 안으로는 대동법을 시행해 상업이 발달하여 신분 차이가 약화되었다. 이에 따라 노비는 여러 가지 경로로 양민이 되었다. 이들이 다시 양반이 되었다. 상업의 발달로 양반은 농업경영자로 변신하고 소작제가 자리를 잡았다. 대규모 소작농도 등장한다. 따라서 일반 백성도 부의 정도에 따라서 반가에 버금가는 집을 지었다. 따라서 신분제에 따른 집의 법식이 무너지고 한옥은 민가와 반가를 아우르는 단계에 이르고 가사노동이 가족 중심으로 움직이면서 부엌의 동선이 짧아지고 뒷간이 발달한다. 이는 집 전체 평면에도 영향을 주어서 행랑채와 대문채가 없어지거나 작아진다. 이 시대의 평면은 마당과 중정이 다양한 모습으로 섞이면서 발달한다. 진정한 의미에서 한옥은 이 시기에 와서 성숙되고 완성되었다.

개량한옥으로 거듭나다

　일본 강점기에는 한옥이 제대로 성장할 수 없었다. 따라서 이 시기는 한옥의 침체기이다. 그러나 서양식 집을 지을 수 없는 사람이나 임대업자에게 세련된 한옥은 매력적이었다. 이것이 개량한옥이 나온 시대적인 배경이다. 개량한옥은 분양을 위한 한옥으로 상품성이 중요했다. 한옥이 간 단위로 거래가 되므로 간수를 늘리기 위해 간이 좁아져 실내공간이 좁아지고, 공간이 좁아지자 따로 수장 공간이 필요해졌다. 따라서 툇간이 더욱 발달하고 일부는 겹집 형태로 발전한다. 쪽소로와 부연으로 집을 장식했다. 유리, 함석차양 등이 한옥에 새로운 재료로 사용되었다. 낙수홈통이 생기면서 처마가 짧아졌다. 안과 밖의 점이공간이던 대청은 유리문이 들어서면서 실내공간으로 바뀌었다. 마당은 사실상 중정으로 바뀌었다. 따라서 한옥의 특징 중 가장 먼저 상처를 받은 건 마당이었다. 이 시기에 창 위쪽에 빛과 공기를 들이기 위한 창이 독립적으로 달렸다. 이 개량한옥이 보존된 곳이 북촌이나 가회동이다.

개량한옥은 조선시대 중류계층이 쓰던 도시주택과 비슷하다. 조선말 서울에는 사람이 모여들어 집터가 모자랐다. 따지고 보면 땅이 모자라기는 조선 초기라고 다르지 않았다. 조선이 나라를 열고 정승의 집터보유 상한선을 60부수로 하려했지만 나중에는 그 반에 해당하는 30부수로 줄였다. 지금으로 따지면 1000평이 조금 넘는 크기다. 서인은 78평으로 제한했다. 그러니 조선말 땅 부족은 매우 심했고, 좁은 터를 경제적으로 쓰면서 담이 높아졌다. 개량한옥은 이를 닮았다.

한옥 전통을 이어받다

전통건축은 몇 천 년 동안 조금도 변화가 없었다고 한다. 그 주장이 맞는다면 한옥은 전통건축에 속하지 않는다. 한옥은 독창적인 방법으로 꾸준히 진화해 왔다. 그리고 지금도 변하고 있다. 과거 한옥에서 부엌과 방은 나누어질 수 없었다. 구들 때문이다. 그러나 지금은 방이 부엌에서 완전히 독립하였다. 방의 독립을 뒷받침한 건 땔감이다. 나무에서 연탄으로, 연탄에서 기름과 가스로 땔감이 바뀌면서 구들도 변신을 거듭했다. 이제 부엌 없이도 방은 따뜻하다. 그러나 부엌이 거실로 들어오면서 부엌은 다시 집의 중심이 되었다. 1960년대 말 여러 나라에서 건축을 끌어온 근대 건축이 심각한 도전을 받으면서 민속 건축물이 주목받았다. 이는 한동안 잃어버렸던 민족적 자긍심을 일깨웠다. 이런 세계 분위기에서 박정희 대통령은 권력의 정통성을 갖추기 위해 겉모습을 중시하는 전통에 매달렸다. 겉은 한옥이고 속은 시멘트였다. 알맹이 없는 껍질만의 전통이었다. 그 이면에서 우리 전통가옥과 기술은 수도 없이 사라졌다. 그런 전통은 최근까지 계속되어 독립기념관으로 이어졌다. 정부가 앞서서 이끈 겉모습 중심 전통계승은 젊은 건축가들의 분노를 샀다. 이러한 분위기에서 전통건축이 가지는 이미지를 계승하려는 사람들이 나타났다. 예를 들어 지붕선이나 기둥, 고살 등을 현대 건축에 응용하는 것이다. 대표적인 것이 김중업의 프랑스 대사관, 엄덕문의 세종문화회관, 김수근의 공간사옥, 김태수의 국립현대미술관이다. 그래도 1960년대까지 한옥목수는 지방에서 민가를 지으며 한옥 전통을 유지해 왔다. 하지만 정부의 돌이킬

처마와 공포를 응용한 세종문화회관

수 없는 조치로 한옥 짓는 일을 업으로 하는 목수는 거의 사라졌다. 이들 중 살아남은 사람들은 주로 제실 건축이나 문화재 보수를 통하여 한옥의 명맥을 이어왔다. 엄밀히 말하면 이들은 한옥을 계승한 것이 아니고 궁궐과 사찰 중심의 전통건축을 계승하고 있다. 이것이 한옥에 좀 더 관심을 가져야 하는 이유다. 현재 한옥의 진화는 다양하게 진행되고 있다. 평면과 재료가 다양해지면서 형태와 이미지 계승이 함께 이루어지는 종합적인 변화를 보이고 있다. 여기에는 민간신앙과 풍수지리 등 자연과 사람이 하나라는 생각의 전통도 함께 계승되어져야 할 것이다. 이는 현대 개발의 주된 생각인 지속가능한 개발을 포함하는 개념이기 때문이다.

잠깐 상식

지속가능한 개발이 뭐죠?

지속가능한 개발은 서구 개발 과정에서 나온 최근의 개념이다. 환경이 파괴되지 않고 다음 세대가 자신의 필요를 충족시키면서 살 수 있는 범위에서 개발하자는 뜻으로 환경보전을 전제한 개념이다. 한옥에서는 아주 오래된 개념이라고 할 수 있다. 굳이 한옥의 친환경성과 구분하자면 한옥의 친환경성은 정신적인 가치가 한옥에 투영된 것이나 '지속가능한 개발'이나 생태건축은 정신적이기보다는 합리적으로 그게 이익이라는 데서 출발한다는 점이다. 영어로는 Environmentally Sound And Sustainable Development라고 적는다.

제3장

한옥 이렇게 지어왔다

옛날에는 집을 어떻게 지었을까?

최초로 집을 지은 목수는 누구일까? 이미 본 것처럼 집을 짓는 것은 신을 만드는 과정이므로 최초 집 지은 사람은 사제였을 것이다. 그러니 최초 목수는 단군이었을 지도 모른다. 그러나 보통 집 한 채를 지으려면 많은 시간이 들어간다. 자급자족 시절에는 특별한 경우가 아니면 집 짓는 전문 목수가 나올 수 없다. 내가 지어 내가 살거나 누군가 손재주 있는 사람의 도움을 받아 자기 집을 짓는 정도였다. 그러나 구석기시대가 지나고 신석기시대를 지나면서 사람이 사람을 부리기 시작하자 수요자와 공급자가 권력관계에 의해 형성되었다.

청동기시대에는 고조선이 건축기술을 발전시켰다. 고조선에 이어 여러 나라가 등장하는데, 이들 국가를 정복하고 고구려, 백제, 신라, 가야 네 나라가 천하를 통일한다. 집을 짓는 연장이 변변치 않던 시절이고 보면 궁궐이나 절집을 짓는 일은 국가의 통제가 있어야 가능했다. 나라가 중심이 된 생산체계는 그 때까지 쌓인 기술을 크게 발전시켰다. 기록의 흔적은 신라시대에 이르러서야 나타난다. 신라 남산신성비에 의하면 6세기 신라에는 전문 기술자들이 마을(촌) 단위로 있었고 왕은 지방관을 통해 산성 공사에 촌주의 기술자를 동원했다. 황룡사 9층 목탑의 건축 기록에 의하면 기술자의 우두머리를 대장이라고 하고 대장은 소장 수 백 명을 데리고 일했다. 대장의 사회적 위치를 알 수는 없으나, 백제 기술자 아비지가 받은 대우를 보면 대단했을 것이라는 짐작이 간다. 그러나 고급 기술자가 있다고 해도 당시 집을 짓기 위해서는 많은 사람이 동원됐다. 이러한 생각을 뒷받침하는 것이 판축기법이다. 판축기법은 판처럼 얇은 점토층을 쌓고 많은 사람들이 점토를 다져 공기층을 빼고 다시 점토층을 쌓는 방법이다. 건물이 들어설 자리를 모두 이렇게 다지기 위해서는 엄청난 노동력이 들어간다.

신라의 통일과 함께 건축물을 짓는 조직은 군사제도에 편입되었다. 전쟁으로 무너진 노동조직을 군사를 동원해 다시 세운 것이다. 이들을 통일왕조의 국가건설에 앞장세웠다. 그리고 군대조직과는 따로 건축과 관련된 행정관청인 경성주작전(京城周作典)과 예작부(例作部) 등을 두어 도성수리, 관영공사, 사찰공사를 담당하게 했다. 이곳에 목수들이 있어 귀족의 집을 보살폈을 것이다. 통일직후 뛰어난 기술을 가진 사람들을 중앙에 모았지만 9세기부터는 지방호족이 힘을 얻어 지방 나름대로 건설조직을 가지게 되었다. 이로 인해 지방의 건축 수준이 높아졌다.

11세기가 되면 나라 전체의 건설인력 명단인 공장안이 마련되어 건설인력이 다시 중앙에 모였다. 이때면 전면구들이 나타나 구들이 전국적으로 확대되던 때이다. 통일신라시대 건설조직이 왕 개인을 위한 것이었다면 고려시대에는 지금의 공무원 제도에 좀 더 가까워진 공부에 맡겨졌다.

건설인력은 여전히 군대조직과 비슷했지만 일정 의무기간이 지나면 급료(봉록)가 지급되었다. 아울러 오래된 기술자에게는 무관계 벼슬도 주었다. 이때 무관계는 문관에 대립되는 군인이 아니라 문무관이 아닌 사람을 대우하는 특별한 신분이다. 최고 벼슬은 무관계 정3품 당하관에 이르렀다. 이들에게는 땅이 지급되기도 했다. 녹봉은 관청 일을 일 년에 300일 이상 하면 받을 수 있었는데 목수인 목업지유(木業指諭)는 다른 장인보다 많이 받았다. 지금도 지유라는 용어를 쓰고 있으나 하급군인의 호칭이었다.

지금까지의 설명은 중앙 권력을 위한 거대 건물과 궁성 그리고 그들만을 위한 한옥 짓기다. 양민은 스스로 짓거나 품앗이를 해서 집을 지었다. 그러나 민간 수요에 응하는 목수도 있었던 것으로 보인다. 이들은 나랏일을 통해 확인된 기술을 바탕으로 적극적으로 나서는 목수와 농업을 아울러 하는 소극적인 목수다. 전문적 목수는 중앙권력에 소외된 지방 실력자를 위해 일했다. 결국 상민의 한옥 건설에는 소극적인 목수들이 크게 이바지했다. 흙집이 아닌 뼈대집은 이들 목수의 주도하에 만들어졌을 것이다. 이들이 고려 말에 원나라와 중앙정부에 의해 동원되어 지방의 민가 건설 상황은 더욱 안 좋아졌다. 물론 양민 부역을 통해 궁궐이나 사찰이 만들어지므로 양민이 조금씩은 다 기술자였다.

잠깐 상식
세로재와 가로재

한옥에는 기둥 역할을 하는 세로재와 그 기둥을 이어주는 가로재가 있다. 세로재에는 기둥, 동자주, 판대공 등이 있다. 이름은 다르지만 결국 기둥 역할을 한다는 공통점이 있다. 동자주는 대들보 위에 올라가는 아기기둥이고, 판대공은 한옥에서 제일 높은 곳에 쓰이는 넓은 기둥이다. 가로재도 여러가지가 있지만 모두 기둥을 연결하여 힘을 받게 하는 수평부재라는 공통점이 있다. 여기에는 창방, 대들보, 도리, 장여 등이 있다.

옛날에도 건축법이 있었을까?

집이 개인 것이기는 하지만 시대에 따라 여러 가지 제한이 있었다. 지금 건축법이 있는 것과 마찬가지다. 지금이야 국민의 안전과 편리한 삶을 기준으로 법을 만들지만, 옛날에는 계급을 유지하기 위해 만들었다. 삼국이 통일되기 전에 집을 규제한 기록은 없다. 그러나 규제가 있었다고 해도, 구들, 마루, 담집, 귀틀집 등 온갖 독창성 있는 건축이 쏟아지는 현실을 통제하기 어려웠을 것이다. 다만 고구려 고분벽화를 보면 집이 조선시대보다 오히려 화려했다.

신라 통일기에 만들어진 〈옥사조〉가 건축을 규제한 처음 규정이다. 내용은 중국 한(漢)왕조의 것을 기본으로 한다. 해석에 있어서는 아직 의견이 분분하다. 내용을 대강 보면, 신분을 4계층으로 나누고 이에 따라서 집 규모와 꾸밈을 제한했다. 건물 정면 크기가 15자, 18자, 21자, 24자를 넘지 못하게 했다. 기단과 계단에 자연석만 쓰게 하고, 기단 수도 계급에 따라서 달리 했다. 대문, 담장, 하앙, 우물천장, 기와, 박공, 병풍 등을 제한했다. 특이한 점은 병풍을 제한한 것이다. 병풍이 벽 대신 쓰였을 것이라는 짐작을 하게 한다. 병풍으로 실내 칸막이를 한 한나라의 석각이 있음을 볼 때 충분히 가능한 짐작이다. 당시 우리나라 건물의 실내는 법당처럼 텅 비어 있었다. 그래서 실내공간 나누기에 병풍이나 장막을 썼다.

　고려시대에도 최승로의 시무28조를 근거로 신분에 따른 가옥규제 제도가 있다고 보나 문서로서 확인되고 있지는 않다. 그리고 200간이 되는 단청한 집이 있었다는 논문이 있는 것을 보면 규제가 조선시대보다 심하지 않았을 것이다. 조선시대 가옥규제는 태조 때 처음 만들어져 성종 때 완성된다. 계층은 서인을 포함해 5등급으로 나누었지만 부재에 대한 제한은 3등급만으로 했다. 이를 중세의 계급3등급의 개념으로 해석하기도 하나, 목수 입장에서 보면 부재 크기가 제한될 수밖에 없는 현실을 반영한 것이다. 제한내용에는 대지 면적, 칸수, 부재 크기, 단청 등이 있었다. 이 제도는 16세기를 지나면서 약화된다. 일본은 조선을 강점하고 민족혼을 빼앗기 위해 주택개량 정책을 시행해 한옥을 탄압했고, 박정희 대통령은 근대화의 이름 아래 주택개량 정책을 펴 사실상 한옥을 규제했다. 많은 한옥과 마을의 전통이 이 때 사라졌다.

한옥 짓는 목수 집단은
언제 나타났을까?

고려 말 군인 정권이 들어서고 몽고가 고려를 장악하면서 건설 수요가 갑자기 늘어났다. 이 수요 흐름은 조선까지 이어졌다. 14세기 퇴비를 쓰면서 농업생산이 크게 늘어 양민 소득이 높아졌고, 소득이 늘어난 양민이 집을 많이 지으면서 나무가 모자라게 되었다. 한옥이 뼈대집으로 자리 잡기 시작한 시점이 이때가 아닐까 생각한다. 다포가 나온 배경을 여기서 찾는 사람도 있다. 다포는 짧은 부재를 쓰기 때문에 버리는 나무를 살려 쓸 수 있고, 소수 기술자가 다포를 만들고 이를 단순노동으로 짤 수 있기 때문이다. 그러나 목수 입장에서 보면 포집을 짓는 건 품도 많이 들고 나무도 많이 든다. 따라서 당시 다포 유행을 동아시아의 건축흐름에 따른 것이라고 보는 것이 설득력이 있다. 게다가 고려에는 불교 조형예술이 발달하여 장인을 많이 요구했고, 고려시대 장인의 위치가 조선시대보다 나았다. 당시 세계를 점령한 몽고인도 장인을 높이 대우했다. 따라서 기술이 전문화되어 손이 많이 가는 다포를 만들 수 있었다. 어떤 의견을 따르든 기술을 가진 '목수 집단'이 나타났다.

조선시대에 와서도 오래 근무한 목수에게 무관계 관직을 주었으나, 세종 이후 잡직이라는 별도의 관직을 마련했다. 여기서 눈여겨 볼 부분은 모든 목수가 무관계 또는 잡직을 얻을 수 있었던 게 아니라 아주 일부만 그런 혜택을 받았다는 점이다. 기본적으로 많은 사람을 움직여 군대식으로 움직일 수밖에 없으므로 이를 통솔할 수 있는 계급이 필요했고 결국 목수에 대한 대우는 그 범위를 벗어나지 않았다. 조선시대에 들어와서는 그나마 그 수가 극히 제한되었다. 나머지 목수는 부역으로 일을 하므로 어떤 혜택도 없었다. 그러나 같은 부역이어도 중앙과 지방의 부역목수에게는 차이가 있었다. 중앙 목수들은 고급기술에 손 댈 수 있어서 부역이 끝나고 건물의 수리와 건축에 종사했다. 지방에 사는 기술자들은 부역기간이 끝나면 농사를 지을 수밖에 없었다. 하지만 이들로 인해서 지금과 같은 뼈대집인 한옥이 우리 집이 되었을 것이다. 이들은 뒤에 승려목수들과 경쟁한다.

통일신라 말 선종이 퍼지면서 수행으로 목수 일을 하는 승려가 생겼다. 고려 말에 이르면 오롯이 승려만으로 절을 짓는 일도 있었다. 이들은 당시 모자란 건설인력을 보충하였다. 고려에서 조선으로 바뀌면서 목수조직을 국가건설을 위해 다시 중앙에서 운영했다. 부역으로 와서 일하는 농민들은 아무래도 솜씨가 떨어졌다. 이러한 부족을 메워준 사람들이 승려였다. 이들은 생활을 돌볼 가족이 없어 오랜 기간 일을 할 수 있었다. 이들은 나라가 계속하여 불교를 탄압하여 경제적 어려움이 커지자 스스로 민간공사장을 찾았다. 이들이 불사를 건축하며 쌓은 고급스러운 건축기술이 조선시대의 한옥에 영향을 주었다. 익공집은 이런 시대적인 분위기에서 나왔다.

고려 이전에 목수를 어떻게 불렀는지는 명확하지 않다. 지유, 도료장, 목수, 대목 등이 있었으나 대목이 제일 많이 쓰였던 것으로 보인다. 특히 대목은 목수의 우두머리를 말했다. 17세기에는 공사 현장에서 변수 또는 편수라는 명칭이 등장했다. 변수는 목수나 석수 등 하는 일을 구분하여 뒤에 붙여 부른 것이다. 이들 중 우두머리를 도편수라고 했다. 도편수라 해도 석수 등 다른 일에 간섭하기 힘들었다. 때문에 변수 체제는 건물 부분 부분의 완성도를 높였지만 전체적인 통일미를 떨어뜨렸다. 이에 비하여 승려목수들은 한 사람이 다양한 기능을 가지고 있어 건축 통일성에서 더 우수했다. 그러나 분업화라는 시대적 흐름은 모두에게 영향을 주었다. 현재 대목은 가구를 짜는 소목에 대칭하여 부르는 이름이다.

 17~8세기면 60여종의 건축 인력 분화가 이루어진다고 하나, 한옥이 뼈대 집으로 자리 잡으면서 나무로 뼈대를 만들고 흙을 빗어 벽을 만들고 지붕을 만드는 일이니, 흙을 만지는 토역꾼과 기와를 만지는 와공 그리고 구들을 놓는 구들장이 정도가 목수와 함께 한옥에서 중요했다. 백제에 와박사라는 와공이 있었던 것을 보면 목수, 토역꾼, 와공, 구들장이는 한옥의 역사를 그대로 가지고 있는 직업이다.

○
잠깐 상식
주심포는 뭐고 다포는 뭐예요?

절이나 궁궐에 가면 지붕 밑에 삐죽삐죽 나온 것이 있다. 이를 포라고 하는데 이는 처마를 내밀고 건물을 치장하는 구실을 한다. 한편 지붕의 힘을 기둥으로 전달하는 뼈대 구실도 한다. 주심포는 이런 포가 기둥 위에만 있고 다포는 기둥 사이에도 있다. 그러므로 주심포보다 다포가 훨씬 많은 포를 가진다. 참고로 하앙은 이 포 사이에 45도 정도로 빗장처럼 걸어놓던 것이다. 물론 이것도 지붕의 힘을 기둥으로 전달하기 위한 것이다. 우리는 하앙을 거의 쓰지 않은 듯하다. 조선시대 한옥에는 이런 것들을 대신해서 익공이 개발되어 쓰였다.

한옥 산업도 있었을까?

16세기 일자리가 늘어나자 물건으로 부역을 대신하고 민간현장에서 일하는 목수가 나타났다. 이들은 18세기 민간장인과 지방장인 성장의 밑바탕이 되었다. 18세기 중반까지 목수는 여전히 부역 대상이었다. 하지만 대동법 시행으로 화폐가 많이 쓰이면서 관청 인력공급 체계가 다양해졌다. 수원성 건축에서 장인들은 부역자가 아니라 일당을 받는 노동자였다. 이러한 생산체계의 변화는 건축을 좀 더 생산적으로 변화시켜 부재 크기와 비율을 단순화시켜 부재를 절약하고 가공을 쉽게 하였다. 임금노동이 나타나자 한옥 생산체계와 생산담당자가 통째로 바뀌었다. 승려 목수인 승장 세력은 점점 약화되어 19세기 중반이 되면 거의 사라졌다. 그러나 이러한 변화에도 불구하고 목수들이 조직화되어 이윤을 창출하는 단계까지 가지 못했다. 제일 큰 공사 발주처인 나라에서 직영체제를 유지했기 때문이다.

그러나 상업이 발달하고, 임금제도는 자리 잡았다. 연장도 다양해지고 공급이 쉬워져 부재 사용과 짜는 기술이 통일되고, 큰 도시마다 목재상이 성장해 대량생산이라는 근대적 산업화가 준비되어 있었다. 따라서 이 시대에는 근대의 회사는 아니어도 민간인 장인조직이 경제적으로 여유 있는 사람의 한옥을 짓는 과정에서 자연스럽게 이윤을 챙기는 일이 나타났을 것이다. 그러나 시골에서 일괄도급은 해방 뒤에 나타났다는 주장도 있어, 이윤추구 집단은 대도시의 극히 일부였을 것이다. 다만 분업화라는 시대적인 추세가 있었으므로 부문적인 도급은 가능했으리라고 보인다. 이들이 이윤을 찾아 지방으로 흩어지면서 중앙의 고급기술이 좀 더 체계적으로 지방으로 전달되었다. 이때 신분제가 약화되면서 대목에게서 체계적으로 목수 수업을 받는 도제가 생겼다.

 19세기에 들어서면서 사회가 뿌리째 바뀌었다. 노예 신분의 세습이 공식적으로 금지돼 신분의 벽이 무너져 돈이 신분 위에 서게 되었다. 17~18세기부터 도시로 이동하던 인구 규모가 19세기 말에 이르면 훨씬 커진다. 이는 장인들을 더욱 조직화시켰다. 19세기에는 궁궐공사 등을 전문적으로 하는 장인집단이 형성되어 경복궁 복원 공사 등에 참여한다. 공사에 참여한 목수들은 대궐목수라는 이름으로 민간공사에 참여했다. 이들은 행정조직에 참여하여 공사를 감독하기도 했다. 신분 상승에 따른 양인의 한옥 수요는 시장을 다변화시켜서 건축 양식이 다양해졌다. 따라서 당시 한옥은 유교적 형식보다 실용을 중시했고, 신분상승에 따른 과시현상이 늘어났고, 구들의 보급으로 건물 외관에 비대칭이 흐름을 이루었다. 사찰 등과 주택의 혼합형이 나와 도시근교에 공급된 것도 이때다.

 강화도 조약 이후 서양식 건물이 도입되면서 한옥은 다른 건축 산업과 분리되는 양상을 보인다. 흐름을 타지 못한 한옥은 산업화로 나아가지 못했다. 경복궁 사업 이후 국가사업도 서양 건축물이 늘어나 목수가 설 자리는 점점 없어졌다. 외국건축 생산자가 한옥 목수를 받아들이지 않은 것도 있지만 한옥 목수의 무관심도 한몫했다. 한편 지방에서 서양 건축을 지을 때는 전문 인력이 모자랐다. 따라서 한옥 목수들이 교회건물을 짓는 데 참여했는데 이런 건물에는 양식과 한식의 두 방법이 함께 나타난다. 하지만 더는 발전하지 못했다. 전통건축의 고립 속에서도 심의석 같은 사람은 배제학당, 이화학당, 독립문, 정동교회 등의 공사에 참여하고 뒤에 전통 양식 건축에도 참여했지만 더 이상의 발전은 없었다.

 20세기 도시로 들어오는 인구는 양적으로도 많아졌고, 질적으로도 다양해졌다. 따라서 여러 형태의 건물이 필요했으나 기술적인 통로가 가로막힌 한국인 건축 전문가들은 이에 부응하지 못했다. 통감부시절부터 신기술을 독차지한 일본은 1910년 한국을 강점하고 독점을 가속화했다. 한옥의 산업화는커녕 일본은 우리 얼을 빼앗기 위해 주택개량 정책을 시작했다. 따라서 한옥이 산업화 될 토양은 전혀 없었다. 도시인구에서 일본사람은 100%이상으로 증가했고 모든 경제적 이권을 차지했다. 일본의 강점 뒤 한국 사람의 도시인구는 오히려 줄었다. 일본 등살을 피해서 양반과 중인 계층이 고향으로 내려갔다. 이들은 새로운 건축수요자가 되어 도시에서 소외된 한옥 기술자의 수요자가 되었다. 목수들은 농촌으로 물러나 이 일에 매달렸다. 목재는 공급방식이 비교적 다양해 한국인이 나름대로 유통에 참여하여, 한옥 건설에 필요한 목재가 공급되었다. 더구나 홋카이도의 원시림을 일구면서 넘쳐나는 나무가 우리나라로 들어와 목재 사정은 오히려 나아졌다. 그러나 질 좋은 우리 나무는 일본으로 빠져나갔다. 건축설계사가 몇몇 나오기도 했지만, 근대식 건축기술과 자본은 일본에 철저하게 예속되었다. 이 시기 한옥은 완전히 고립되었다. 지방 지주의 집이나 사찰을 지어 겨우 한옥 목수의 명맥을 유지하고 있었다. 기회와 정보가 막혔던 한옥은 1920년대 후반부터는 점차 생명력을 가지고 다시 도시에 나타났다. 그리고 스스로의 힘으로 근대화를 진행시켰다. 일본의 강점과 함께 지방으로 옮겨갔던 지주들은 세금 부담이 늘자 다시 서울로 옮겨왔다. 도시에서 집 구하기가 점점 힘들어졌다. 이때 업자들이 발 빠르게 움직여 만든 것이 개량한옥이다. 이는 최초 분양한옥이다. 집장사들은 상품가치를 높이기 위해 온힘을 쏟았다. 전통한옥이 도시한옥으로 바뀌면서 평면이 바뀌어 마당이 적어지고 딸린 건물이 안채에 흡수되고 항상 열려 있던 대청에 유리문이 들어가 실내가 되었다. 유리, 함석차양 등이 한옥에 새 재료로 쓰였다. 당시 설계를 배운 몇몇 사람들은 한옥 개량을 위해 다양한 설계를 시도했다. 집 구하기가 힘든 당시의 상황을 보여주는 것이 H자형 개량한옥이다. 일종의 다가구주택으로 임대를 겨냥한 평면이었다.

당시 건축과 토목을 하던 청구업체는 1930년대 후반 300여 곳이었지만 한국인 업체는 30여 곳뿐이었다. 숫자뿐만 아니라 자본금도 떨어졌다. 대도시에서 비교적 힘차게 움직인 한국 업체는 오공사무소, 신흥건축사 등이었다. 그러나 한옥을 주로 짓던 회사들은 건양사나 경성목재점 등 부동산 경영 회사다. 일부 주택경영회사는 대목이나 소목 등 건설인력을 조합원으로 하여 주식회사를 운영하였지만 대부분 임노동으로 운영했다. 이들이 건설한 주택은 주로 서울의 보문동, 안암동, 돈암동 등지에 있다. 이들을 집장사라고 하여 구분했던 것 같다. 당시 분양된 한옥은 도시한옥의 본보기가 되었다. 분양주택을 사들인 사람들은 지방출신 지주부호들이거나 주택임대업자들이었다. 집을 재산으로 여기기 시작한 것은 이때부터다. 도시한옥은 한옥이 일차적으로 자본화된 형태다. 이러한 변화가 가능했던 것은 한옥이 다른 양식 건물에 비해 값이 헐하고, 수요자가 임대업자였기 때문이었다. 즉 값싼 인건비와 표준화된 건축 설계와 자재 덕분에 한옥은 도시한옥으로 남아 있을 수 있었다. 이외에도 1941년 세워진 조선주택영단은 일본의 다다미와 한옥의 온돌을 함께하여 만든 일식 한옥을 만들었다. 일식 한옥은 전주 등에 일부 남아 있다.

해방 이후 전통 한옥에 대한 생각은 건축계의 한 구석에 강박관념처럼 있었지만 서구건축의 맹목적인 도입이 80년대까지 이어졌다. 다만 서민들에게 한옥은 여전히 선택의 여지없는 건축 양식으로 한동안 유지되었다. 이를 시기적으로 나누어 살펴보자.

전쟁 전까지 70만에 가까운 사람들이 생계를 위해 서울로 몰려들었다. 당연히 사람들은 집 구하기가 힘들었다. 하지만 미군정이나 조선주택영단 후신들은 집을 새로 짓지 못하고 일본에서 빼앗은 적산가옥을 처분하고 있었다. 적산가옥에도 들어가지 못한 사람들은 하천변에 판잣집을 지었다. 당시 외래건축에 종사하던 사람들은 건축학회지도 내고 변화된 환경에 적응하면서 주류로 성장한 반면 한옥 기술자들은 여전히 변화하는 현실에 능동적으로 참여하지 못했다. 6.25 전쟁이 끝나고 대한주택영단은 재건, 부흥, 희망주택 등의 이름으로 공영주택을 건설하는데, 이때에는 흙벽돌을 이용하였다. 대한주택영단이 지금의 대한주택공사로 아파트 공사를 시작했다.

한옥도 60년대까지 끊임없이 지어졌다. 60년대에 들어서면서 한옥은 시멘트 블록에 자리를 내주지만 한옥은 아주 최근까지 우리 민중의 집이었다. 60년대 벽돌집에 맞춘 건축법은 목조에 흙집인 한옥이 집합건물로 개발되는 길을 막았다. 70년대에는 새마을 운동의 영향으로 초가라는 전통 건축물이 함석 슬레이트 등으로 대대적으로 바뀌었다. 70년대는 한옥이 모조리 없어지는 비극의 시기가 되었다. 지붕개량사업은 1978년이면 거의 마무리 되었다. 지붕을 가볍게 한 결과 집이 추위에 약해졌다. 이는 농촌의 표준주택을 보급하는 정책과 맞아떨어져 집이 겹집화했다. 밖으로 드러나는 벽을 줄이기 위한 것이다. 한편 나무 때는 가정이 줄면서 주방이 좁아져 내실로 들어왔다. 농촌 주택개량사업은 농촌 소득이 높아지면서 1977년부터 시작되어 주택보수와 개축 그리고 신축을 주로 하는 사업이었다. 이제 한옥은 더 이상 지어지지 않았다. 이러한 일련의 조치는 한옥 목수가 직업을 바꾸거나, 문화재의 보수 일에 매달리게 했다. 박정희 대통령의 바닥난 민족 자부심을 보여준다. 그리고 큰 역사의 울타리 안에서 보면 전통적인 민간신앙 관련 시설들이 빠르게 사라졌다.

잠깐 상식
대동법은 뭔가요?

광해군 즉위년인 1608년 경기도에서 시작된 대동법은 1708년 전국적으로 실시된다. 대동법은 세금을 쌀로 통일해서 받는 제도이다. 이전에는 지방특산물을 세금으로 냈는데 이를 쌀로 내는 제도다. 유통기준이 쌀로 통일되면서 화폐 유통이 쉬워졌다. 궁궐에 필요한 물건을 공급하는 전문상인이 생겼다. 이들이 공인이다. 공인이 정부에 납품하기 위해 물품을 주문하면서 독립적인 수공업자가 생겼다. 이와 함께 여각이 등장한다. 이는 한옥의 역사에 나타난 일종의 주상복합건물이다. 결국 이 대동법이 목수가 부역 대신 일정한 급료를 받고 일을 할 수 있게 한 변화의 동력이었다.

한옥산업에도 경기가 있을까?

　한옥으로 사업을 하려는 사람은 경기 흐름을 잘 알아야 한다. 한옥산업에 영향을 주는 요인은 이자나 주식가격 등 나라 전체의 경기변동 요인도 있고, 작게는 전통에 대한 관심, 환경 건축과 참살이 바람 등이다. 물론 기본적으로 집의 수요와 공급에 영향을 주는 요인들을 마음에 두어야 한다. 사려는 사람과 팔려는 사람이 늘 균형을 이루는 게 아니어서 팔려는 사람이 다 팔지 못하면 생산을 덜하게 되고 직원을 줄이고 기업이 문을 닫는 일이 벌어진다. 이렇게 경기가 좋다가 나쁘게 되거나 나쁘다가 좋게 되는 상황을 경기변동이라고 한다. 이는 자본주의에서는 반복적으로 일어난다. 그래서 경기순환이라고도 한다. 사람들은 경기가 안 좋다고 하기도 하고 건축 경기가 안 좋다고 하기도 한다. 즉 나라 전체경제의 경기가 있고, 건설시장만의 경기가 따로 있다. 다른 장사는 다 잘 되는 데 집장사만 안 되는 경우가 있을 수 있다. 일반적으로 건축경기는 일반경기보다 뒤에 움직인다. 까닭은 은행은 경기가 좋을 때는 장사꾼이나 공장을 운영하는 사람에게 높은 이자를 받고 돈을 빌려준다. 그러나 경기가 좋지 않으면 상대적으로 담보가 든든한 주택에 돈을 빌려준다. 또 서민이 사는 집에 대해서는 정부가 은행에 이자를 싸게 해서 돈을 빌려주도록 강제한다. 그래서 경기가 나쁠 때에는 주택건설 시장이 살아나서 나라경제가 너무 나빠지는 것을 막는다. 한옥은 이 주택건설 시장에서 또 작은 시장을 형성한다.

말이 나온 김에 한옥 재료로 가장 중요한 목재시장을 알아보자. 목재를 공사 현장으로 옮겨 치목하는 일은 이제 거의 없다. 대개 치목장이 따로 있어 여기에서 나무를 다듬어 현장에서는 짜기만 한다. 현재 목재소를 아울러 하는 대형 치목장이 여럿 있다. 이는 자본과 기술이 집약되는 전형적인 산업구조를 닮아 있다. 그러나 대부분은 목재소가 나무를 팔기 위해 업자들에게 치목장과 숙소를 제공하여 목재소와 치목장이 같이 있다. 따라서 여러 명의 업자가 한 치목장을 쓰기도 한다. 나무를 다 다듬어 중량을 줄여서 옮기므로 비용이 적게 든다. 업자 여럿이 공동 작업을 하는 경우 치목에 대한 기술이 공유될 수도 있다. 완전히 마른 중고 나무만 취급하는 목재상도 있다. 그러나 중고나무라고 해서 더 싼 것은 아니다.

요즘 참살이(well-being) 열풍이 불어 좀처럼 수그러들지 않는다. 참살이는 사라져가는 한옥에 새 생명을 불어넣었다. 한옥의 친환경성이 참살이 바람으로 살아난 것이다. 한옥은 어떠한 폐자재도 남기지 않는다는 데 좋은 점이 있다. 나무는 재활용되거나 땔감으로 쓰이고 흙은 그저 흙으로 돌아간다. 기타 자재도 최소한으로 이용한다. 집을 지을 때부터 태양 등 자연력을 최대한 이용하므로 에너지 낭비가 거의 없다. 나무와 흙은 재료의 질감이나 실제 기능에 있어서 다른 건축 재료보다 우수하다. 재료가 안과 밖의 순환을 스스로 할 수 있어 습도 등의 조절이 자연스럽게 되고 냉난방에 그만큼 이롭다. 친환경성은 단순히 건물이나 재료에만 의존하지 않는다. 자연과 사람이 하나라는 생각이 더 중요하다. 한옥은 자연을 숭배하고, 풍수지리를 기반으로 하고 있기 때문에 이런 정신을 이어받는 게 무엇보다 중요하다.

제4장

구들이 있어 한옥이다

구들이 있어 한옥이다

우리가 바닥에 앉아 밥 먹는 광경을 보고 어떤 외국 사람이 충격을 받았다고 한다. 하기야 꿈에도 생각하지 못했을 것이다. 세상에나! 사람이 바닥에 앉아 밥을 먹다니. 방바닥에 앉아 밥 먹는 문화는 물론 구들과 관계된다. 그러면 우리는 언제부터 이렇게 바닥에 앉아 생활한 걸까? 반만년 역사 가운데 그 반인 2500년 이상 구들을 써왔다. 따라서 앉아서 생활한 건 아주 오래된 일이다. 좌식문화는 고려 초기 전면구들이 나오면서 본격적으로 시작되었고, 민족 모두가 앉아 생활한 것은 조선 후기부터다. 구들은 한옥에 포괄적인 영향을 주었다. 이때부터 별채로 짓던 부엌이 방과 하나가 되면서 건물은 좌우 대칭 대신 비대칭을 기본으로 하게 되었다. 구들에서 연기는 굴뚝이 맡았다. 구들과 굴뚝은 집 전체에 영향을 주어 마당을 만들었다. 또 부엌이 이동 공간으로 활용되면서 뒤뜰과 앞뜰이 아주 가깝게 맞닿았다. 구들과 함께 한옥의 특징으로 꼽히는 대청 역시 구들로 높아진 방을 연결하면서 나온 것으로 보인다. 따라서 구들의 역사는 한옥의 역사다.

구들이 있어 우리 겨울은 따뜻했다

　겨울! 하면, 아랫목과 할머니의 구수한 옛날이야기가 떠오른다. 그러나 겨울을 그렇게 따뜻하게 기억할 수 있는 민족이 얼마나 될까? 돌이켜보면 겨울은 인간에게 모질었다. 특히 산업혁명 전 서양의 겨울은 참으로 가혹했다. 당시 유럽 왕가에서도 잘 때에는 불을 지필 수 없어 개를 몇 마리씩 안고 잤다고 한다. 땔감이 풍부한 왕족이 이러니 민중의 고통스러운 겨울나기는 상상을 넘어설 것이다. 개를 좋아하는 마음은 그들의 열악한 겨울나기에서 나온 것은 아닐지. 이는 동양에서도 마찬가지여서 《연행록》을 보면 중국에서도 개와 같이 이불을 덮고 잤다는 내용이 나온다. 이들의 난방 방식을 잠깐 보자. 이를 보지 않으면 우리 구들의 위대함을 알 수 없다.

　서양 사람들은 얼마 전까지 집짐승과 한 울타리에서 생활했다. 겨울을 견디기 위해서다. 이들은 집 가운데에 불자리를 만들고 여기에 불을 피웠다. 굴뚝이 없어 집안에는 늘 연기가 가득했다. 연기는 천장에 뚫린 연기구멍과 집 여기저기 있는 틈으로 적당히 빠져나갔다. 이러한 상태는 17~18세기까지 커다란 변화 없이 계속되었다. 일부지역에서 열을 저장하는 방법이 쓰이기도 했지만, 난로 개념을 벗어나지 못해 아랫도리까지 따뜻하게 할 수는 없었다. 기후가 좀 따뜻한 곳에는 벽난로가 있었다. 8~9세기쯤 나타난 벽난로 역시 굴뚝 없기는 마찬가지였다. 다행히 11세기경에는 벽난로에 굴뚝이 생겼다. 하지만 연기가 나가면서 열기도 따라 나갔다. 또 따뜻한 공기는 위로 올라가므로 아무리 난방을 해도 아랫도리는 늘 추울 수밖에 없었다. 난방 중인 사무실에서 무릎이 시려 책상 밑에 전기 히터를 켠 경험이 있는 사람이라면 얼른 알아들을 것이다. 그래도 연기가 없다는 점에서 벽난로가 유럽과 미국의 대표적인 난방방식이 되었다. 하지만 벽난로는 열을 갈무리하지 못해 자다가 불이 꺼지면 그대로 추위에 떨어야 했다. 그러나 우리는 사정이 달랐다. 아이가 한 번에 나를 수 있는 땔감만으로도 충분히 따뜻한 밤을 보낼 수 있었다. 우리 겨울은 구들이 있어 따뜻했다.

잠깐 상식
다른 나라에 있는 구들은?

중국에는 방 일부에만 구들을 쓰는 데 캉이라고 한다. 물론 우리나라에서 넘어간 것이다. 서양에는 하이퍼코스트가 있었다. 구들과 비슷한 시기인 그리스 때 생겨 발전했다. 주로 목욕탕에 쓰여 로마에 계승되었다가 로마가 멸망하면서 완전히 사라졌다. 19세기 초에 유적지가 발굴되어 하이퍼코스트의 존재가 알려졌다. 부엌일에 쓸 수 없어 서민들은 쓰지 못했다. 그 외 몽고민의 영향을 받은 포형주택에 구불구불한 고래를 가진 구들과 비슷한 것이 있었다고 한다. 이는 발해지역에서도 발견된다. 일본 모요로 유적지에는 부뚜막을 벽에 붙이고 노를 가운데 둔 구들 초기 모습이 있으나 구들로는 발전하지 못했다.

구들이 만든 한국문화

언젠가 신문에 한국인은 부분 공간보다 전체 공간에 대한 지각 능력이 뛰어나다는 연구를 소개한 기사가 났다. 그리고 그 원인을 한국인의 집단주의적인 특성에서 찾았다. 그러나 한국인은 생각보다 자유분방하다. 오히려 전체 공간 지각 능력이 뛰어나다는 점을 알려면 우리 주거문화를 이해해야 한다. 우리 주거생활은 전체 공간에 대한 인식능력을 끊임없이 요구한다. 입식생활에서는 전체공간이 정해지면 자신이 움직이는 공간만을 인식하면 된다. 하지만 좌식생활을 하는 우리는 전체 공간에 대한 움직임을 늘 파악하지 않으면 일상생활에 대처하기가 어렵다. 방은 침실이고, 거실이며, 공부방이다. 따라서 한국 문화를 이해하기 위해서는 구들을 이해할 필요가 있다.

우선 종교만 해도 다양한 종교가 들어와 어우러지는 나라는 극히 드물다. 그런 의미에서 한국은 특별하다. 아랍 쪽에 한국인 스튜어디스 수가 급증하고 있다고 한다. 그들이 한국인 스튜어디스를 선호하는 이유 중 하나가 다른 문화를 잘 받아들이는 데 있다고 한다. 구들은 이런 한국인의 심성과 문화를 만들었다. 구들은 하나의 불로 부엌일과 난방을 섞었고, 계절적으로 겨울과 여름을 섞었고, 계층적으로는 양반과 상민을 섞었고, 공간적으로는 전 한반도를 섞었다. 구들 탄생의 비밀인 마당에서 자연과 인간이 만났다. 이런 만남이 사회를 다양하게 했고, 다양성을 포용하게 했다. 이런 포용 문화가 자유분방한 민족성을 낳았다. 이는 불확정 문화와는 조금 다르다. 예를 들어 방에서 몇 사람 잘 수 있냐고 묻는다면, 우리는 머릿속으로 헤아린다. 그리고 '다섯… 아니 한 예닐곱 명 정도…' 대답한다. 다섯 명이 자면 편하지만 여섯이나 일곱 명도 잘 수 있다는 말이다. 침대라면 이런 답이 어렵다. 이 불확정 문화 역시 구들에서 나온 것이다.

한옥의 특징 중 하나로 비대칭성을 꼽는 이가 많다. 이 비대칭성에 가장 영향을 준 것 역시 구들이다. 우리 문화의 비대칭성은 사상적으로 산신사상, 샤머니즘 등 여러 뿌리를 가지고 있다. 그러나 디자인에서 대칭성은 가장 손쉽고 무난한 방법이다. 쉽게 포기할 수 있는 것이 아니다. 그래서 사상적인 측면에서만 이를 설명하려는 건 무리다. 건물에 구들이 들어가면 건물은 대칭성을 포기할 수밖에 없다. 대칭성이 없는 부엌이 들어가야 하기 때문이다. 양민에게 구들은 늘 부엌과 같이 움직여야 했다. 땔감을 절약할 수 있기 때문이었다. 맹사성 고택이 대칭형이고 부엌이 없는 향교 건물에 대칭이 많다는 점을 새겨둘 필요가 있다. 향교등의 명륜당은 물론이고 사람이 기숙하는 곳이라도 부엌이 없으면 그림처럼 대칭형이 기본이다. 윤증의 ㄷ자 안채에는 부엌이 들어가 있으나 지극히 대칭으로 만들어졌다. 그러나 구들이 있는 한옥에서 대칭은 비대칭만큼이나 부자연스럽다.

전면구들의 등장이 한옥에 준 가장 큰 영향은 아무래도 거주 공간의 확장이다. 첫째가 물리적 공간의 확장이고, 두 번째가 쓰임 공간의 확장이다. 먼저 물리적 공간의 확장은 겨울을 날 수 없던 정자에 구들을 들여 겨울을 날 수 있게 하면서 나타났다. 보통 경북 봉화지역의 정자에서는 거주성이 확인되고 있다. 권위의 상징인 누마루가 내려오지 못하고 구들을 2층에 들이려

화암서원의 동재 / 노성 향교의 동재

　노력한 흔적도 보인다. 공간 쓰임새의 확장을 살펴보자. 입식 집에서 침대와 식탁 자리가 결정되면 사람이 쓰는 공간도 같이 정해진다. 그러나 좌식 집에서 공간은 자유롭다. 자다가 이불을 걷고 앉아 밥상을 받고 그 자리에서 손님도 맞는다. 이불 밑에 음식을 넣어 밥통이 되는 것이 구들이다. 이렇게 하나의 공간을 여러 가지 용도로 돌려쓰는 것을 학자들은 공간의 전이성이라고 한다.
　구들은 그 밖에도 다양한 형태로 우리 문화에 영향을 주었다. 부뚜막은 우리 음식문화를 독특하게 발전시켰다. 한국인은 끓이고, 찌고, 볶고, 썩혀서 음식을 만든다. 이는 지금도 여전히 이어져 솥뚜껑에 굽는 삼겹살은 값도 비싸다. 당시 열효율을 생각하면 어느 나라 국민도 해먹을 수 없는 음식이었다. 밥 짓기가 난방과 함께 이루어지는 우리 부엌 문화에서만 가능했다. 가난한 겨울과 수많은 외부의 침입에서 우리가 우리를 지킬 수 있었던 것은 무엇이든 삶아 소화시킬 수 있는 가마솥과 부뚜막이 있어서였다. 곡식 보관에 여름에는 바람이 잘 통하는 마루방이 쓰였고, 겨울에는 구들방 끝에 작은 방을 만들어 곡식을 보관했다. 우리는 아주 옛날부터 냉장고를 사용한 셈이다. 또 우리 민족처럼 고집스럽게 흰옷을 입는 민족은 아마 없었던 것 같다. 만약 방안에서 재가 계속 날린다면 흰옷을 입을 수 없었을 것이다. 특히 흰옷이 양민의 옷이라는 점에서 그 가능성은 크다. 한동안 양민만이 쓰던 구들이지만 양반도 구들방을 하나씩 만들어 썼다. 몸이 안 좋은 사람을 위해서다. 지금도 여전히 신경통, 관절염, 냉, 소화불량, 몸살에 민간요법으로 사용된다. 구들을 온실에 이용한 예도 있다. 조선 초 의관이 지은 《산가요록》에 의하면 구들을 이용해 온실을 만들었다. 유럽에서 16세기 초 온실이 만들어진 것을 생각하면 150년 이상 앞선 것이다.

좌식생활 때문에 한국인의 하체가 서양인에 비해 약하다고 한다. 구들이 우리 문화에 좋지 않은 영향을 준 면도 있다는 의미다. 특히 공간의 전이성이 주는 이중성이 우리 문화의 이중성을 만들었을 수도 있다. 서양은 침실과 거실이 다르니 자다가 손님을 맞는다고 해도 크게 문제 될 것이 없다. 그러나 구들방을 쓰던 우리에게는 좀 문제가 될 수 있다. 침실이 거실이 되어 손님과 이야기를 해야 하는데, 이불이 있다면 문제가 생긴다. 이런 경우 당황했던 경험을 가진 사람이 한국에는 적지 않을 것이다. 급하게 이것저것을 감추게 된다. 이는 공간이 중첩되면서 생기는 마음의 중첩으로 무언가를 감추려 하는 이중적인 마음을 형성시키지 않았나 생각한다. 그러나 구들에 불 넣으면서 밥도 하는 즉, '무엇을 하면서 무엇을 하는' 이런 동시 행동성은 윈도우를 여러 개 열어놓고 일을 하는 현대생활에 여전히 유리한 행동양식임에 틀림없다.

구들이 진화하다

구들은 중국의 《수경전》과 《구당서》에 처음 보인다. 조선시대 이규경은 《수경전》을 근거로 구들이 중국에서 전해졌다고 주장했다. 그러나 고고학의 성과에 의하면 구들은 우리 민족의 활동무대인 한반도나 만주 일대에서 청동기시대에 나타난다. 유적지로는 기원전 3세기의 유적인 북한 세죽리가 가장 앞서 있다. 하지만 수원 서둔동 유적에도 기원전 3세기까지 올려보는 직선형 구들 고래가 있다. 당시 한반도 내의 문화교류가 지금 생각하는 것보다 훨씬 많았을지 모른다. 문명은 축적되면서 발전하니 신석기시대 멀리는 구석기시대부터 구들이 있었다고 해도 큰 문제는 없을 것이다. 그러나 일반적으로 신석기시대에는 불이 하나였고 이는 인류의 공통 내용이다. 다만 신석기 후기면 청동기시대와 겹치면서 구들의 초기형태가 구체적으로 나왔을 수 있다. 두만강 유역의 서포항 유적에 화덕이 여럿 발견되는데 이를 구들 기원을 끌어올리는 근거로 삼기도 한다. 아무려나 신석기시대 난방과 부엌일은 모두 움집 중앙에 있는 노(爐)에서 이루어졌다. 청동기시대에는 이 노가 둘

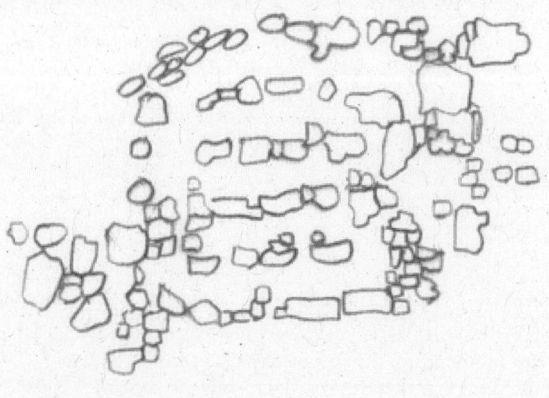

○ 문경새재 고래 개략도

로 나뉜다. 중앙에 있던 노는 아궁이로 쓰이고 부뚜막 기능을 하는 노는 벽 쪽으로 간다. 이들은 고려시대에 다시 하나가 된다. 노가 나뉜 까닭은 아궁이와 부뚜막에 불을 쓰는 기간이 다르기 때문이다. 밥을 하는 부뚜막은 여름에도 날마다 사용한다. 그러므로 연기와 열기를 밖으로 내기 쉬운 벽에 붙이고 굴뚝을 연결했다. 난방용인 아궁이는 추울 때만 쓰고 부뚜막에 남은 잔불을 이용했다. 따라서 처음 만들어진 구들 모습을 보면 한가운데 노를 그대로 사용하고, 부뚜막의 숯을 이용할 수 있도록 바닥에 강돌을 빽빽하게 깔고 그 위와 주위에 흙을 발라 둑을 만들었다. 춘천시의 중도 유적지에서 이와 비슷한 초기 구들이 보인다. 부뚜막은 불이 세고 굴뚝까지 고래가 연결되어 그 자체로 구들이 되었다. 그래서 부뚜막이 난방용으로 발전하고, 솥이 걸린 부뚜막은 아궁이만 남기고 다시 따로 떨어져 밖으로 나갔다. 그리고 부뚜막에 만들어진 연도가 외줄고래로 바뀌면서 구들이 진화를 시작했다. 다음 나타난 것이 ㄱ자형 및 원형 고래이다. ㄱ자고래 유적지로는 자강도 시중군 노남리가 있다. 기원전 1세기 이전 유적지로 기원전 4~3세기까지 올려다보기도 한다. 원형 주거지 벽체를 따라서 놓인 원형고래는 경남 사천의 늑도동 유적지에서 나왔다. 기원전후 삼한지역 유적으로 이전 것과 비교하면 훨씬 발전한 형태다. 한편 ㄱ자는 조금 꺾어져 ㄷ자 형태를 보이기도 한다. 그 뒤 다줄 고래가 나타나 전면구들을 예비했다. 기원전 1세기 경 유적지인 대평리에서 부분적으로 2줄고래가 보이고, 문경새재 원터 구들 유적은 고려시대 것으로 6줄 고래로 사실상 전면구들이다. 아궁이가 방 밖으로 나간 건 이때쯤이다. 고려시대 전남 완도 법화사터가 그 예이다. 미륵사 절터에는 캉이 사용된 모습도 보인다.

구들이 적응하다

 구들은 지역마다 기후에 맞게 쓰였다. 북부지방 구들은 난방 열효율이 가장 높다. 이와 달리 남부지방 구들은 밥 짓기 열효율이 훨씬 높다. 따라서 어떤 지방의 구들 열효율이 더 좋다고 말하기 힘들다. 그림에서 보는 것처럼 북부 지방 구들은 앞이마가 길고 뒷이마가 없다. 불주머니가 크고 초점이 높아 밥 짓기 효율은 떨어지나 가장 발달된 구들 형태다. 아래 그림은 부뚜막과 구들의 높이를 비교한 것이다. 이는 구들의 고래 크기와도 관계된다. 고래의 높이가 크면 따뜻한 기운과 찬 기운이 확실하게 나뉘어 열을 좀 더 효율적으로 쓸 수 있기 때문이다.
 북쪽 지방 부뚜막은 구들과 높이가 같다. 이와 달리 중부와 남부 부뚜막은 구들보다 낮다. 불목도 북부가 제일 높고 중부 남부 순서이다. 제주도에는 불목이 아예 없다. 굴뚝 또한 마찬가지다.
 북방 굴뚝은 열기를 조금이라도 빼앗기면 안 되고, 북풍에 연기가 거꾸로 흘러도 안 된다. 따라서 북쪽 굴뚝은 20자까지도 간다. 그러나 남쪽은 이보

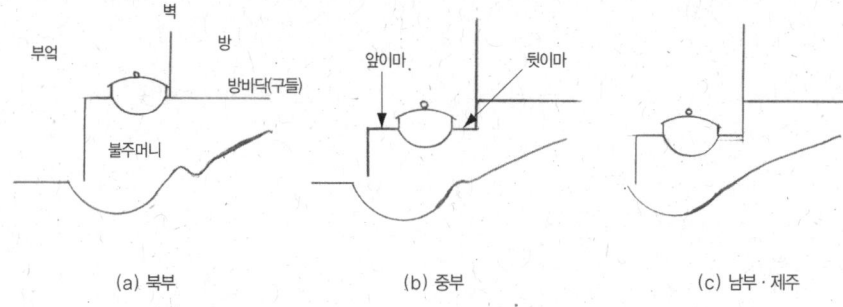

(a) 북부   (b) 중부   (c) 남부·제주

시멘트로 만든 높은 굴뚝 / 흙으로 만든 낮은 굴뚝

— 다 낮아 15자 아래고 때로는 아예 없는 경우도 있다. 낮은 굴뚝 높이를 왜구 침략을 막기 위한 것이라고 설명하기도 한다. 그렇다고 해도 열의 효율성을 같이 생각해야 한다. 북쪽 민족의 침략도 적지 않았기 때문이다.

땔감에 따라서도 꾸준히 변해왔다. 양민은 주로 볏짚, 솔잎, 나뭇가지를 땠다. 궁궐에서는 숯을 땠다. 일제 강점기인 1920년대 연탄이 처음 나타나는데 연탄이 구들에 쓰이면서 고래 크기가 작아졌다. 연탄이 장작보다 불 힘이 약하여 열기가 멀리가지 못했기 때문이다. 이때부터 방 하나에 아궁이 하나가 딸리게 되었다. 이때 아궁이도 연탄에 맞게 고쳐졌다. 연탄이 땔감으로 나타나면서 구들이 가스에 안전하다는 좋은 점이 사라졌다. 연탄가스 피해가 커지면서 열기와 연기를 직접 이용하지 않고 물을 가열하여 쓰는 보일러를 탄생시켰다. 뒤에 기름과 가스가 보급되면서 보일러가 빠르게 발전했다. 이는 아파트 도입에 따른 건축시장의 요청이었다. 한국에서 아파트의 성공은 보일러 출현에 힘입었다. 온수파이프를 바닥에 깔고 보일러에 연결하는 방식이다. 이는 기본적으로 프랭크 로이드 라이트(Frank Lloyd Wright)가 구들을 개량한 것이다. 일본에서 처음으로 구들을 경험한 그는 미국에 처음으로 바닥 난방을 소개했다.

구들은 지금도 새롭게 변하고 있다. 부뚜막에 솥을 올리는 대신 물통과 파이프를 연결해서 온수를 만들어 거실에 보일러로 사용하거나, 온수 파이프 대신 전열기를 이용하여 널빤지를 깔기도 하고 탄소필름을 이용하기도 한다. 이들은 구들의 진화 과정에서 나오는 제품일 수도 있고, 구들과는 전혀 다른 제품일 수도 있다. 아무튼 구들은 지금까지 그랬던 것처럼 앞으로도 진화해 갈 것이다.

구들 이래서 좋았다

일본은 나라를 강제로 빼앗은 뒤, 한옥을 작고 더럽고 볼품없다고 깔아내렸다. 그렇지만 구들만큼은 독특하고 뛰어나다고 인정했다. 오히려 얇은 옷으로 겨울을 나는 우리를 부러워했다. 에너지 산업이 발달한 지금까지도 구들보다 효율성이 좋은 난방 방식은 그다지 보이지 않는다. 아랫목 구들장은 두껍게 윗목 구들장은 얇게 구별해 쓰고, 바닥 열기는 위로 올라가 공기가 순환되어 방안 전체가 따뜻하다. 따라서 방안의 수직적인 온도 분포가 비교적 고르게 나타난다. 이는 오늘날 국제표준(ISO)에도 알맞다.

지난 시절 사람들은 불과 연기를 효율적으로 분리하는데 대체로 실패했다. 따뜻하고 싶으면 연기를 참아야 했고, 연기가 싫으면 추위를 참아야 했다. 벽난로가 연기를 밖으로 내보내는 일에 성공했지만, 연기가 나가면서 열기도 따라 나갔다. 이에 비해서 구들은 불과 연기를 효율적으로 분리했다. 열기가 든 연기를 고래로 이끌어 방바닥을 달구고, 연기와 나뉜 불로 음식을 하고 물을 끓여 추운 겨울을 지냈다. 이를 위해 부뚜막이 설치되고 부뚜막에

솥이 걸렸다. 이미 역사에서 사라진 서양 구들 하이퍼코스트를 밥 짓는 일에도 쓸 수 있었다면, 그 역사의 맥이 끊어지지 않았을 것이다. 이는 우리에게 주는 교훈도 있다. 효율적이지 않으면 살아남을 수 없다는.

위생과 안전에 관해서도 구들은 뛰어났다. 요즘 세계적으로 바닥 난방이 호응을 얻고 있는 이유는 여러 가지가 있지만, 신을 벗고 살 수 있다는 점도 그 중 하나다. 위생적이고, 발의 피로를 쉽게 풀 수 있어 건강에 좋다. 위생 문제는 옛날에 더 심했다. 옛날 집은 모든 것을 자연에 의지했으므로 온갖 미생물과 세균들이 번식하는 장소가 되었다. 서양 사람은 집짐승과 함께 생활했기 때문에 아무래도 우리보다 위생에 있어 불리했다. 그에 비해 구들에서는 뜨거운 열기가 늘 살균 작용을 했고, 재가 날리지 않아 깨끗했다. 보통 방 한가운데 불이 있어 늘 화재 위험이 있었지만, 구들방은 방 밖의 아궁이를 써서 위험이 적었다. 목숨을 앗아가는 이산화탄소에서도 구들이 유리했다. 방안과 아궁이에 연탄을 피운다고 생각하면 된다. 어느 쪽이 안전할까?

지금 모두가 좋아하는 아파트가 처음 들어왔을 때 사람들은 시큰둥했다. 구들을 제대로 갖출 수 없기 때문이었다. 구들이 없으면 사지 않고 구들을 놓으면 바닥이 무거워지고 열에 따라 부재가 신축해서 업체는 고민에 빠졌다. 그러나 보일러가 자리를 잡으면서 아파트는 우리에게 제일 중요한 집이 되었다. 결과적으로 아파트는 1층만을 고집한 한국의 주거문화에 혁명을 일으켰다.

구들도 불편한 점이 있다. 구들은 여름에 습기가 찬다. 바닥의 찬 기운을 받아 결로현상이 생기기 때문이다. 그래서 장마에는 약한 불을 때주어야 한다. 또 추운 겨울 하루에 한 번씩 아궁이에 앉아 불을 지펴야 한다. 그러나 그 외에 특별한 단점은 없다. 건조하기 쉽다고 하나 이는 지나치게 불을 많이 때는 경우에 나타나므로 굳이 단점이라고 보기 힘들다. 물론 가스가 새지 않도록 해야 한다. 그리고 아궁이에 문을 달아서 야생생물이 드나들지 못하게 해야 한다.

(구들은 어떻게 생겼을까?)

한옥을 공부하면서도 구들이 뭐냐고 물으면 순간 당황한다. 구들이 몇 가지 뜻을 같이 가지고 있기 때문이다. '바닥 난방 시설 그 자체, 그 시설을 이용한 방바닥, 그리고 구들이 있는 방'을 모두 구들이라고 한다. 구들을 이루는 부분 부분은 모두 순수 우리말이나 구들을 뜻하는 말로 온돌이 같이 쓰인다. 온돌을 '온통 돌'이라고 풀어 우리 고유 말이라고 주장하기도 하나, '구운 돌'이라는 뜻인 구들이 전통적으로 내려오는 말이다. 한글이 만들어져 쓰이기 전에 구들을 표현한 한자 중 하나가 온돌(溫突)이기 때문이다. 구들에 관한 기록은 중국의 《수경주》에서 《조선왕조실록》까지 여러 곳에 기록되어 있으나 구들을 이해하는 데에는 유적지 발굴 성과가 더 컸다. 구들은 크게 보면 아궁이, 고래, 굴뚝으로 구성된다.

지루할 수 있지만 좀 자세히 살펴보자. 앞서 적은 것처럼 아궁이와 부뚜막은 다르다. 부뚜막은 밥 짓기를 위한 것이다. 구들은 이 부뚜막에서 진화

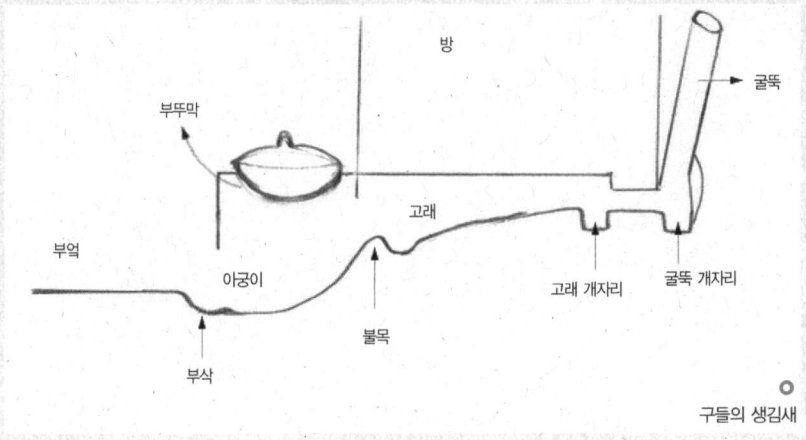

구들의 생김새

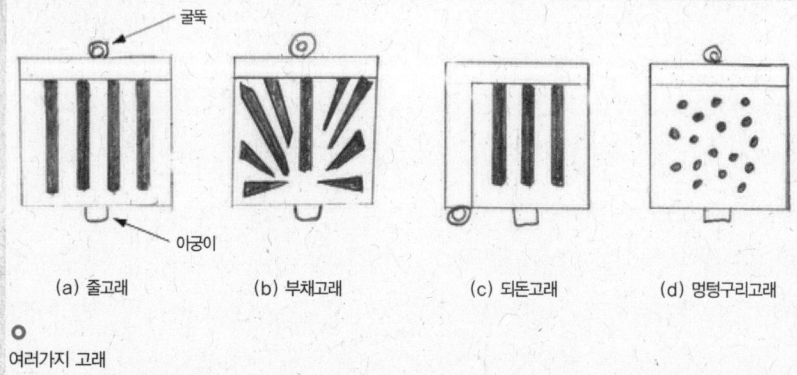

여러가지 고래

했다. 이와 달리 아궁이는 불을 때는 곳이다. 아궁이는 바닥보다 조금 낮게 만든다. 그래서 아궁이 밖이 좀 파이게 되는데 이를 부삭이라고 부른다. 이는 재가 부엌에 돌아다니지 않게 하고, 밖의 찬 공기가 따뜻한 공기를 밀어 불을 아궁이 안으로 들이는 구실을 한다. 아궁이는 대개 부뚜막과 같이 있지만 모든 아궁이가 그런 것은 아니다. 밥 짓기를 하지 않는 별채에는 부뚜막이 없고 아궁이만 있다. 이를 함실(아궁이)이라고 한다. 방 두 칸이나 세 칸에 아궁이 하나만 쓰기도 했고, 이것으로 모자라면 보조아궁이를 두기도 했다. 구들에 불을 들이지 않는 여름에는 마당에 부뚜막을 따로 두어 쓰던 기억을 가지고 있는 사람이 아직도 많을 것이다.

고래는 연기가 지나가는 길이어서 연도라고도 한다. 고래는 줄을 맞추어 놓는 줄고래, 부채꼴 모양의 부채고래, 굴뚝과 아궁이가 한 방향에 있는 되돈고래, 고래 없이 대충 돌로 채워 연기가 지나가게 하는 멍텅구리고래 등이 있다.

어느 것이든 고래는 기울어져야 한다. 연기가 회오리쳐 거꾸로 흐르는 것을 막기 위해서다. 때로 경사면을 2단으로 만들기도 한다. 특히 허튼고래의 경우 방의 양옆을 중앙보다 높게 만들어 솥뚜껑을 엎어놓은 것처럼 한다. 위로 오르는 불의 성질을 이용해 방 전체를 고르게 데우기 위해서다. 최근에는

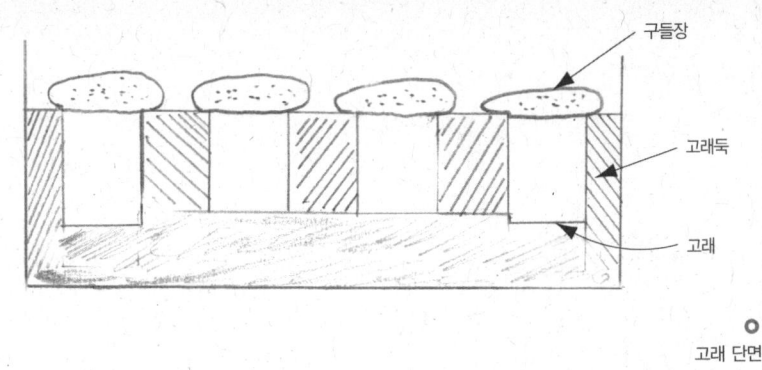

고래 단면

줄고래를 많이 쓴다. 과거에는 집에 가구가 별로 없었으나, 지금은 가구가 많고 사람 몸무게도 무거워졌기 때문이다. 건축적으로도 가장 안전하다.

고래둑은 구들장 받침이다. 돌을 이어 만들기도 하고, 돌과 진흙을 섞어 둑을 쌓기도 한다. 고래둑이 어떻게 쌓이느냐에 따라 바로 위에서 설명한 것처럼 고래 종류가 다양해진다. 고래둑에 얹은 평평한 돌이 구들장이다. 고래둑과 구들장이 만드는 공간이 연기가 나가는 길인 고래이다. 따라서 이를 고래의 일부로 볼 수 있다. 불목을 넘은 불이 잠깐 머물 구들개자리를 만들고, 고래가 끝나는 부분도 우묵하게 개자리를 만든다. 연기를 모아 굴뚝으로 길을 잡아주고 이 연기가 거꾸로 흐르는 것을 막는다. 행여 빗물이 들어오면 고래로 들어가는 것을 막는다. 고래 개자리가 없는 경우 고래의 연기가 거꾸로 흘러 난방 효과가 급격하게 떨어진다. 또 개자리 폭이 너무 좁으면 오히려 없는 것보다 못한 결과가 나온다는 점을 새겨야 한다.

아궁이와 고래 사이에는 부넘기가 있다. 이를 불목이라고 한다. 연기가 거꾸로 흐르는 것을 막고 열기와 연기가 고래 속으로 잘 빨려 들어가게 한다. 부넘기가 보이는 최초의 유적은 익산 미륵사지터이다. 굴뚝 토기 조각으로 보아 고려시대 초기 것으로 추정된다.

다음 굴뚝을 보자. 구들의 마지막 시설로 연기를 완전히 집 밖으로 내보

자연 재료를 이용한 굴뚝

낸다. 굴뚝 재료는 항아리, 깨진 기와, 뒷동산의 돌과 진흙 등 별의별 것을 다 썼다. 구새는 통나무를 파서 굴뚝으로 사용하던 데서 나온 이름으로 굴뚝의 다른 이름이다. 그만큼 굴뚝 재료는 여러 가지다. 굴뚝 없이 기단 밖으로 평평하게 연기가 나갈 길을 만들기도 한다. 제주도에서는 집짐승 똥을 때는데 연기가 많지 않아 굴뚝을 만들지 않는 일이 많다. 마지막으로 굴뚝 밑에 움푹 파인 곳이 있는데 이를 굴뚝개자리라고 한다. 연기가 거꾸로 흐르는 것을 막고 올라가던 찌꺼기가 떨어져 모인다. 서양에서 굴뚝은 11세기 이후에 나타났다. 징을 치고 골목길을 누비던 굴뚝청소부를 기억하는 사람이 있을 지도 모르겠다. 서양 난로가 들어오면서 생긴 직업이다. 우리 직업사에서 굴뚝청소부만큼 잠깐 생겼다가 사라진 직업도 드물 것이다. 서양식으로 따져 구들에서 굴뚝 역할을 하는 건 굴뚝이 아니라 고래다.

제 5 장

풍수 한옥의 터를 봐주다

바람은 무엇인가?

　풍수는 바람과 물에 관한 이야기다. 물이야 눈에 보이니 어려울 것이 없다. 보이지 않는 바람이 문제다. 시인 서정주는 자신을 키운 건 바람이라고 고백했다. 어느 풍수가는 사람은 죽어 바람이 된다고 한다. 그렇다고 바람이 사람에게 늘 호의적인 건 아니다. 동양의학에서 바람은 온갖 병의 근원이다. 그래서 풍수에서는 바람을 잘 다스리려 애를 쓴다. 바람은 종류도 다양하다. 어느 시대고 민중이 어려워지면 바람이 분다. 이때 바람은 피 끓는 함성이 되어 산과 들을 휩쓴다. 이렇게 역사에 부는 바람은 세상을 바꾼다. 까짓것 왕후장상 따로 있나! 풍수는 이렇게 말한다. 따라서 풍수는 혁명사상이다. 동학혁명을 앞에서 이끈 전봉준, 손화중, 김개남 모두 그 시대의 풍수가다. 그들에겐 가문보다 중요한 게 땅 기운이었다. 풍수는 평등을 지향한다. 그리고 풍수는 인간과 자연이 어떻게 하면 친할 수 있는지 말해준다. 서양이 자연을 다스리려 했다면 동양은 자연과 하나되는 꿈을 꾸었다. 풍수에서는 3cm만 높아도 이를 산으로 본다. 이로 인해 물 흐르는 방향이 바뀌고 바람이 달리 흐른다. 사람을 살피듯 세심하게 자연을 살펴야 가능한 이야기다. 그래서 우리 풍수에는 자연과 인간의 틈을 보완하는 비보가 발달했다. 비보는 염승을 포함한다. 자연조건의 모자람을 보충하는 것이 비보이고, 자연조건의 지나침을 견제하는 것이 염승이다. 우리가 풍수에 관심을 가져야 하는 건 사람과 자연이 두루 너그러운 관계 속에서 살아야하기 때문이다. 그런 관계에서 집이 땅에 앉아야 평안하게 살 수 있다.

풍수는 신라말기 승려 도선이 중국에서 들여왔다는 것이 정설이었다. 90년대 초반까지 나온 책에는 우리 고유의 풍수에 대한 언급이 거의 없다. 그러나 최근에는 고유풍수가 있었다는 것이 정설로 자리 잡는 듯하다. 고유풍수를 자생풍수라고 부른다. 고유풍수를 가장 올려보는 입장은 고인돌을 근거로 한다. 고인돌이 풍수적으로 중요한 산의 맥에 놓여 있어, 적어도 청동기시대부터 우리풍수가 있었다는 주장이다. 이 때 풍수는 우리 산신신앙과 관계있다. 집터풍수가 기록상 처음 나오는 건 《삼국유사》다. 기원전후 탈해가 토함산에 올라가 성안에서 왕이 될 자신의 집터를 찾았다는 내용이다. 그렇다면 도선은 중국풍수를 전해준 사람이 아니라 우리에게 있던 풍수를 바탕으로 중국풍수 이론을 받아들인 사람이라고 봐야 할 것이다. 이 의견은 도선이 중국에서 중요하게 여기지 않던 비보를 중시했다는 점에서 가능하다. 이는 우리의 낙천성과 관계있다. 마을을 학 모양으로 생각해 좋게 여겨지면 마을 한가운데에 둥근 돌을 턱하니 가져다 놓고, 알을 품어야 하기 때문에 학이 날아가지 못한다고 믿고 마음 편하게 산다. 그럼 풍수는 무엇일까? 물음이 추상적이니 구체적으로 바꿔보자.

사람 피부색은 왜 다를까? 풍수의 입장은 기후와 풍토 때문이다. 그래서 풍수를 동양의 지리학이라고도 한다. 처음 풍수라는 말을 사용한 사람은 중국의 곽박이다. 그는 '기는 바람을 타면 흩어지고 물에 닿으면 머문다. …그리하여 "바람과 물(풍수)"이라고 말한다.' 고 했다. 한편 풍수를 좀 자극적으로 말하면 '땅에는 우리 몸의 피처럼 흐르는 기운이 있어서 이 자리를 잘 찾아 쓰면 그 나라, 집안, 후손이 잘 되고, 그렇지 않으면 망한다.'고 할 수 있다. 그러나 이렇게 정의하면 아차 하는 순간 풍수는 도술이 되고 만다. 풍수를 어떻게 정의하든 물과 바람에 대한 조상의 지혜임에 틀림없다.

그러나 문제는 지금 우리가 쓰는 풍수가 자생풍수인가이다. 많은 사람들은 이 물음에 고개를 젓는다. 중국의 풍수는 신비한 그림인 '하도와 낙서'를 기초로 하여 아홉 개의 별 이야기, 음양오행 이야기 등을 받아들여서 천천히 체계화되었다. 초기 경전으로 《청오경》과 《금난경》이 있다. 비보는 상대적으로 늦게 발달하여 송대에 와서야 발달한다. 중국풍수는 이론적으로 체계화되어 있으나, 풍토가 달라 우리에게 잘 맞지 않고, 지나치게 주역에 매여 있다. 그러나 우리 풍수가 완전히 사라진 건 아니다. 최창조 선생님은 우리 풍수의 흔적을 태백의 시루봉에서 찾는다. 시루 모양의 봉우리 밑에는 아궁이 구실을 하는 작은 공간이 있고 여기에는 시루를 찌기 위해 초를 피우는 당집이 있다. 시루형국의 명당이다. 사람들은 이 땅을 산신에게 내어 놓고 욕심을 부리지 않는다. 이것이 우리 풍수다.

풍수하면 무덤자리를 생각하는 사람이 많다. 하지만 무덤풍수보다 집터풍수가 더 일반적이었다. 우리나라에서 풍수의 흐름이 무덤풍수로 변질된 건 조선시대에 들어와서다. 지나치게 이기심을 돋우고 땅을 망치므로 무덤풍수를 술법풍수라 하여 싫어하는 이도 있다. 약간의 다툼이 있을 수 있지만 우리나라 땅 기운은 백두산에서 시작하여 백두대간을 따라 내려온다. 그리고 그 산이 끝나는 지점에서 물을 만나 명당이 된다. 물이 없으면 땅 기운은 서지 못하고 계속 가서 바다로 갈 것이다. 이 책의 관심은 집터이므로 무덤풍수는 관심 밖이다.

풍수를 이해하다

풍수에서 용은 하늘을 나는 용을 뜻하기 보다는 산을 말한다. 그런데 단순한 산보다 넓은 의미로 쓰인다. 산봉우리와 산등성이를 모두 포함하여, 산기운을 말한다. 구체적이면서 추상적인 의미까지 포함한다. 땅기운은 이 산을 타고 오므로 그 모양이 중요하다. 산의 모양을 한 번 살펴두자. 다음 그림 중 여러분 주위에 있는 산과 비슷한 모양을 찾아보자.

목산과 금산은 주인이 되는 산으로 제일 좋다. 목산은 잘 자란 나무를 떠

목산(나무)　　금산(볏가리)　　수산(물결)　　화산(불)　　토산(땅)

여러 가지 생김새의 산

올리면 되고 금산은 솥뚜껑처럼 가운데가 불룩하다. 물결치듯 하는 수산은 주인 산을 받치는 보조 산이다. 불꽃처럼 타오르는 화산은 너무 활발해서 좋지 않다고 본다. 하지만 예술가나 혁명가에게는 좋다. 평평한 토산도 보조산이다. 그러나 땅이 가지는 의미가 남다르므로 주인이 되기도 한다. 먼 산에서 집 주위 산이나 마을로 내려오는 산등성이는 밋밋한 것보다는 위아래로 힘있게 굽이치고 갈지(之)로 움직이는 모습이 좋다. 이를 용이 살아있다고 표현한다. 산에도 앞과 뒤가 있어 명당은 산의 앞면에 있다. 산의 뒷면은 가파르고 앞면은 완만하다. 그래서 산세는 아이를 안으려는 어머니의 팔처럼 안으로 감겨야 포근하다. 산세를 보면 풍수적으로 좋은 곳에는 사신이 있어 땅 기운을 잘 보존한다. 사신은 4방위를 나타내는 상상 속의 동물로 신을 상징한다. 북쪽에는 현무, 남쪽에는 주작, 동쪽에는 청룡, 서쪽에는 백호가 있다. 풍수에서는 동물 대신 각 방향에 있는 산이 사신 '사' 가 된다. 사신사는 바람을 가두고 땅 기운을 보호한다.

    안산은 마을을 감싸주는 작은 산으로 아래 그림에서 관악산이 조산에 해당하고 남산이 안산이 된다. 조산과 안산은 모두 주작이다. 풍수를 길흉화복과 결부하는 사람들은 안산이 있으면 좋은 일이 빨리 일어난다고 한다. 안산은 건물 뒤편 주산을 위한 보조산이지만 꼭 있어야 한다고 믿는다. 명당을 둘러싼 '사' 는 작게는 사람이 만든 건물이나 조형물이 될 수도 있다. 사신사가 풍수에서는 꼭 북남동서를 의미하지 않고 명당의 뒤가 주산으로 현무가 되고 현무를 등지고 앉았을 때 왼쪽이 청룡 오른쪽이 백호 앞이 주작이다. 사신사가 하는 일은 기운을 모으고 바람이 크게 불지 않게 하는 일이다. 참고로 진산이라는 말을 많이 쓰는데 이는 그 마을을 지키는 산이다. 서울의 경우 북한산(삼각산)이 진산인데 이는 수도의 진산이므로 나라를 지키는 산이기도 하다.

    아래 그림의 산세를 보자. 명당을 중심으로 현무, 주작, 청룡, 백호에 해당하는 산이 있다. 사신에 해당하는 산이 모여서 마을 하나를 만들고 있다. 이

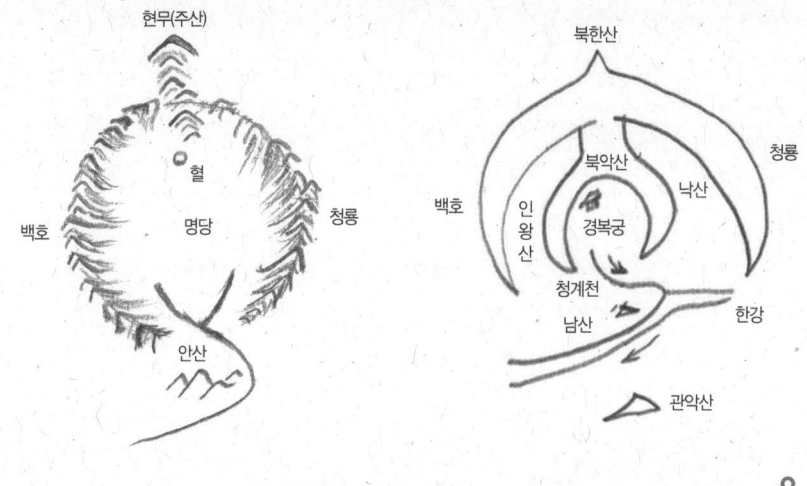

사신사의 개략도 / 서울의 사산사

처럼 산세가 만들어내는 마을의 전체 모습을 국세라고 한다. 사신사는 마을의 기를 잘 보존해야 하므로 그림처럼 산세가 팔을 안으로 감싼 모습을 하고 있어야 한다. 두 그림을 보면서 서울이라는 마을을 살펴보자. 경복궁을 기준으로 뒤로 북악산, 북악산 너머 북한산, 앞으로 남산, 남산 너머 관악산, 좌우로 낙산과 인왕산이 있다. 이때 각 방향에 있는 산들이 현무, 주작, 청룡, 백호의 사신이 된다. 북악산을 주산으로 하여 청계천은 인왕산 쪽에서 낙산 쪽으로 내려와 한강과 만난다. 청계천은 한강과는 거꾸로 흐르다 한강과 하나가 된다. 풍수적으로는 이렇게 거꾸로 만나는 수구가 좋다. 수구는 물이 합쳐지는 곳을 말한다.

　명당은 왕궁에서 신하가 도열하는 마당이다. 이것이 풍수에서 쓰이면서 명당이 혈과 대칭적인 의미로 쓰였다. 보통 사람은 명당을 혈과 마당을 포함한 좋은 집터라는 뜻으로 쓴다. 그러나 풍수적으로는 혈과 명당이 구분된다. 기가 맺히는 자리인 혈은 한양에서는 왕궁이 될 것이고, 명당은 왕궁 앞 넓은 땅 즉 한양이 될 것이다. 왕궁에서는 대전이 앉은 자리가 혈이 되고 대신이 서는 대전 앞마당이 명당이 된다. 집터에서는 마당이 명당이고 집이 앉는 자리 그 중에서도 안방이나 대청 자리가 혈 자리가 된다. 그런데 그 혈 자리에 정확하게 건물이 올 수 없으므로 풍수적으로는 집터 잡기가 무덤터 잡기보다 어렵다.

마을풍수를 보다

　몇몇 민속마을을 다녀보지만 옛날 내가 살던 마을이 아니다. 번듯하게 새로 지어진 집들이 자연스럽지 않다. 한옥에서 마을은 매우 중요하다. 초라한 한옥들이 나름대로 아름다움을 만드는 건 자연과 하나가 되는 마을이 있기 때문이다. 한옥은 길이며 산이며 다른 건물과 하나가 된다. 마을 입구에는 모정이나 당나무가 있어 마을 사람을 모은다.

　풍수적으로 자리가 좋은 곳은 대개 기압이 높은 지역이다. 풍수를 장풍득수에서 왔다고 주장하는 사람도 있다. 여기서 장은 가둔다는 의미의 장(藏)이다. 바람을 가두어 기압을 높이는 것이다. 한옥에서 문은 불가피한 경우가 아니면 안으로 열게 되어 있다. 집의 기운을 높이려는 생각에서 비롯한다. 고산지대에서 고산병에 걸려본 사람이라면 저기압이 얼마나 안 좋은 줄 안다. 기압이 높은 곳에는 바람이 없다. 바람은 기압이 낮은 곳에서 일기 때문이다. 1013HPA이 일상적 기압이고 이 때 풍속이 5km/h가 된다. 이처럼 바람이 잔잔하고 기압이 높아 명랑한 마을 터를 잡는 풍수가 마을풍수다. 풍수에서는 마을을 양기라고 표현한다.

《금낭경》은 음양이 조화로우면 초목이 무성하고, 초목이 무성한 가운데 좋은 땅이 있다고 한다. 이중환은《택리지》에서 마을 조건을 이렇게 정한다. 산과 들의 생김새와 물의 흐름을 살피고, 먹고살 일을 살피고, 주변 인심을 살피고, 마지막으로 경치를 살펴야 한다. 먹고살 일과 주변 인심에서 볼 수 있는 것처럼 문화 조건도 중요하다. 특히 주의 깊게 살필 것은 공공시설, 문화시설, 교육시설, 치안시설 등이다. 예를 들어 자녀에 대한 교육열이 아주 높은 사람이 교육시설을 살피지 않으면 나중에 엄청난 비용이 생긴다. 그래서 어떤 땅은 어느 사람에게는 좋은 데 어느 사람에게는 좋지 않을 수 있다. 집을 짓기 전에 마을을 봐야 하는 까닭이다. 마을풍수가 모자라면 사람들이 힘을 모아 나무를 심거나 다른 보충 방법을 찾아 기운을 돋우었다. 이를 비보라 함은 이미 이야기했다. 중국에는 또랑을 만들어 물을 끌어들이는 비보가, 한국에는 작은 돌탑 산을 만드는 비보가 널리 퍼졌다. 물을 끌어들이는 비보를 인수비보라 하고 돌탑으로 산을 만드는 비보를 조산비보라고 한다. 주변 산이 불 모양의 화산이면 물을 담아 놓거나, 해태 같은 상징물을 세우는 비보를 한다. 이밖에도 지명을 바꾸거나 줄다리기 같은 놀이를 이용해 기의 움직임을 바꾸어 음양의 조화를 맞추었다. 그러므로 너무 이상한 곳이 아니라면 사람 사는 마을에 터를 잡고 집을 지으면 된다. 좀 모자란 것이 있다면 보완하면 되기 때문이다. 마을이 결정되었으면 이제 집터를 고르는 것이 중요하다.

집터풍수를 보다

　무지막지하게 큰 중국 자금성을 본 사람은 한국의 궁성을 보면 그만 하품을 하고 만다. 이는 한국의 전통건축을 너무도 모른다는 고백에 다름 아니다. 우리는 큰 건물을 짓지 않았다. 아니 황룡사 9층 목탑이 있었으니 꼭 그런 것은 아니다. 6세기에 지은 황룡사는 80~100여 미터 높이였던 것으로 짐작된다. 그러나 사람이 사는 건물은 대체로 작게 지었다. 사람이 살아가는 데 필요한 공간이 그다지 크지 않기 때문이다. 지금도 풍수를 하는 사람은 한 사람당 생활면적을 5평 안팎으로 본다. 한옥은 그래서 건물보다는 여백을 좋아한다. 한옥이 제대로 지어지려면 주위와 어울려야 한다. 한옥은 전체를 보는 것에서 출발한다. 때문에 풍수는 한옥에 가장 큰 영향을 주었다. 죽은 사람의 묘를 찾는 무덤풍수와 달리, 집터풍수는 움직이는 사람과 관계된다. 따라서 자연뿐 아니라 사회와의 관계에도 관심을 가진다. 최근 건축학에서도 이제 풍수는 하나의 주제가 되었다. 풍수가 과학이든 미신이든 풍수사상의 알맹이는 집을 단순한 벽돌이나 나무더미로 보지 말자는 것이다.

그런데 양민과 양반 모두 풍수를 따져 집을 졌을까? 물론 그렇다. 우리나라 고유의 풍수가 있었기 때문이다. 그러나 민가와 반가를 같은 풍수가가 봐주지는 않았을 것이다. 풍수 전문가를 뽑아 이들에게 관직을 주었지만 이들 전문가가 민가의 집터를 봐주었다고 생각되지 않는다. 민가에서는 자생풍수가 전통적으로 내려와 이를 썼을 것이다. 그 밖에도 관직에 나가지 못한 지관이 보거나 점술서를 이용해 민가 터를 잡았다. 또 백성은 부역으로 궁궐이나 관청 건물을 지었으므로 관의 풍수를 엿듣고 민가를 지을 때 썼을 것이다. 따라서 양반이 중국풍수에 매달렸다면 양민은 자생풍수와 중국풍수를 동시에 썼을 수도 있다. 한옥을 지을 때 밥이나 쌀 푸는 방향을 고려해서 문을 만드는 건 풍수와 관계있다.

옛날 양반이 집터 잡은 예를 보자. '왼편에 지나는 물을 청룡이라 하고, 오른편에 있는 길을 백호라고 한다. 앞에 있는 못을 주작이라 하고, 뒤에 있는 언덕을 현무라고 한다. 이 같은 터가 제일 좋다.' 홍만선이 《산림경제》에서 설명하는 집터 이야기다. 집 앞이나 집 안에 못이 있는 것을 우리 풍수는 그리 좋아하지 않는다. 못을 집 앞에 두는 것만 아니라면 보통 풍수하는 사람들의 의견도 홍만선과 크게 다르지 않다. 명당은 마당이고 혈은 집이 앉는 자리가 된다. 때로는 주위의 물건이나 건물들이 사신사 구실을 한다. 이런 생각을 기본으로 하여 집터를 잡아 보자. 옛날사람은 집터 잡는 일을 복거라고 했다. 도시가 아닌 곳에 집을 짓는다면 우리나라 지형상 북동쪽이 높고, 남서쪽이 낮은 집을 선택하면 무리가 없다. 그러나 집들이 몰려있는 도시에서는 산을 등질 수 없으니 산 대신 빌딩을 등지어 짓는다. 빌딩이 바람을 막아주면 그곳이 도시의 명당이 될 수 있다. 바람이 부는 쪽에 큰 건물이 막고 앞으로 시야가 열리면 좋을 것이다. 그러나 이때 큰 건물 사이에서 불어오는 바람을 조심해야 한다. 골목바람은 서양 건축에서도 골머리를 앓는 바람이다. 길이 직선으로 대문에 연결되면 바람이 직접 집으로 몰려들어와 안 좋다. 한옥에 고샅이 생긴 까닭이다. 고샅은 큰 길에서 집 대문으로 바로 들어

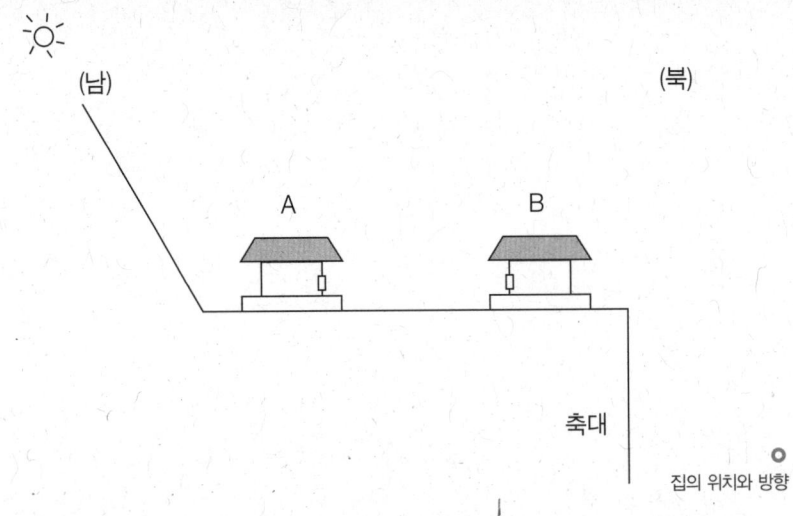

집의 위치와 방향

가지 않게 만든 골목길이다. 이런 점을 늘 마음에 두어야 한다. 주의할 점은 풍수가 늘 남향을 고집하는 건 아니라는 점이다. 더구나 도시에서 남향만을 고집하면 집 지을 방법이 없다. 그림에서 B보다 A가 풍수적으로 좋다. 이는 산을 지고 있기 때문이다. 풍수에서 중요한 건 건물 뒤로 산을 두는 것이다. 풍수에서는 바람을 막고 기를 모으는 것이 햇빛보다 더 중요하다. 따라서 한옥은 앞이 낮고 뒤가 높아야 한다. 하회마을은 솥뚜껑 모양의 평지이지만 이 약간 높은 곳을 기대어 마을이 만들어졌다. 참고로 집에 기가 머물게 하기 위해 물을 끌어들여 도랑을 만드는 경우가 있는데, 대문 안에는 땅 밑으로 만들어 보이지 않게 하고 대문 밖에는 물길을 보이게 낸다. 그만큼 집 안에 물이 있는 것을 좋게 생각하지 않았다. 이는 습기가 목조주택인 한옥에 안 좋고, 여름에는 세균이 번질 위험이 많고, 기압도 떨어뜨리기 때문이다. 옛날에는 땅기운을 보기 위해 집터 생땅을 1.2~2자 정도 파서 판 흙을 곱게 부수어 그 자리에 다시 덮어 두었다가 이튿날 확인했다. 판 자리의 땅이 솟아 있으면 땅기운이 있어 좋은 것이고, 내려 앉아 있으면 땅기운이 없어 안 좋

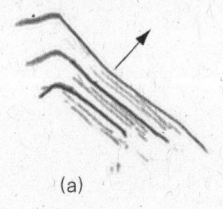

(a)

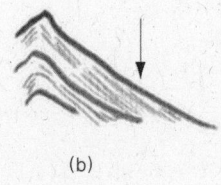

(b)

중력에 의한 땅의 이동

은 곳이라고 했다.

집터로 꼭 피해야 할 자리를 보자. 사람이 잘 살고 있는 마을이라도 안 좋은 집터가 있기 때문이다. 땅속에 물이 흐르면 좋지 않다. 지하수는 살아 있어 위의 물을 끌어들인다. 따라서 지하수 위 땅과 건물은 언제든지 지하수로 인해 균열될 수 있다. 또 땅을 갈라지게 하는 기운이 몸에 좋을 리 없다. 음산한 기운이 별나서 여러 사람이 그렇게 느낀다면 그런 자리도 피하는 게 좋다. 안 좋은 느낌이 들기 시작하면 신경쇠약으로 몸을 버릴 것이다. 땅이 움직이는 곳도 피한다. 땅이 움직이는 데는 다른 이유도 있겠지만 겨울에 땅이 얼 때는 그림(a)처럼 입자가 비탈면에 대해 직각 방향으로 들리고 봄에 땅이 녹을 때는 (b)처럼 중력에 의해 땅에 수직으로 내려앉기 때문에 일어난다. 이는 눈으로 확인할 수 있는 경우가 많다. 즉 전봇대나 나무가 비탈면 아래로 기울어져 있는 자리는 피한다. 그 밖에도 습지나 메운 땅, 쓰레기 매립지 등은 피한다. 단층이나 2층으로 기초가 얕은 한옥은 땅이 무른 곳에 세우기 어렵다. 이런 곳에서는 유해가스 방출에도 유념해야 한다. 마지막으로 산 정상을 피한다. 서양은 산 정상에 집을 많이 짓지만 한옥은 그렇지 않다. 산 위에서 밥을 하면 기압이 낮아 밥이 설익는다. 즉 기압이 낮으면 사람이 명랑하지 못하고 늘어진다. 따라서 산 정상은 피해야 한다.

건물풍수를 보다

사람이 건물을 지으면, 건물은 사람을 짓는다. 윈스턴 처칠의 말이다. 이는 풍수의 생각이기도 하다. 기는 모양을 따른다. 때문에 풍수에서는 모양이 중요하다. 사슴은 사슴이고 돼지는 돼지일 뿐이다. 땅기운은 산줄기를 따라온다. 이 산의 움직임을 보는 것이 간룡법이다. 그리고 그 기운이 맺힌 모양을 보는 것이 형국론이다. 우리나라의 형국으로 가장 많은 것은 '소가 누운 형상'이다. 소가 농촌에서 가지는 의미를 생각하면 형국에는 그 곳에 사는 사람의 바람이 들어있음을 알 수 있다. 형태는 마음에 위로가 될 수도 있다. 실제 '소가 누워 있는 형국'을 본 사람은 저게 무슨 소가 누워 있는 모습이야? 하고 고개를 갸우뚱한다. 사람에 따라서 다르게 볼 수 있다. 그러니 풍수도 어느 정도 마음먹기 나름이다. 따라서 좋은 생각을 하면 그것 자체로 훌륭한 풍수가 될 수도 있다.

형태는 집 자체 모양에서도 중요하다. 풍수에서 이상적인 모양은 원형, 정사각형, 2:3의 직사각형 정도이다. 형태가 중요한 까닭을 간단히 설명해

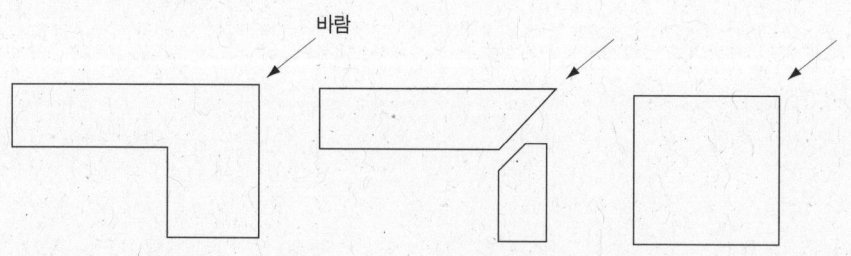
건물 형태와 소리의 관계

보자. 집터풍수에서 가장 중요한 바람과 소리를 생각해보자. 아무도 없는 집에 귀신 우는 소리가 들리는 집이 있다. 물론 이는 바람이 지나는 소리이다. 집 모양이 이상하면 바람이 부딪힐 때 괴이한 소리가 난다.

위 그림 중 제일 소란스러운 집은 가운데 집이다. 바람이 건물을 치고 지나가면서 여러 면이 막히고 트여서 소리도 여러 가지가 들린다. 집 형태에 긴 면과 짧은 면이 있으면 바람이 부딪혀 낮은 음과 높은 음을 낸다. 정사각형은 이상한 소리가 들리지 않을 것이다. 풍수는 형태를 중히 여기고, 이런 생각은 담장 크기, 창호 배치 등에 영향을 주었다. 모양을 본떠 만든 한자의 뜻이 안 좋아 그 글자 형태를 짓지 말라는 경우도 있다. 부순다는 의미인 工이나 시체라는 의미인 尸가 예이다. 마당에는 나무를 심지 않는데 마당에 나무를 심으면 困자가 되기 때문이다. 물론 한글세대인 우리는 그런 것에 지나치게 관심 둘 필요가 없다.

바람과 건물의 형태를 하나 더 보자. 그림(a)는 산을 등지고 작은 내를 앞에 둔 집이다. 산을 등지고 작은 내를 앞에 두면 좋지만 큰 물가는 바람이 커서 집터로 좋지 않다. 그림에서 바람이 낮에는 평지나 냇가에서 산으로 불고 밤에는 산에서 밑으로 분다. 따라서 (a)집에는 활동이 많은 낮에 바람이 들어와 집의 기압을 높여 활동성을 높인다. 그러나 밤에는 바람이 좋지 않다. 따라서 집 뒤에는 큰 문을 만들지 않는다. 그림(b)는 내나 평지를 등지고 산

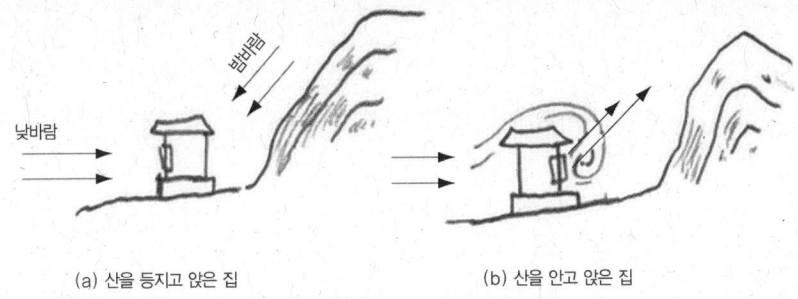

(a) 산을 등지고 앉은 집   (b) 산을 안고 앉은 집

을 보고 앉은 집이다. 똑같이 낮에 바람이 산 쪽으로 분다. 그러면 바람이 회오리쳐서 방안 공기를 빼앗아 달아나고 밤에 바람이 밀려들어와 잠자기가 힘들다. 잘 때 바람이 들어오는 것을 풍수에서는 아주 좋지 않게 본다. 창이나 문 쪽으로 머리를 두고 자지 않는 까닭이다. 한옥에서 문은 좁다. 문이 크면 집의 기운이 빠져나가기 때문이다. 따라서 집으로 들어가는 문이 작다. 그러나 일단 문을 열고 집으로 들어가면 넓은 마당이 나온다. 이를 전착후관(前窄後寬)이라고 한다.

잠깐 상식
성주운을 보고 집을 지었다는데 풍수와는 어떤 관계죠?

주역이나 풍수 관련 행사를 하면 날을 잡는다. 이를 택일이라고 한다. 한옥을 지으면서 택일을 하는 경우는 5가지다. 개기, 정초, 입주, 상량, 입택일이다. 개기일은 땅에 처음 삽을 대서 땅을 여는 날이고, 정초일은 기초를 놓는 날이고, 입주일은 기둥 세우는 날이다. 상량일은 마루도리를 올리는 날인데, 마루장여에 기원을 적어 올린다. 입택일은 집으로 이사하는 날이다. 이런 의식은 보통 이른 아침이나 오전 중에 하게 된다. 과거에는 가주의 성주운을 봐서 운이 안 좋으면 가족 중 다른 사람의 운을 보고 그도 안 좋으면, 운이 좋은 사람이 터 잡은 곳에 하루 묵고 이를 집주인에게 파는 의식을 치렀다. 성주운은 집주인의 집지을 운세를 말한다. 성주는 성조成造에서 나왔다는 게 보통이다. 성주는 집 자체이기도 하고 성주신이기도 하다. 성주신은 집이 지어지면 태어나는 신이다. 이 신의 아버지는 하늘이고 어머니는 땅이다. 땅이 어머니라는 생각을 지모사상이라고 한다.

내 방은 어느 쪽으로 할까?

한의원에 가면 환자의 체질을 말해준다. 체질은 다음 네 가지 중 하나다. 태음인, 태양인, 소음인, 소양인. 논란은 있지만 동양철학에서는 세상이 처음 만들어지기 전의 상태를 무극이라고 한다. 이 무극에서 음과 양이 나뉘면 태극이 된다. 이 음과 양이 각자 다시 음과 양으로 나누어지는데 이를 사상이라고 한다. 사상은 양이 두 개인 태양, 음이 두 개인 태음, 양과 음이 각기 하나씩인 소음과 소양이 있다. 사상이 한 번 더 나누어지면 8괘가 된다. 태극기의 건곤감리는 8괘 가운데 4가지 괘가 된다.

사상은 방위를 나타내기도 하는데 태음과 태양 방향이 서사택이다. 태음은 음이 제일 큰 것이고 태양은 양이 제일 큰 것이다. 따라서 더 이상 커질 수 없으므로 지는 해에 비교된다. 이에 반하여 소음과 소양은 음이 소량이고, 양이 소량이다. 따라서 점점 기운이 커지는 형세이다. 그래서 뜨는 해에 비교한다. 그러므로 태음과 태양은 서사택으로 소음과 소양은 동사택으로 적당하다. 다만 풍수에서 개인의 기운은 성명운에 의해 결정된다고 본다. 과거에는 남자주인의 운에 의했지만 이제 평등한 시대이므로 가족에 동사택이나 서사택 둘 가운데 하나의 운을 가진 사람이 있을 것이므로 굳이 성명운까지 볼 필요는 없을 듯하다. 참고로 좌향이라고 말할 때 '좌'는 건물이 앉는 위치의 방향이고, '향'은 그 건물이 바라보는 방향이다. 따라서 좌가 결정되면 향도 결정된다. 즉 좌가 북이면 향은 남이다. 집터 방위는 보통 8개로 구분한다. 북남동서와 그 사이 방위를 합하여 8개로 구분한다. 8개 가운데 동사택은 북·남·동·동남 방향이다. 나머지가 서사택이다. 안방, 부엌, 대문은 동사택이든 서사택이든 하나의 방향으로 통일해서 써야 한다. 이를 설명하는 것이 지구자기이론이다. 나침반의 움직임에서 알 수 있는 것처럼 땅에 지자기가 흐른다는 것이다. 이 흐름을 파악하고, 이를 합리적으로 판단하는 것이 풍수다.

이제 방이 앉는 자리를 보자. 안방, 부엌, 대문은 가족이 늘 다니는 곳으로 가장 중요하다. 안방은 한 가족이 모이는 자리다. 부엌은 가족 건강을 책임지는 곳으로 힘의 뿌리며 어머니가 오랜 시간 머무는 곳이다. 대문은 안팎의 기가 들어왔다 나갔다 하는 곳이다. 풍수에서는 이 세 가지를 중요하게 여겨 양택삼요라고 한다. 따라서 안방, 부엌, 대문의 방향을 중요시한다. 양택삼요가 방향을 중시한다면 5실 5허는 집 모양과 청결함 등을 중시한다. 다섯 개는 좋고 다섯 개는 나쁘다는 5실 5허의 내용을 정리하면, 집이 너무 크지 않아야 하고, 마당도 너무 크게 하지 말고, 건물에 비해 창이나 문이 크지 않아야 한다. 건물은 허물어지거나 지저분하지 않게 관리하여야 하고, 부엌 위치를 제대로 잡아야 한다. 땅은 기름져 나무가 잘 자라야 한다.

자, 이제 집의 방위를 보자. 나침반을 준비하거나 아니면 아침에 일어날 때 해가 뜨는 쪽을 잘 기억하자. 먼저 집의 중심점을 찾자. 중심점 찾는 방법에 일치된 의견이 있는 것은 아니나 그림에서처럼 대문을 포함한 안마당까지의 중심을 말하는 게 보통이다. 중심점을 찾았으면 그 중심점 위에 선다. 안방, 부엌, 대문이 중심점에 서 있는 여러분을 기준으로 북쪽, 남쪽, 동쪽,

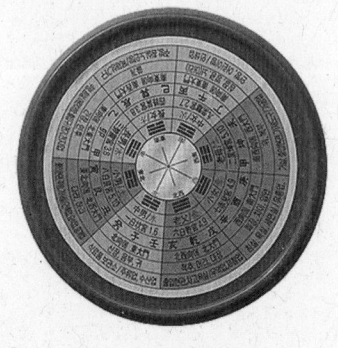 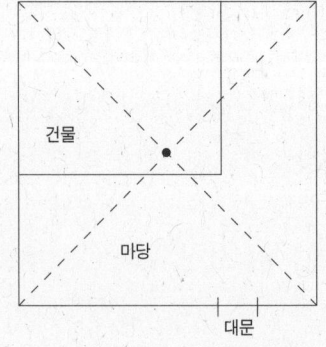

방위가 그려진 패철 / 집의 중심점 찾기

동남쪽에 있으면 동사택이다. 안방, 부엌의 위치도 중요하지만 그 문 위치가 더 중요하다. 세 개의 방향이 다르다면 통일시키는 게 좋다. 이 때 화장실은 좋지 않은 기운을 띠므로 반대로 한다. 즉 안방, 부엌, 대문이 동사택이면 화장실은 서사택이다. 동사택 집은 초기에 돈보다 사람 때문에 행복해지고, 서사택은 돈이 먼저고 뒷날에 자손과 명예가 생긴다. 믿거나 말거나. 방위를 볼 때 사용하는 것을 패철이라고 한다.

최근 도시형 건물에서 마당이 없어지고 대문이 현관문으로 바뀌었다. 이 때 집의 중심은 현관문 안의 중심이 된다. 그리고 화장실은 과거의 재래식이 아니어서 나쁜 냄새를 풍기지 않으므로 굳이 방향을 구분할 필요가 없다. 그러나 물 흐르는 소리가 잠을 방해할 수 있으므로 잠자는 방과 거리를 두는 것이 좋을 것이다.

요즘은 풍수 인테리어라는 것이 유행하는 듯하다. 사신사는 4방위를 나타내고 가운데까지 합하면 5개의 방위가 된다. 이것은 5행상 5개의 색깔을 가지는데 이 색깔을 가지고 인테리어 풍수를 만들기도 한다. 남쪽에 놓는 가구는 붉은 색을 쓰고, 동쪽에는 푸른 색 가구를 쓴다는 식이다. 이것이 사는 사람의 사주가 정하는 오행 색깔이나 별자리 색깔과 결합하면서 좀더 복잡하게 된다. 물론 풍수 인테리어도 기본적인 풍수를 전제한다.

주변학문과 풍수를 생각하다

건물은 사람이 살기 위한 공간이다. 그러므로 당연히 사람의 마음을 배려해야 한다. 이러한 필요에서 1960년대 말 환경심리학이 탄생했다. 환경심리학에서 다루는 환경은 건물 자체다. 즉 인공적인 건축 환경만을 의미한다. 이와 달리 풍수는 건물은 말할 것도 없이 건물을 싸고 있는 자연과 사회 환경에도 마음을 쓴다. 한옥은 환경디자인이라는 이름을 쓰지는 않았지만 오래 전부터 사람의 마음을 헤아리는 건축이론을 가지고 있었던 셈이다. 현대 건축에서 중요시하는 건 건물의 방향, 크기, 모양, 위치, 색깔, 재료 등이다. 풍수 역시 어느 하나도 소홀히 하지 않는다.

부동산 평가 항목으로 풍수를 넣어야 한다는 의견도 있다. 이러한 의견은 부동산 평가에 풍수가 고려되고 있지 않다는 뜻이다. 그러나 풍수는 현재 다양한 요소로 반영되고 있다. 즉 경치가 좋다, 집이 남향이다, 바람이 없다, 물이 있다, 주위에 사람이 산다. 실제 건축의 집터 선정 기준과 풍수의 집터 선정 기준은 거의 같다. 다만 평가 대상으로서의 한옥을 살펴볼 필요는 있다.

부동산학에서 땅의 가장 큰 특징으로 꼽는 것은 인접성과 개별성이다. 인접성은 혼자 떨어져 있을 수 없는 땅의 특성이다. 개별성은 움직일 수 없는 땅은 다른 물건과 달리 하나하나가 다 특별한 개별적 가치를 가진다는 특성이다. 한옥은 인접성과 개별성이라는 특징을 잘 반영하고 있다. 주변의 지세를 먼저 살피고 그 주변에 어울리게 건물을 짓기 때문에 한옥은 같은 것이 하나도 없다. 한옥의 평가에서 집 짓는 이의 안목과 노력이 중요한 까닭이다.

제6장

한옥 공간을 이해하고 그리다

공간을 보고 공간을 그리다

삼십 개 바퀴살을 바퀴통에 모으니 바퀴통이 비어 있어 쓸모가 있고
찰흙을 빚어 그릇을 만드니 그릇이 비어 있어 쓸모가 있다
문과 창을 뚫어 방을 만드니 방은 뚫린 문과 창이 있어 쓸모가 있다.
무릇 있음이 이로운 건 없음이 있어서다.

건축에 관심을 가지면 한 번쯤 듣게 되는 노자의 이야기다. 공간을 가장 적절하게 표현하고 있기 때문이다. 조선시대 사람인 손순효는 '누(樓)가 비어 있으면 주위 경치를 모두 끌어들일 것이요……' 라고 하여 한옥이 추구하는 비어있음을 표현했다.

비어 있기로 따진다면 마당도 누각에 뒤지지 않는다. 건축을 공간으로 이해하면 마당도 건축이다. 마당을 굳이 설명하지 않아도 머리에 떠오르는 이미지가 있을 것이다. 마당은 건물에 둘러싸인 중정과 달라 건물이 없어도 있

을 수 있다. 그러고 보면 마당은 굳이 공간적일 필요도 없다. 마당놀이에서는 한 마당 두 마당 하면서 시간을 대신한다. 마당은 시간과 공간을 포함하지만 사실 텅 비어 있는 것이다. 무엇에도 얽매이지 않아 어떤 것도 담을 수 있는 아주 큰 공간이다. 마당은 아주 철학적이고 관념적일 수 있지만 사실 우리에게 마당은 그리 어렵지 않다. 그냥 마당이다. 이 마당은 다음에 보는 중정과 다르다.

중정은 우리 것이다

중정은 천장에 있던 연기구멍에서 발전했다. 옛날 움집은 세월이 가면서 점점 커졌다. 그 안에서 방이 나누어지고 외양간이 만들어지고 때로는 하인방도 생겼다. 이 모두가 하나의 지붕 아래 있었다. 건물 덩치는 커졌지만 난방 방식은 발전하지 못해 여전히 건물 한가운데서 불을 때야 했다. 지붕 구멍도 같이 커질 수밖에 없었다. 그래서 마당만한 구멍이 생겨 이것이 중정이 되었다. 중정에는 바람이 잘 통하고 빛이 잘 든다. 침입을 막기에도 좋아 중정은 세상 어디에나 있다. 따라서 중정은 우리 것이기도 하다. 우리나라 중정은 뜰집에서 볼 수 있다.

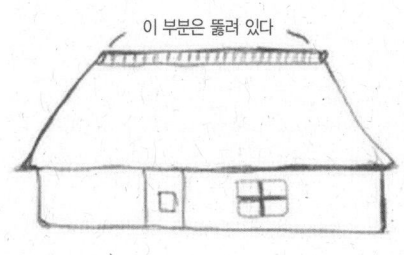 

유럽 중정 / 우리 중정

중정을 가진 마을은 큰 광장 하나씩을 가지고 있다. 답답한 중정만 있는 마을에 광장 하나 정도는 꼭 있어야 살 수 있었다. 그러나 우리는 둘러앉을 모정이나 정자 하나면 족했다. 이웃끼리 언제든지 만날 수 있는 마당이 있어 답답하지 않았기 때문이다. 마당을 단순한 중간영역 정도로 생각해 일본의 '도마'로 이해하기도 한다. 그러나 마당은 아무 것도 담지 않은 빈 상태여서 꽉 짜인 약속이 있는 도마와는 다르다.

○
잠깐 상식
마당이 정원 아닌가요?
건물 한 채만 달랑 있는 집에는 중정이 없으면 바깥공간이 없다. 그냥 주변 환경만 있을 뿐이다. 그러나 한옥은 건물 한 채 달랑 있는 초가삼간이라도 마당을 다 가지고 있다. 마당 기능은 아주 많다. 빛과 바람을 들이고, 길이 되고, 작업장이 되고, 정서를 조성하는 공간이 된다. 때로는 행정 업무를 보는 공간도 된다. 학자들은 마당의 이런 기능을 채광성, 이중성, 생산성, 전이성, 축성매개성 등으로 설명한다. 그러므로 우리 마당은 단순한 정원이 아니다.

마당과 중정을 나누다

우리나라 마당 형태에는 세 가지가 있다. 마당, 중정, 봉당이다. 봉당은 실내 뒷간에 마루를 놓지 않아 맨땅이 있는 곳이다. 구들이 처음 제 모습을 갖춘 정주간 집은 연기를 굴뚝으로 뽑아내므로 천장을 뚫을 필요가 없었다. 난방이 불완전한 중정 집은 한겨울 까치구멍을 뚫고 집 안에서 일할 수밖에 없었다. 까치구멍은 합각지점에 뚫은 구멍을 말하기도 하지만 여기서는 좀더 넓은 연기구멍이라는 뜻으로 쓴다. 그러나 마당 집은 밖에서 일을 해도 충분히 몸을 녹일 구들이 있어 오히려 실내 공간을 줄이는 것이 유리했다. 중정과 마당은 결국 효율적인 열 이용과 관련 있다. 같은 집중형 평면이어도 평안도에는 홑집이 두 개인 쌍채집이, 남쪽에는 중정이 있는 뜰집이 생겼다. ㅁ자집을 최고 발전한 평면으로 보나, 오히려 뜰집이 구들을 받아들이면

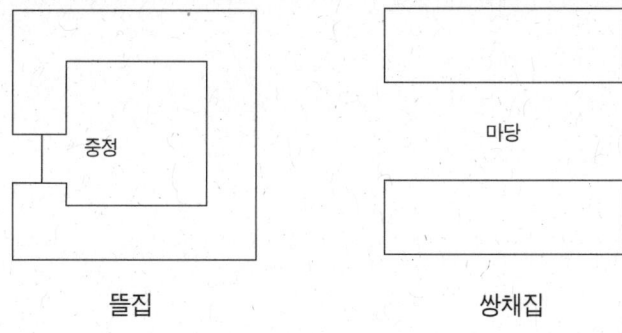

뜰집과 쌍채집

집 두 개가 나란히 있는 쌍채집 모습을 보인다. 다른 한편 집중형 집과 분산형 집이 만나면서 튼 ㅁ자 집이 나온다. 따라서 중정과 마당이 만난 결과이기도 하다. 우리 중정은 마당과 하나로 발전해 방어 목적으로 발달한 중정보다 살갑다. 특히 양반집의 채와 채를 연결하는 마당은 닫힌 공간이지만 사람이 편하게 느끼는 크기다.

잠깐 상식
뜰집을 가장 발달한 형태의 집이라고 하던데요?

뜰집을 ㅁ자집으로 보면 그런 의견이 많다. 그러나 한옥은 지역 특성에 맞게 변해간다는 점에 유의할 필요가 있다. 기존의 뜰집에 구들이 들어오면서 안채가 높아지는 등의 변화를 일으켰다고 보는 것이 낫다. 구들이 없었다면 안채가 전망을 확보하기 위해 기단을 불쑥 올리는 그런 과감한 결정을 하지 못했을 것이다. 따라서 일자집에서 ㄴ자집으로 다시 ㄷ자집으로 발전하고 이것이 ㅁ자 집으로 발전한 것이 아니라 일자집이 뜰집으로 발전하고 여기에 구들이 들어가면서 ㄴㄷㅁ자 등 여러 형태로 변화했다고 보는 것이 낫다. 특히 한자, 풍수, 유교 문화권에 있는 우리에게 ㅁ자 집은 특별할 수밖에 없다. 뜰집은 안동지방을 중심으로 한 경상북도 지역의 ㅁ자집을 특히 구별해서 부르는 말이기도 하다. 그러나 이 책에서는 뜰집을 주로 중정형 집으로 적는다.

한옥의 공간 구성 개념을 알다

한옥 공간 나누기에는 원칙이 있다. 첫째, 멋을 내지 않는다. 일본과 중국 건축이 드러내고 화려한 것이라면 한옥은 너무 수수하여 그만 사람이 만든 것을 자연의 것으로 여기게 한다. 둘째, 공간을 단순화시킨다. 서양건물과 비교하면 얼른 알 수 있다. 한옥은 뼈대를 그대로 드러내고 단순하게 마무리한다. 셋째, 공간을 연속시킨다. 한옥의 미를 여백의 미라고 할 정도로 한옥에는 비어있는 곳이 많다. 이는 집을 단지 미적 대상으로 떨어뜨리지 않고 정신적 가치를 중심에 놓고 있기 때문이다. 공간이 연속성을 가진다는 말은 두 가지 뜻이다. 하나는 뫼비우스 띠처럼 안과 밖이 하나라는 의미다. 밖에 있다 마당에 들어왔을 때 이곳이 밖인지 안인지? 마당에 있다 대청에 들어오면 이건 안인지 밖인지? 다른 책에서 '중첩과 관입' 이라는 말을 본다면 대체로 이런 뜻이다. 한옥은 아니지만 좀 극단적인 예를 들어보자. 관촉사 미륵전에서 보이는 부처님은 불당 밖에 있는 은진미륵보살상이다. 왼쪽이 불당 안에서 본 보살상이고, 오른쪽은 그 불당에서 나왔을 때 보이는 보살상이다. 이를 '차용' 개념으로 설명할 수도 있다. 한옥은 정원을 따로 만들지 않는다. 집 밖의 산과 들을 정원으로 쓴다. 그러나 과시적인 중국집에서와 달리

관촉사 미륵전의 안과 밖

한옥에서는 빌려 쓴다는 차용보다 하나가 된다는 합일이 낫다. 공간이 연속성을 가진다는 또 하나의 뜻은 계층성이다. 집에 이르는 고샅과 올래, 문에서 안채에 이르는 좁은 곳과 넓은 곳, 낮은 곳에서 높은 곳으로 향하는 기단, 산과 산발치의 한옥 등을 말한다.

넷째, 한옥은 축을 강조한다. 그림이 소실점을 갖는 것처럼 대개 건축은 하나의 중심점을 가진다. 그러나 한옥은

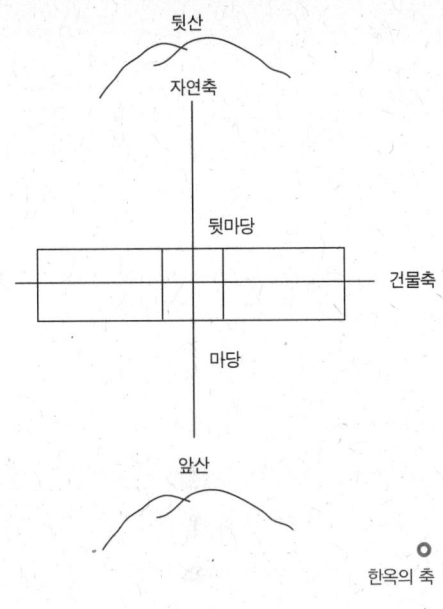
한옥의 축

그런 하나의 소실점을 가지기보다는 위 그림처럼 축을 가지고 이어진다. 따라서 집중성은 떨어지나 공간이 연속되면서 그 깊이는 깊어진다. 즉 열린 공간 때문에 산만하기도 하지만, 열린 공간 그 자체가 공간의 중심이 되기도 한다. 축이 강조되는 건 그림처럼 전체만을 말하는 건 아니다. 작게는 기둥과 문선이 교차해 만드는 축도 포함한다.

공간을 디자인하다

엘리베이터에 처음 보는 이성과 단 둘이 있다면 엘리베이터 어디쯤에 가서 설까? 이성 옆에 바짝 붙으면 이성이 조금 긴장할 것이다. 일상생활에서 어떤 거리는 친밀하게 느껴지고, 어떤 거리는 소외감을 준다. 때로는 막연히 의미심장하기도 하다. 결국 공간을 디자인한다는 건 그런 감정을 다루는 일이다.

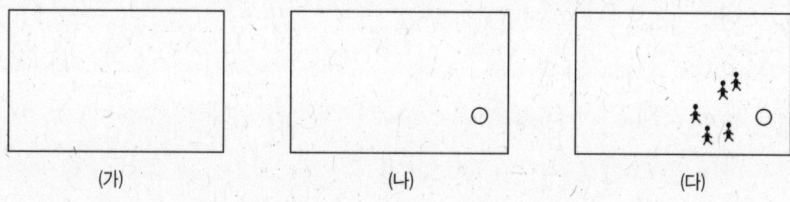

공간 디자인 예

디자인은 점 하나에서 출발한다. 점 하나를 마음에 두지 않으면 결코 좋은 집이 될 수 없다. 한옥에서 기둥을 세운다는 건 허공에 점 하나를 찍는 것에 다름 아니다. 오로지 하나의 점이 허공에서 수평과 수직으로 맞아야 기둥이 선다. 그저 벽을 쌓아가는 서양 건축과 출발점이 다르다. 따라서 한옥은 하나의 점에서 출발한다. 그 점이 반복되어 집이 된다. 자 그럼, 도화지를 펴고 점 하나를 찍어보자. 나는 도화지에 점을 찍는 대신 동네 공터에 농구대를 하나 설치한다.

그림(가)는 그냥 버려진 공터다. 그림(나)는 공터에 농구대를 설치한 모습이다. (다)는 동네 개구쟁이들이 노는 모습이다. 쓰레기나 날릴 공터에 아이들이 모여 논다. 점 하나가 가지는 의미를 설명하고 싶은 것이다. 사람들은 농구대가 한 쪽에 치우쳐서 균형이 안 맞아 불만일 수도 있다. 농구대를 위로 당겨서 가장자리 중앙에 놓았으면 할지도 모른다. 반대편에 농구대 하나를 더 설치하자고 할 수도 있다. 그건 사람이 보는 시점이 다르기 때문이다. 시점은 추상적인 의미도 있지만 구체적인 위치도 뜻한다. 대문 밖에서, 대문에 들어서면서, 마당 가운데서 보는 지붕의 모습은 다를 것이다.

이번에는 도화지를 벽이라고 생각하고 창틀을 그려보자. 도산서원을 구상한 퇴계는 창 하나에도 의미가 있다고 했다. 어디가 좋을까? 가운데? 중심은 균형이 맞아서 좋다. 그러나 좀 밋밋하다. 그러니 왼쪽으로 치우치게 창틀을 만들자. 그런데 아무래도 너무 한 쪽으로 치우친다. 중앙과 주변은 이렇듯 전혀 다른 느낌과 의미를 가진다. 창문 자리가 정해졌으면 크기도 생각해 보자. 작게 만들 수도 있고, 벽 전체 크기로 만들 수도 있다. 자 지금 책을 덮고, 머릿속으로 벽면에 액자를 걸어보자. 작은 액자부터 큰 액자까지. 해가 지고 있다면 액자는 어떤 분위기를 내고 있을까? 조명까지 생각해냈다면 그래서 그 느낌까지 생각했다면 여러분은 이미 환경심리학을 공부한 것이다. 하나 더 말하자면 위 그림에서 농구대를 구석이 아닌 다른 위치에 세웠다면 아이들이 놀기에 더 좋았을 것이다. 디자인은 창의적이어야 하지만 사람에게 편리함을 주어야한다.

또 우리 눈길은 일정한 법칙에 따라 움직인다는 점을 알 필요가 있다. 빈 공간을 보면 중심에 눈길을 모으고 점이 있으면 점으로 끌려가고 선이 있으면 선 양끝으로 눈길을 옮긴다. 그래서 수직선과 수평선은 보는 사람에게 전혀 다른 느낌을 준다. 수직선이 많은 공간은 좀 엄숙하다. 명동성당의 기둥을 떠올릴 수 있다면 좋겠다. 종묘와 세종문화회관에 늘어선 기둥을 보는 느낌도 느긋하지 않다. 그러나 수평선이 많은 공간은 안정과 평온을 준다. 수평선이나 지평선을 보면서 사색에 빠질 수 있는 것도 그런 평온함에서 오는 것이다. 쉬는 방이라면 수평선이 많은 것이 좋다. 사선은 불안정하지만 지루하지 않고 힘이 느껴진다. 사람들이 한옥 대청을 좋아하는 까닭이다. 곡선은 부드럽고 여유 있으며 풍부하다. 그렇지만 곡선이 원이 되면 사람을 압도한다. 예부터 원은 하늘을 의미했다. 따라서 한옥에서는 원보다 사각형이 보편적이다.

○
잠깐 상식
천원지방은 무슨 말이죠?

천원지방(天圓地方) 또는 천환지방(天環地方)이라는 말은 하늘은 둥글고 땅은 네모남을 의미한다. 이는 한옥 서까래가 둥근 까닭이 된다. 따라서 두리기둥이나 굴도리 같은 둥근 부재는 일반인이 사용할 수 없었다. 한옥에는 사각기둥이 원칙이다. 이는 식생활에도 영향을 미쳐 과거 양반집 독상에는 원과 사각형 두 가지가 있었다.

제6장_ 한옥 공간을 이해하고 그리다

공간을 나누는 기준은 두 가지다

공간을 디자인하는 기준에는 두 가지가 있다. 개념을 기준으로 하는 개념기준과 사람을 기준으로 하는 사람기준이다. 파르테논 신전이 개념기준으로 지은 것이라면 길을 가다 만나는 한옥은 사람기준으로 디자인 한 것이다. 개념기준이 단순히 아름다운 비율이라면, 사람기준은 아름다움이 사람에게 의미 있어야 한다는 주장이다.

개념기준에는 서양의 황금비율과 한옥의 구고현법이 있다. 그리스인이 가장 아름다운 비율이라고 주장한 황금비율은 여전히 가장 아름다운 비율로 통하고 있다. 그래서 그들이 짓는 신전이나 건물은 1:1.618이라는 황금비율을 이루고 있다. 이와 달리 한옥에서는 구고현법을 사용해 왔다. 이는 직각삼각형 비율이다. 한옥에서 자주 사용하는 비율은 3:4:5비율과 $1:1:\sqrt{2}$ 비율이다. 이밖에도 피보나치비율인 2:3비율도 한옥이 좋아하는 비율이다. 한편 한옥은 평면비율만을 보지 않아 한옥을 지을 때 입체적으로 접근한다. 그래서 구고현법에 무조건 구속되지 않았다. 서양에서 건축은 철저하게 보임새를 위한 개념기준이다. 그러나 한옥에서는 보임새에도 신경을 쓰지만, 사람이 사는 집이라는 점을 잊지 않는다. 따라서 기단, 문, 천장, 머름 등을 사는 사

○ 사는 사람의 눈을 가진 한옥의 예

람 형편에 맞게 만든다. 개념보다 체험을 우선하는 건축이다.

한옥을 밖에서 보면 담이 겹치고 건물이 중첩돼 답답해 보일 수 있지만, 대청에서 갖는 느낌은 탁 트임이다. 안에서 밖을 찍은 서양건물 사진은 드물다. 하지만 한옥에서는 흔하다. 이것은 집을 보는 눈이 주체적인가 하는 문제다. 서양 건축에서 주체는 르 코르뷔지에 의해 처음 나타난다. 그의 건축을 '내가 중심이 되어 우주를 장악하는 모양'이라고 평가한다. 그의 건축은 자연과 하나됨이 아니라 정복을 지향한다. 그 점에서 한옥이 다다른 주체와 차이가 있다.

○
잠깐 상식
황금비율 잘 이해 안 돼요.

그림에서 전체 크기를 A로 할 때 A와 B의 비율이 A'(B)와 B'의 비율과 같을 때 황금비율이라고 한다. 이는 1:1.618로 일정하다. 피보나치라는 사람은 이를 응용하여 2:3비율로 시작하는 수열을 만들었다. 이를 피보나치수열이라고 한다. 수열이 계속되면 황금비율이 나온다. 피보나치비율인 2:3비율은 황금비율보다 적용이 쉬워 많이 쓰인다.

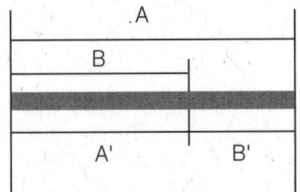

권위에서 대화로, 신분에서 기능으로, 사상에서 생활로 나아가다

최근 혼자 사는 사람이 늘어나면서 이들을 하나로 잇는 공동체가 필요하다. 같이 사는 마당 문화가 다시 나와야 한다. 따라서 누구나 편하게 사는 디자인을 생각해야 한다. 장애우, 임신부, 노인을 배려한 디자인도 필요하다. 예를 들자면 기단에 휠체어가 다닐 수 있게 언덕을 만드는 등 개선이 필요하다. 이를 유니버설 디자인이라고 한다. 때로는 재택근무 형태로 집에서 일하는 사람을 위해 사무실 공간도 만들어야 한다. 이제 한옥은 권위에서 대화로, 신분에서 기능으로, 사상에서 생활로, 전통에서 미래로 나아가야 한다.

공간나누기 방법과 의미를 알다

　한옥의 담은 선이면서 면이다. 밖에서 담장을 따라 걸으면 끝이 보이지 않는다. 그러나 집 안에서 보는 담은 감싸 안듯 돌아간다. 밖에서 보는 담은 운치가 있지만 안에서 보는 담은 아늑하다. 선이나 면이 어떤 감정을 일으킨다. 때로 담은 그 자체로 메시지를 가진다. 낯선 마을에 가서 담 높이만 봐도 그 마을의 인심을 알 수 있다. 그러고 보면 공간을 나누기 위해 담이 꼭 필요한 건 아니다. 공간을 구성하는 재료만 바꿔도 사람은 경계감을 느낀다. 나무로 된 기둥이 있는 곳을 지나다가 갑자기 대리석으로 바뀐 곳에 이르면 우리는 잠깐 망설이게 된다. 역설적으로 문이 담을 대신하기도 한다. 마을 입구의 홍살문이 그렇다. 담이 뚝 끊겨 문이 되기도 한다. 때로는 공간을 나누는 아무런 표지 없이 공간이 나뉘기도 한다. 그래서 경계는 문화를 포함한다. 성당에는 성스러운 곳이 어디까지인지 표시하지 않지만 우리는 어디까지인지 안다.
　아래 주어진 단어들은 한옥의 공간을 나누는 주제들이다. 마을과 집, 자

잠깐 상식
그림은 윤증 고택이다.

읽는 재미를 위해서 윤증고택의 재미있는 특징을 적는다. 안채가 지나치게 좌우대칭이다. 그런데 맨 좌측 건물인 찬방이 비뚤어져 있고 안채 좌우의 툇마루가 다르다. 사랑방에 달린 골방에는 안고지기문이 달려 있다. 미닫이와 여닫이가 합해져 만들어진 문이 안고지기다. 내외담도 설치되었다. 회첨에 해당하는 기둥이 8각이다. 안채에 부엌이 두 개나 된다. 모두 특별한데 이렇게 한 이유는 뭘까? 생각해보자.

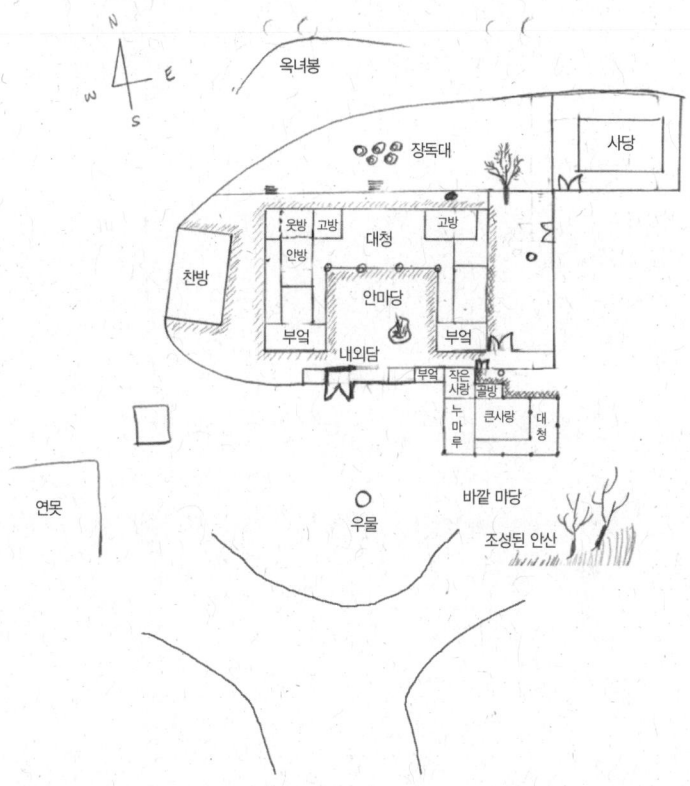

연과 인공, 마당과 고샅, 신분제도, 남녀차별, 안과 밖, 공식성과 비공식성, 구들과 마루, 생활과 기능, 사용자와 기능, 서비스 동선, 부부, 식구, 풍수지리, 자연주의, 은유, 유교, 종교, 주거환경(채광, 습도, 냉난방 등). 위에 제시된 주제와 한옥 평면을 비교해 보면서 공간을 나누는 의미를 생각해 보자. 왼쪽이 오른쪽보다 높임을 받는 자리라는 점도 마음에 두고 살핀다.

한옥 밑그림을 그리다

설계도면이 없으면 공사가 어떻게 흘러가고 있는지 알 길이 없다. 한옥은 부재를 하나하나 다듬어 잇고 맞추므로 부재를 다듬을 치목도면도 필요하다. 설계는 공간을 구체적으로 나누는 일이므로 방을 나누고 공간을 정할 때 세심한 배려가 필요하다. 그 방을 쓸 사람이 누구인지, 무엇이 필요한지, 가구는 어떻게 배치할 것인지 등을 확인한다. 가족 수는 앞으로 더 늘어날지, 크게는 그 마을이 어떻게 변할지도 생각해야 한다. 또 사생활만큼 중요한 것이 가족어울림이라는 점도 마음에 담아 두어야 한다. 물론 이를 뒷받침하는 비용도 꼼꼼하게 챙긴다.

한옥 설계 단위인 칸(간)을 알다

건물 공간을 설계할 때 아파트처럼 건물 크기를 정하고 방을 나누는 방법과 한옥처럼 방을 하나씩 키워 전체를 만드는 방법이 있다.

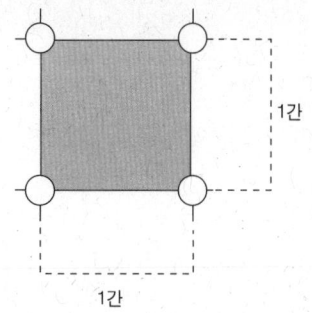
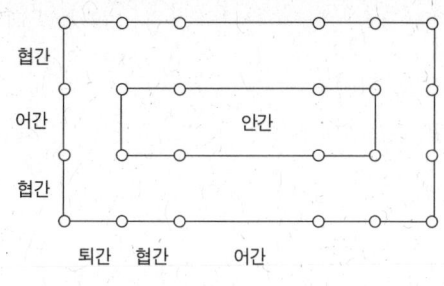

각 간의 이름

　한옥에서 크기를 키우는 기준은 칸이다. 이 때 한 칸은 길이이기도 하고 면적이기도 하다. 정면 4칸이라고 할 때에는 길이 개념이고, 몇 칸 집하면 면적 개념이다. 정면 3칸 측면 2칸이면 2×3으로 6칸 집이 된다. 칸은 작게는 6자부터 크게는 십여 자까지 쓴다. 제일 가운데를 어간이라고 하고 제일 밖의 것을 툇간이라고 한다. 어간과 툇간 사이에 있는 칸이 협간이다. 협간이 많으면 '제1협간 제2협간…'으로 이름 붙인다. 한 칸은 보통 8자를 많이 사용했다. 칸 개념이 필요했던 것은 나무 크기가 한정되어 있기 때문이다. 그렇다고 터무니없이 작게 만들 수도 없어 사람을 기준으로 만들었다. 8척을 기준으로 살펴보자. 누워서 팔을 위로 올리면 7척이고 머리맡의 가구 크기를 더하면 8척이 나온다. 이 정도 넓이면 둘러앉아 이야기할 때 150~160cm 정도 공간이 나온다. '친밀한 사회적 거리'가 만들어진다. 수원화성은 특수한 건물을 빼고 8자 한 간을 철저하게 지켰다. 이는 간 사이가 안전과 관계있음을 보여준다. 따라서 간은 오늘날에도 여전히 중요하다. 신장과 가구가 커진 것을 감안하더라도 10~12자 칸이면 충분하다. 대들보(장통보) 간 사이도 20자를 넘지 않는 것이 뼈대에 좋다. 한옥에서 장통보 간 사이는 8자 2칸을 넘지 않는게 보통이다.
　이와 함께 안줄기둥을 알 필요가 있다. 안칸을 만드는 기둥이 안줄기둥이다. 이를 밖에서 감싸는 기둥이 바깥줄기둥이다. 안줄기둥은 지진 등에 저항하는 구실을 하고, 벽을 쌓거나 창고를 만들 작은 공간을 내는 구실도 한다.

평면을 짜다

아래 양통집과 전후툇간집은 전통적인 평면의 예다. 홑집과 겹집 어느 것이 더 좋을까? 역사적으로는 홑집-겹집-홑집-겹집-홑집-겹집의 형태로 발전했다. 옛날 겹집은 추위 때문에 썼지만, 요즘은 집안 생활이 많아지면서 공간활용을 효율적으로 하기 위해 쓴다. 따라서 동선 파악이 중요하다. 아래 제시된 전통 평면을 지금의 동선으로 바꾸어보자.

과거에는 평면이 구들에 구속을 받았지만, 이제는 구들에서 놓여나 평면이 다양해지고 있다. 우리가 익숙한 아파트 평면은 과거 양통집과 같은 겹집이다. 그러나 오른쪽 그림처럼 홑집 평면에 툇간을 이용한 집을 응용할 수 있다. 어떤 경우든 안기둥에 변화를 줘 내부공간을 다양하게 바꿀 수 있다. 옛날에는 허드레 공간을 만들기 위해 툇간을 쓰기도 하고, 대청이 아닌 안방이 마당과 마주하게 되면 툇간을 두어 공간을 구분하기도 했다. 아예 장통보를 써 내부에 기둥을 두지 않을 수도 있다.

한옥 전체는 3:2의 직사각형이 전통적인 평면이다. ㄱ자 집은 서울 경기

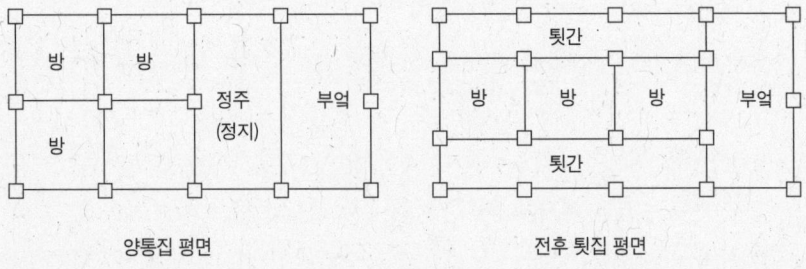

양통집 평면 　　　　　　　전후 툇집 평면

○
겹집과 홑집의 전통 평면

의 전통적인 평면이고 ㅁ자 평면과 함께 가장 발달한 형태로 알려져 이에 대한 수요가 많다. 그러나 회첨기둥이 들어가 뼈대에 문제가 생길 수 있다. 평면을 짤 때는 기후도 생각해야 한다. 눈이 많은 곳에 공(工)자 집을 지으면 북쪽지붕에 눈이 녹지 않아 그 곳에 큰 힘이 쏠려 뼈대에 무리가 간다. 이것이 전통적으로 工(H)형 집을 안 짓는 이유다.

○
잠깐 상식
한옥을 지어 임대업을 하면 어떨까?

한옥은 임대차로 적당하지 않다. 1000만 원짜리 집을 700만 원에 세사는 사람은 많지만, 1억 원짜리 건물을 7억 원에 세들어 사는 사람은 흔하지 않다. 즉 비싼 건물일수록 가격대비 임대료가 낮다. 이는 소유와 임차의 차이에서 나온다. 집을 소유할 목적으로 짓는 사람은 전망, 풍치, 안락함, 자랑하고 싶은 욕망 등을 중요시 여긴다. 그러나 세를 얻어 사는 사람은 그런 효용보다 잠자고 쉬고 하는 단순한 기능만 필요하므로 그 값만을 치르려고 한다. 그러므로 집주인과 세를 얻는 사람 사이에 제시하는 가격에 차이가 많이 난다. 따라서 마당 같은 여분 공간이 많은 한옥은 임대차로 적당하지 않다.

입면을 짜다

평면 짜기가 사는 사람을 편리하게 하는 것이라면 입면 짜기는 겉모습과 주위와의 어울림에 관심을 가지는 것이다. 한옥을 정면에서 바라보면 기단, 벽, 지붕 세 부분으로 나뉜다. 기단이나 지붕 모양에 제일 중요한 건 그 지역의 기후다. 비가 많은 곳에 기단이 높지 않으면 사진처럼 기둥이 상한다. 또 추운 곳이라면 구들의 고래 높이가 높아져 기단이 높아질 수 있다. 그 밖에 마당

기단이 낮아 기둥이 상한 모습

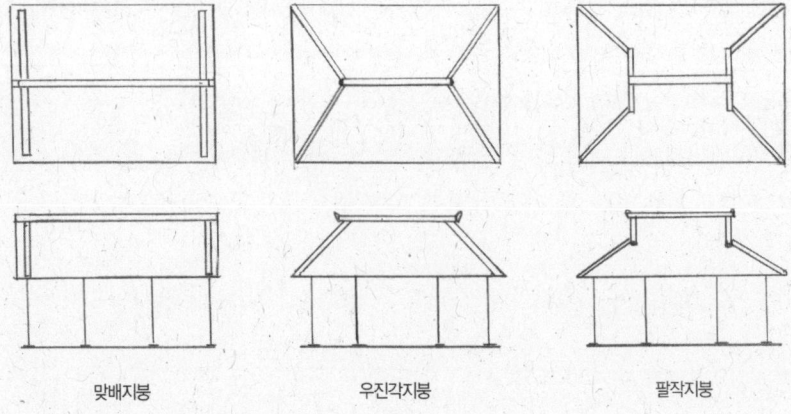

여러 가지 지붕

맞배지붕　　우진각지붕　　팔작지붕

깊이(대문에서 건물 또는 건물 중심까지)도 지붕이나 기단과 벽체 높이에 영향을 준다. 사람이 문에 들어섰을 때 마당 깊이에 따라 집에 대한 인상이 달라지기 때문이다. 기단은 장마에 물 피해를 줄이고, 지진이 일어나면 지진 피해를 줄인다.

　벽은 전통적으로 흙으로 쌓았지만 최근에는 흙벽돌을 많이 쓴다. 창호 모양과 수는 전체적인 모습을 생각해서 결정한다. 바람이 얼굴을 직접 치는 것은 좋지 않으므로 큰 창이나 문 밑에 사람이 머리를 두게 하면 안 된다.

　지붕은 맞배지붕, 우진각지붕, 팔작지붕을 주로 쓴다. 우진각지붕과 팔작지붕은 추녀를 사용하나 맞배지붕은 추녀가 없고 물매가 가파르다. 우진각지붕과 팔작지붕은 겉모습이 많이 틀리지만 사실 시공방법은 같다. 다만 우진각지붕은 추녀가 길고 합각이 작아 이를 무시하고 기와를 덮어 겉모습에 차이가 생긴다.

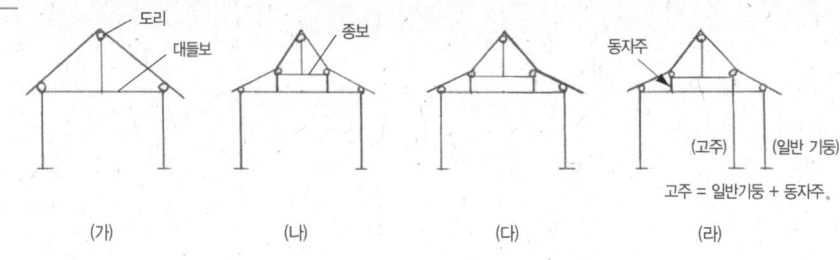

도리수와 위치에 따른 이름

가구 계획을 짜다

가구 계획이라고 하면 보통 지붕가구를 말한다. 지붕가구는 보에 엇갈리는 도리의 줄 수에 따라 3, 5, 7량 집이 있다. 그림에서 지붕에 그려진 작은 원이 도리다. 그림(가)는 도리가 세 줄인 3량 맞배지붕이다. (나)(다)는 5량 집인데 동자주의 위치에 따라서 삼분변작과 사분변작으로 나뉜다. (라)는 기둥이 세 개다. 중간 기둥이 길고, 이 기둥은 옆기둥 길이에 동자주 높이를 더한 높이다. 따라서 고주는 동자주와 함께 중보를 받는다. 종보는 제일 위에 있는 보고, 중보는 대들보와 종보 사이의 보다.

요즘 거의 쓰지 않는 뼈대로 평사량이 있다. 사진처럼 도리가 4줄인 집이다. 1고주 4량인 평사량은 초가집에 많이 쓰였다. 큰 대들보를 구하기 힘들었기 때문이다. 부엌 등 일부에만 평사량을 쓰기도 했다. 그러나 종도리가 없으면 지붕물매와 뼈대에 약점이 생긴다.

잠깐, 바람에 대해서 이야기하자. 바람이 불어 처마를

평사량의 뼈대 모습

제6장_ 한옥 공간을 이해하고 그리다 **135**

들어 올리지는 않을까? 그럴 수도 있을 것이다. 그래서 무거운 지붕이 가벼운 지붕보다 바람에 안전하다. 처마의 크기도 바람의 크기를 반영한다. 제주도는 대륙보다 처마 크기가 작다. 한옥의 칸 사이는 중앙이 가장 크다. 그리고 밖으로 갈수록 폭이 줄어든다. 이는 건물이 옆에서 미는 힘에 대응하는 힘을 크게 한다. 따라서 제주도에는 2고주 7량 집이 많다. 5량이면 충분할 집을 그렇게 짓는 것은 바람이 옆에서 흔드는 힘에 대비한 것이다. 한옥 기단은 원래 땅이 아닌 돋운 땅이어서 지진으로 땅이 흔들릴 때도 같이 흔들리지 않는다. 맞춤과 이음 방식인 뼈대에는 융통성이 있고, 지붕 힘은 나무뼈대를 안정시키는 균형체이다. 따라서 한옥은 화재나 전쟁 등 인재에는 약하나 지진 등 자연재해에는 오히려 강하다. 내진설계는 지진이 발생하면 대피할 시간을 얻어 인명과 재산 피해를 최소화하자는 것이다. 한옥은 한 번에 무너지지 않는다. 위험을 눈으로 확인하면서 대피할 수 있다.

천장 높이와 반자 넣기

천장과 천정의 개념을 구분하기도 하나 여기서는 대청과 방의 천장을 구분할 때 평평한 천장을 반자라고 한다. 한옥은 뼈대를 장식으로 쓰므로 반자를 다 만들지 않는다. 반자를 넣는 까닭은 열손실을 줄이고, 마음에 안정을 주고, 입식과 좌식생활 공간이 나누어질 수 있게 하기 위해서다. 반자를 만들 때 대들보를 밖으로 보이게 할 것인지? 보이게 한다면 어느 정도나 보이게 할지? 결정한다. 그레먹선에 반자를 대는 경우가 많다.

한옥에 사람 담다

생활 속에 움직이는 길을 찾다

집안에서 가족이 다니는 길인 동선은 시대정신을 담아낸다. 동선에 많은 시간을 들여 고민할 필요가 있다. 동선을 잘못 짜면 시대에 동떨어진 생활을 강요받을 수 있다. 그리고 동선을 잘 짜면 개인 생활도 보호하고 가족 유대감도 늘어날 수 있다.

따뜻함과 시원함을 설계하다

요즘은 가정에서도 에어컨을 이용한다. 그런데 창문이 유리창이면 빛이 창을 뚫고 들어와 냉방비용이 올라간다. 유리문을 써도 창호지 문을 같이 놓는 게 좋다. 옛날 한옥은 더위를 지형과 구조를 이용해 풀었다. 여름에는 처마를 이용해 햇볕이 집안으로 들어서지 못하게 하고, 겨울에는 방 안 깊숙이 들어오도록 했다. 그래서 처마가 얼마나 들렸는가가 중요하다. 앞마당과 뒷

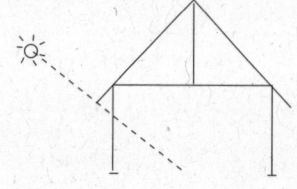

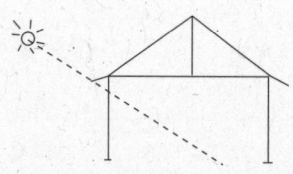

지붕과 처마 모양에 따른 일조량

마당을 대청이 연결하는데 그늘진 뒷마당과 뜨거운 앞마당이 대류현상을 일으켜 끊임없이 바람을 일으킨다. 마당에 깔린 마사토도 대류현상을 도왔다. 차양을 만들어 달수도 있다.

난방은 보일러로 바뀌고 있으나, 구들방을 따로 들여 건강 방으로 쓴다. 요즘 짓는 한옥은 기둥을 굵게 쓰고 있어 흙으로만 벽을 만들어도 냉난방에 큰 문제는 없다. 한옥의 벽두께는 3치 정도다. 서양 건물의 벽체보다 아주 얇은데 구들이 발달했기 때문이다. 현장에서는 흙이나 나무 3치면 단열이 된다고 생각한다. 그러나 최근에는 단열과 상관없이, 창호가 커지고 흙벽돌을 쓰면서 벽두께도 커지고 있다. 지붕에 흙을 덮는 것 역시 냉난방을 위해서도 꼭 필요하다.

잠깐 상식
여름에 시원한 마당과 대청이 겨울에는 따뜻한가요?
여름에는 햇볕이 마당에 떨어져 수분을 증발시키면서 마당에 바람을 일으키고 시원하다. 그러나 겨울에는 햇볕이 대청으로 깊이 들어가 마당의 수분 증발을 줄여 대문 밖에 비해 따뜻하다.

빛과 공기를 들이다

한옥은 간접조명을 쓴다. 마당에 까는 마사토에는 규사가 있어 간접조명을 돕는다. 한국사람 얼굴이 간접조명에 더 적합하기 때문이라는 의견도 있다. 풍수에서도 안방이 너무 밝으면 재물이 모이지 않는다고 하니 우리는 이래저래 간접조명을 더 좋아했다. 나무집이라는 특성상 마무리가 매끈하게 잘 된 집이라면 간접조명으로도 충분히 밝다. 매끈한 나무라도 철이나 유리처럼 빛을 그대로 반사시키지 않아 눈부심이 적고 겨울에 성에가 끼는 등의 결로현상이 없다. 옛날 부엌문을 동쪽에 둔 것은 이른 아침 조명을 고려한 것이다. 학생과 생활인이 필요한 밝기가 다르므로 이를 생각해야 한다. 이처럼 쓰임새를 셈에 넣으면 전기를 절약할 수 있다. 과거 한겨울 바람을 막고 햇빛을 받아들인 창호지는 뛰어난 조명기구였다. 창호지의 햇빛 투과율은 50~60%로 조명기구의 눈부심을 조절하는 유백색 루버와 같은 투과율이다.

한편 창호지는 좋은 환기 시설이다. 문짝에 붙일 때 창호지의 반들거리는 면에 풀칠을 해 붙인다. 따라서 솜털 있는 곳이 실내다. 이것이 좋지 않은 방 안 공기를 달라붙게 한다. 겨울에는 온기를 보존하고 신선한 공기를 받아들이기 쉬운 방향이다. 겨울에는 창호지보다 유리문이 햇볕 받기에 좋지만, 밤에는 보온 효과가 있고 숨을 쉬는 창호지가 좋다. 따라서 유리문을 설치할 때도 창호지문을 함께 설치하는 게 바람직하다. 전통 창호지는 문을 열지 않은 상태에서 법이 요구하는 환기량을 충족시키는 것으로 보고되고 있다. 서까래 물매가 크면 환기와 채광에 문제가 생길 수 있으므로 4치 물매를 넘지 않는 게 좋다. 한옥의 측면 간 사이가 3간을 넘지 않는 까닭도 빛과 공기를 들이는 것과 관계있다.

습도를 맞추다

습도는 기단높이, 처마크기, 벽과 창호의 재료와 관계있다. 우리나라는 비가 여름철에 몰아서 온다. 따라서 큰물에 미리 준비하기 위해 기단은 예나 지금이나 마당보다 높아야 한다. 한옥에서 벽은 나무와 황토로 만들어져 자연적으로 습도가 조절된다. 일반 종이와 달리 창호지는 흡습성이 좋아 물과 만나면 이를 받아들이고 퍼지게 하는 능력이 뛰어나다. 처마가 깊으면 바람이 들고나기 힘들다. 그러나 너무 짧으면 비가 들이칠 것이다. 합각부분의 풍판은 이런 까닭에 생겨난 것이다. 제주도는 바람 때문에 짧아진 처마에 풍차라는 것을 써서 비와 햇볕을 막았다.

소리를 줄이다

소리는 건물 형태가 원이나 정사각형에 가까울수록 적다. 그리고 나무의 섬유질과 창호지는 방안 울림을 줄여준다. 소음은 정서에도 큰 영향을 준다. 그래서 집터를 잡는데 신경을 써야 한다. 맹자 어머니가 이사를 세 번이나 한 것도 결국 이 때문이 아닌가?

휴식을 생각하다

신발을 신고는 평안한 휴식이 어렵다. 좌식생활이 자리 잡는 데에는 맨발이 주는 편안함이 한 몫 했을 것이다. 한옥을 지을 때에는 맨발문화의 좋은 점을 충분히 살릴 필요가 있다. 휴식은 집을 만드는 재료와도 관계있다. 사람은 돌과 시멘트 가운데 돌에 더 정감을 느낀다. 시멘트보다 돌이 더 자연에 가깝기 때문이다. 또 돌보다는 나무가 더 편하게 느껴진다. 피부와 비슷한 질감을 주기 때문이다. 따라서 쉬는 공간은 나무로 만드는 게 좋다. 자외선을 흡수하는 것도 나무의 좋은 점이다. 물론 능률성이 필요한 사무실이라면 나무보다 긴장감을 주는 돌이나 철도 같이 쓰는 게 좋을 것이다. 그러나 집이라면 나무가 좋다.

휴식과 함께 생각할 것이 1960년대 나타난 환경심리학이다. 환경디자인은 사람과 건물의 관계를 연구한다. 여기에 심리학을 더한 것이 환경심리학이다. 사람은 춥고 따뜻하고 빛이 들고 공기가 나는 것을 마음으로 느낀다. 똑같은 장소에서도 조명이 바뀌면 우리는 슬플 수도 있고, 즐거울 수도 있다. 천장 높이나 바닥, 재질, 형태, 그리고 색깔 등은 그 자체로 사람에게 심리적 영향을 준다. 눈부심을 소란스럽다고 표현하는 문학작품에 우리는 고개를 끄덕이기도 한다. 한옥은 사는 사람의 심리안정에 특히 관심이 많다. 따라서 아주 사소한 것에도 신경을 써야 한다. 건물을 짓고 보면 아주 작은 것 때문에 일을 그르칠 때가 많다. 전화나 전기 콘센트 하나 때문에 잠자리가 바뀌기도 한다.

잠깐 상식
다른 집에 비해 한옥이 그렇게 과학적인 집인가요?

현대 건축이 나타나기 전까지는 모든 민족은 자신의 처지와 자연에 맞는 집을 지었다. 이를 민속주택이라고 한다. 여기에는 자연을 극복하기 위한 생활 속의 과학이 모두 들어간다. 에스키모인의 얼음집에서 보는 것처럼 모든 민속주택은 과학적일 수밖에 없다.

(물매·지붕곡·회첨을 살펴보다)

평생 목수 일을 해도 집은 못 짓고 서까래만 깎는 목수를 서까래 목수라고 한다. 서까래를 예쁘게 깎는 것도 쉬운 일은 아니지만 몸에 익으면 아무 생각 없이 할 수 있다. 이에 비해 도편수는 집을 설계해서 집을 지을 줄 아는 사람이다. 그러나 도편수라고 해서 대단한 것은 아니다. 또 대단히 복잡한 수학을 하는 것도 아니다. 몇 가지 원리만 알면 된다. 세상은 백지 한 장 차이다. 지금부터 9쪽은 아주 읽기 싫을 지도 모르지만 이것만 넘어가면 한옥을 보는 눈이 쑥 커진다. 자, 천천히 읽어보자.

물매를 계산하다

◆

물매를 알다 우리나라처럼 집중호우가 많은 곳에서 빗물을 빨리 흘려보내지 못하면, 집 안으로 물이 들고 건물 안전에도 좋지 않다. 60년대 말부터 지어진 이른바 프랑스 양옥은 지붕을 평평하게 만들어 물새는 집이 많았다. 집은 지역기후를 반영한다는 인식이 없었기 때문이다. 한옥은 절집과 달리 사람이 아늑하게 느끼는 물매가 좋다. 물매는 지붕이 기울어진 정도를 말한다. 개념상 물매는 빗변인 A가 된다. 그러나 그림에서 물매의 크기는 A가 아니고 4치다. 즉 물매의 크기는 직각삼각형의 밑변을 1자로 했을 때 세로 길이다. 그림과 같은 물매를 '4치 물매'라고 부른다.

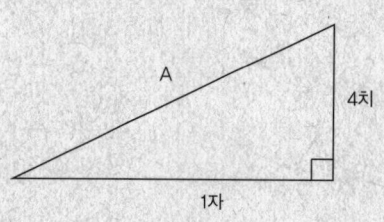

한옥물매는 지역사회의 전통미,

집주인의 취향, 목수의 경험이 더해져 결정된다. 물매가 싸면(급하면) 물매를 세우기 위해 안에 채우는 내용물이 많아 비용이 많이 든다. 대개 초가는 물매가 뜨다(작다). 그런데 기와집에서 물매를 세치 이하로 하면 물이 역류하여 누수가 있을 수 있고 서까래 끝이 들릴 수 있다. 그리고 당연한 말이지만 건물 옆면이 길면 물매를 낮게 해도 지붕 높이가 높아지고 옆면이 짧으면 지붕높이가 낮아진다는 점도 마음에 둘 필요가 있다.

물매도 여러 가지다 물매에는 세 가지가 있다. 처마물매, 마루물매, 지름물매이다. 처마물매는 주심도리와 중도리 사이에 놓이는 장연의 물매다. 처마물매는 4치를 넘지

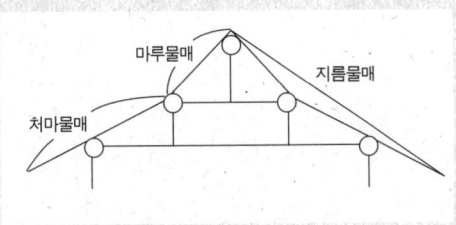

않는 게 보통이다. 간 사이가 적은 한옥에서 처마물매가 너무 가파르면 지붕이 쳐져 보여 안정감이 떨어진다. 그러나 요즘은 간 사이가 점점 커져 4치 반까지 주기도 한다. 초가에는 3치 물매도 준다. 마루물매는 중도리에서 마루도리까지의 물매로 한옥에서는 한 자를 넘지 않는 게 보통이다. 지름물매는 처마 끝에서 마루도리 끝까지의 물매이다. 기와를 덮은 모습에 제일 가깝다. 지름물매는 6치 정도가 좋다. 따라서 지름물매를 먼저 정하고 처마물매를 정하면 마루물매는 그냥 구해진다.

물매를 계산하다 물매 계산은 부재 중심을 기준으로 한다. 따라서 주심도리와 중도리의 크기가 다르면 오차가 생긴다. 그러나 보통 주심도리와 중도리 크기가 같다. 오차가 생기면 지붕을 놓을 때 잡으면 된다. 간단하게 물매를 구해보자. 주심도리와 중도리 사이의 수평거리는 5자다. 4치 물매가 되려면 중도리 높이는? 답은 잠깐상식에서 보자.

○
잠깐 상식

비율 계산법.

편한 질문을 해보자. '1000원에 2잔 주는 술
집에서 10잔 마시려면 돈을 얼마 줘야 할까?'
물매를 묻는 것이나 술값을 묻는 것이나 같다.
그 물음을 자주 쓰느냐의 차이가 있을 뿐이다.
구하는 것은 술값으로 줄 돈이다. 이를 식으로
나타내면

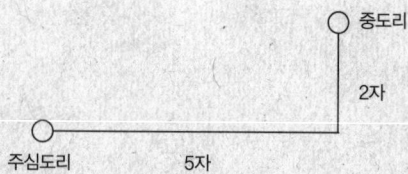

■ 2잔 : 1000원 = 10잔 : 줄돈

이 식은 '2잔에 천원이므로 10잔에는 얼마?' 라고 읽는다. 이 식에서 바깥 것은 바깥 것대로 안에 것은
안에 것대로 곱하여 왼쪽과 오른쪽에 놓는다.

■ 2잔 × 줄돈 = 1000원×10잔
■ 줄돈 = (1000×10)/2

왼쪽의 곱하기가 오른쪽으로 가면 나누기가 된다. 답은 모두 아는 것처럼 5000원이다.
이제 물매를 구하자. 중도리 높이를 M이라고 하자.

10 : 4 = 50 : M ■ 10×M = 4×50 ■ M=(4×50)/10 ■ M=20

1자일 때 4치이므로 5자일 때 높이 M은? 20치다.

욱은지붕을 알다 한옥 지붕
을 보면 가운데가 좀 들어간
것이 많다. 이를 욱은지붕이라
고 한다. 욱은지붕을 만들면
적심을 덜 써 지붕 무게도 줄
고 물 흘러내리기도 좋다. 욱
은지붕은 그림처럼 그려볼 수

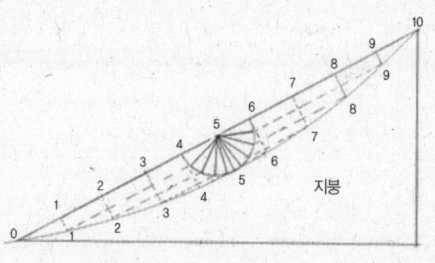

있다. 가운데 들어가는 부분의 반지름(지름물매의 1/20~ 1/10)을 가지고 반
원을 그리고 지름물매를 여러 등분으로 나누어, 수직선을 내리고 반원을 똑
같은 수로 나누어 교차하는 점까지 연장하여 그 선을 이으면 그림과 같은 곡
선이 나온다. 그림에서는 10등분을 했으나 등분수가 많을수록 곡선이 잘 나
온다. 욱은지붕으로 하면 배수가 잘 되고 적심을 줄일 수 있다.

지붕 곡선을 알다

◆

처마허리와 처마안허리를 구분하다 한옥 지붕을 정면에서 바라보면 가운데보다 지붕 양쪽 끝이 올라가 있다. 이를 처마허리(앙곡)라고 한다. 이때 허리의 크기는 대체로 추녀 높이에 의해 결정된다. 이 선은 한옥을 가장 한옥답게 만드는 선이다. 처마안허리는 비를 피해 처마 밑에 들어간 적이 있으면 쉽게 알 수 있다. 처마 밑에서 하늘을 보면 지붕 추녀 쪽이 가운데보다 밖으로 더 나가 있다. 이를 처마안허리라고 한다. 처마허리를 만드는 방법은 다양하다. 차례로 알아보자.

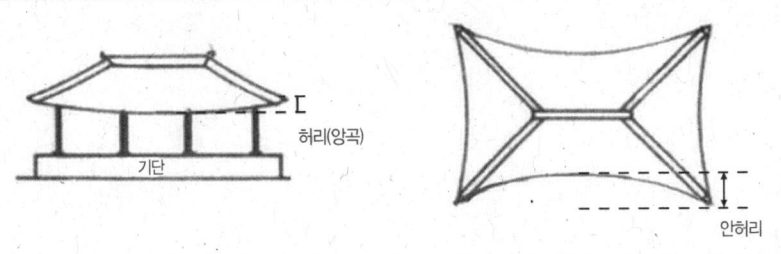

현수곡선으로 허리선을 만들다 현수선은 중력에 의해서 생기는 자연스러운 선이다. 따라서 추녀 양쪽 끝에서 줄을 늘어뜨려 그 선대로 처마허리를 잡는다. 이 때 주의할 점은 현수선은 자연의 선이므로 주위 산세와 조화를 이루어야 한다.

기하학 도식으로 허리선을 만들다 양쪽의 추녀를 연결하는 선과 허리의 중앙을 지나는 직선이 직각으로 만나는 선을 긋고 이를 반지름으로 하여 허리 곡선을 잡는다. 욱은지붕을 그리는 작도법과 같다. 기하학적인 접근은 굳이 이 방법이 아니어도 여러 가지를 쓸 수 있다.

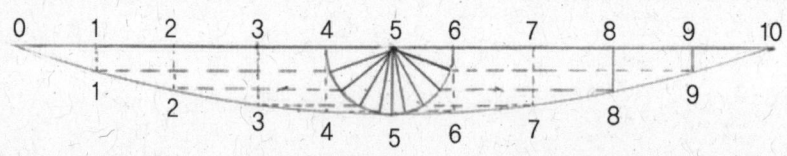

직선과 곡선을 강하게 합해 허리선을 만들다
평서까래 끝까지 일직선으로 뽑아 추녀 부근에만 곡을 주는 방법이다. 직선의 힘과 곡선의 부드러움을 강렬하게 만나게 한다. 잘못하면 일직선이 맞지 않아 지붕이 춤추게 되므로 주의한다.

처마안허리를 만들다 처마안허리는 추녀가 일반 서까래보다 얼마나 나갔는가에 따라 결정된다. 보통 추녀는 평서까래보다 1/4정도를 더 나간다. 이것이 처마안허리가 된다. 사래가 있다면 처마안허리는 그만큼 더 커진다.

○
잠깐 상식
한옥에는 모두 허리와 안허리가 있나요?

허리나 안허리가 없이 일자로 지붕선을 만드는 경우도 있는데 이를 일자매기라고 한다. 특히 초가의 경우 추녀가 서까래보다 작아지는 경우도 있다. 이를 방구매기라고 한다.

처마내밀기를 알다
◆

처마내밀기는 벽선(기둥의 중심선) 밖으로 나간 처마 부분을 말한다. 처마내밀기는 처마추리라고 한다. 사진(가)가 처마고 (나)가 건물 모서리인 추

(가) 홑처마　　　　　　　(나) 추녀　　　　　　　(다) 겹처마

녀. (가)처럼 둥근 서까래만으로 만들어진 처마를 홑처마 (다)처럼 네모난 부연이 같이 있는 것을 겹처마라고 한다.

처마내밀기는 하지 태양 높이를 기준으로 한다. 즉 처마 끝에서 주춧돌 위 기둥 밑면까지 그은 선이 벽선과 30도 정도를 이루게 처마를 내민다. 처마 끝에서 도리중심까지가 처마깊이가 된다. 기둥 길이가 길어지면 처마가 그만큼 깊어진다. 한옥에서 처마내밀기는 2~3.5자가 보통이다. 초가의 경우 2~3자 기와집의 경우 3~3.5자가 많다. 빗물이 집으로 들이치지 않게 기단보다 5치 이상 밖으로 나가야 한다. 처마서까래가 만드는 공간은 실내 환경에 큰 영향을 준다. 이 부분에 대한 연구가 필요하다.

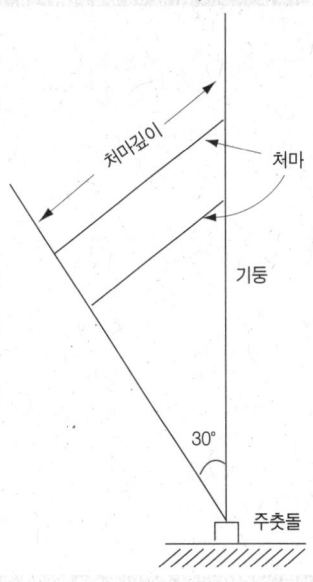

회첨을 살펴보다

◆

회첨은 모일 회(會)에 서까래 첨(檐)자로 만들어진 단어다. 따라서 회첨은 결국 서까래가 만나는 지점이다. ㄱ자 집에서 꺾어지는 안쪽 부분을 말한다. 회첨 부위는 여러 부재가 집중적으로 모이므로 뼈대가 허술해진다. 따라서 설계 단계부터 철저히 살펴야 한다.

회첨 서까래를 처리하다 골추녀를 쓰는 방법이 하나다. 골추녀는 일반 추녀보다 춤이 많이 낮다. 왜냐하면 골추녀 윗면과 서까래 윗면이 같아야 물매에 무리를 주지 않고, 빗물을 소화할 수 있기 때문이다.

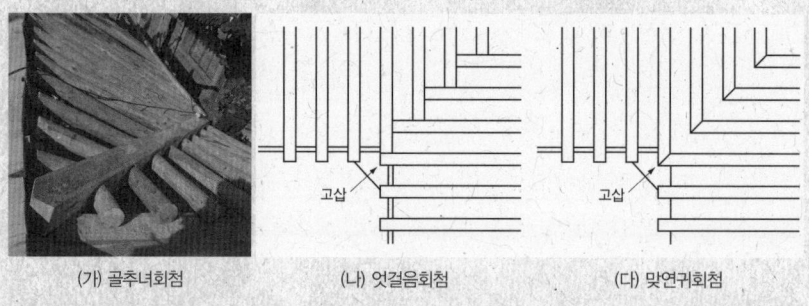

(가) 골추녀회첨　　　(나) 엇걸음회첨　　　(다) 맞연귀회첨

사진(가)는 골추녀로 처리한 예다. (나)(다)는 골추녀 없이 회첨서까래를 처리하는 방법이다. 기단이나 벽을 낮추어 지붕에 층을 주는 것도 방법이다. 회첨에 기와를 얹으려면 고삽이 필요하다. 밑변이 2자 정도 되는 고삽을 만들어 붙이는데 추녀골로 모이는 빗물을 감당하려면 기와선이 2줄은 되어야 하기 때문이다.

회첨기둥을 처리하다 회첨지점에 있는 기둥을 회첨기둥이라고 한다. 회첨기둥에는 대들보와 도리가 두 개씩 짜여 맞춤과 이음이 쉽지 않다. ㄱ자 집

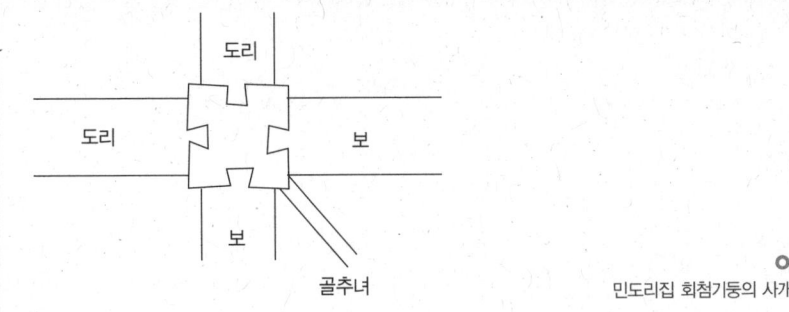

민도리집 회첨기둥의 사개

을 짓는다면 꼭 검토해야 한다. 익공집이 아니라면 회첨기둥 장부는 그림처럼 쓰는 경우가 많다. 마주 보는 보와 도리를 주먹장으로 연결하고 장여를 연결하는 것처럼 나머지 도리와 보를 물리기도 한다.

익공집 회첨기둥의 회첨처리 아래 그림은 익공집의 회첨에 대들보와 도리를 들이기 위한 작업부분이다. 대들보를 반턱으로 주고받고 그 위에 도리를 얹어 주먹장으로 마감한 모습이다. 대들보에 다른 대들보를 주먹 내림장으로 연결하고 도리를 왕지로 연결하는 방법도 쓴다.

구조적으로 아예 회첨기둥을 없애고 그 자리에 오는 도리를 크게 쓰고 여

익공집 회첨 처리 모습

제6장_ 한옥 공간을 이해하고 그리다 149

회첨기둥이 없는 회첨

기에 다른 도리를 물리는 방법도 있다. 그러나 도리를 크게 하면 다른 도리와 불균형이 생기고 민도리집에서는 도리를 굵게 하기도 힘들다. 사진 건물을 실제 보면 변형이 많아 위태로워 보인다. 집은 풍수로나 뼈대로나 사각형 집이 좋다. 그러나 회첨은 중국집에 비해 변화가 많은 한옥의 특징이기도 하다. 한옥에 같은 집이 없다는 이야기도 회첨이 있어서 가능하다. 따라서 이에 대한 연구도 계속할 필요가 있다.

○
잠깐 상식
한옥에서의 공간과 회첨

한옥의 독특한 공간을 소화하기 위해 회첨이 생겨난 것일까? 아니면 회첨의 출현으로 한옥의 공간이 독특하게 발전한 것일까? 건축기술이 공간 창조를 주도하는 요즘이라면 후자 쪽에 동의하는 의견이 많을 듯하다. 그러나 개인적으로는 첫 번째 의견이 맞을 듯하다. 한옥이 보편적인 형태로 구들을 받아들여 마당과 중정이 만나면서 공간에 대한 새로운 해석이 필요했을 것이라고 보기 때문이다. 이러한 필요가 변화가 많은 자연환경과 결합되면서 회첨의 탄생을 주도한 것으로 보인다.

제7장

건물은 왜 무너질까?

힘의 개념을 알다

건물은 왜 무너질까? 도대체 멀쩡한 건물이 어느날 갑자기 무너지는 이유는 뭘까? 부실공사해서 그렇다면 뭐 그 답도 틀린 건 아니다. 하지만 그렇게 대답하면 질문한 사람이 좀 당황할 것 같다. 적당한 답을 찾아보자. 건물이 무너지지 않고 서 있기 위한 뼈대와 그 뼈대를 이해하는데 필요한 힘을 알아보자.

지붕은 힘이다
기둥이 받는 힘을 하중이라고 한다. 우리는 알기 쉽게 그냥 힘이라고 하자. 힘에는 일상적으로 가해지는 힘과 지진이나 폭설 등으로 인해서 잠깐 동안 더해지는 힘이 있다. 집은 늘 잘 서 있어야 하지만 갑자기 돌풍이 불어와도 잘 참고 버티고 있어야 한다. 이처럼 건물이 굳건하게 땅에 서 있기 위해 필요한 뼈대가 구조다. 여기서는 그냥 뼈대라는 말을 쓰기로 한다.

◦ 잠깐 상식
지진이 일어나면 건물에 걸리는 힘을 왜 단기하중이라고 하죠?

하중을 장기하중과 단기하중으로 나눈다. 장기하중은 평상시 계속 견뎌야 하는 힘이라는 뜻이고, 단기하중은 지진이 일어나는 잠깐 동안 장기하중에 더해진 힘을 합한 것이다. 따라서 단기하중은 지진 말고도 폭설이나 돌풍 등이 일어날 때 건물에 가해지는 힘도 포함한다. 따라서 단기하중이 훨씬 큰 힘이다. 즉, 단기하중 = 장기하중 + 지진, 폭설, 돌풍이 가하는 힘

기둥은 다리다

무거운 짐을 지면 다리가 후들거린다. 짐이 다리를 누르기 때문이다. 한옥에서는 기둥이 다리 역할을 한다. 기둥은 위에서 누르는 힘을 모두 견딘다. 이 누르는 힘을 압축력이라고 한다. 우리는 그냥 누르는 힘이라고 할 것이다. 그런데 기둥은 길기 때문에 위에서 누르면 그림처럼 휠 수 있다. 이처럼 휘는 현상을 버클링이라고 한다. 플라스틱 자를 세워 위에서 누르면 얇은 면으로 휘는 모습을 볼 수 있다. 긴 자는 잘 휘나 짧은 자는 잘 휘지 않는다. 그러므로 버클링이 생길 것 같으면 부재를 굵게 하거나 길이를 짧게 해야 한다.

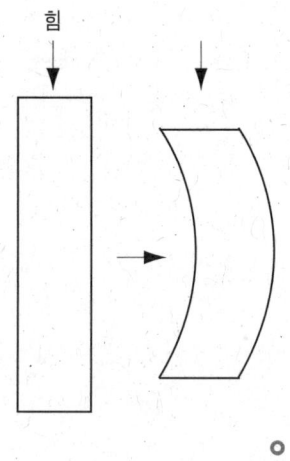
◦ 누르는 힘과 버클링의 관계

기둥 없는 거미집은 어떻게 버틸까

철봉에 매달리면 팔이 아프다. 그런데 무거운 짐을 져 다리가 후들거리던 것과는 조금 다르다. 팔이 당겨져 오는 아픔이기 때문이다. 당기는 힘을 인장력이라고 한다. 여기서는 그냥 당기는 힘이라고 한다. 당기는 힘은 누르는

당기는 힘

힘에 비해 중요한 특징이 있다. 머리카락을 세워서 누를 수 없다. 즉 누르는 힘은 딱딱한 재료에만 가능하다. 하지만 당기는 힘은 딱딱하지 않은 재료에도 생긴다. 머리카락을 그림처럼 양쪽에서 당겨도 힘이 들어간다. 붕어가 낚싯바늘을 물면 낚싯줄에 당기는 힘이 걸린다. 거미집은 오로지 이 당기는 힘만으로 만들어진다. 따라서 건물을 짓는데 당기는 힘을 이용하면 재료가 다양해진다. 한옥에서는 당기는 힘을 이용하는 부재가 없다. 그러나 이 개념을 꼭 알아야 한다. 그런 부재를 이용하는 경우는 없지만 아래 잠깐상식에서처럼 한옥 여기저기 당기는 힘이 생기기 때문이다.

　나무와 콘크리트 중 어느 것이 누르는 힘과 당기는 힘에 잘 견딜까? 누르는 힘은 못을 박아보면 안다. 못은 나무를 누르고 들어가는데 콘크리트를 누르고 들어가기는 힘들다. 콘크리트는 누르는 힘을 잘 견딘다. 그러나 당기는 힘은 나무가 더 잘 견딘다. 그래서 나무로 대들보를 쓸 때는 그냥 쓰지만 시멘트를 대들보로 쓸 때는 철근을 꼭 넣어야 한다. 누르는 힘인 압축력과 당기는 힘인 인장력을 합해서 축방향력 또는 축력이라고 한다.

전봇대와 낚싯대는 같은 원리를 가지고 있다

　낚시를 해 본 사람이면 낚싯대가 휘청할 때 느껴지는 손맛을 기억할 것이다. 눈으로 보이는 건 휘어진 낚싯대다. 여기에는 위에서 본 누르는 힘이나 당기는 힘과 좀 다른 힘이 작용한다. 이 힘이 벤딩모멘트다. 휘는 힘이 벤딩모멘트보다 범위가 넓지만 이 책에서는 특별한 경우가 아니면 같은 의미로

잠깐 상식
부재 하나에 두 가지 힘이 나타날 수도 있나요?

가로부재를 한 번 보자. 가로 부재를 위에서 누른다. 그러면 그림처럼 부재의 윗부분에 누르는 힘이 작용하고 아랫부분에 당기는 힘이 작용한다. 그림(가)를 보자. 여기에 힘이 가해지면 (나)처럼 휘어진다. 실제 눈에 보이지는 않겠지만 과장해서 그린 것이다. 윗부분은 오그라들고 밑 부분은 늘어난다. 오그라드는 부분에는 누르는 힘이, 늘어나는 부분에는 당기는 힘이 작용한다. 팔을 접으면 주름진 팔꿈치가 쭉 펴지는 원리와 같다. 힘이 커지면 크게 휠 것이다. 따라서 보가 휘지 않으려면 폭보다 높이가 중요하다. 자를 세워서 구부려보고 누워서 구부려 보면 알 수 있다. 참고로 그림과 같은 보가 콘크리트라면 철근을 넣지 않으면 부러진다. 콘크리트는 당기는 힘이 나무보다 훨씬 작다. 따라서 콘크리트라면 철근으로 보강해야 무너지지 않는다. 이때 철근을 어디에 넣어야 무너지지 않을까? 당기는 힘을 받는 밑 부분에 넣어야 콘크리트가 늘어나지 않고 그래야 부러지지 않는다. 왜냐하면 콘크리트는 누르는 힘에는 강해서 위쪽은 문제가 없다. 대들보의 일부가 썩어 구멍이 생기면 시멘트를 써서 때우는 경우가 있다. 이때 구멍이 대들보 윗부분에 있다면 시멘트를 채워서 해결되지만 아래쪽이라면 시멘트만을 채워서 해결할 수 없다.

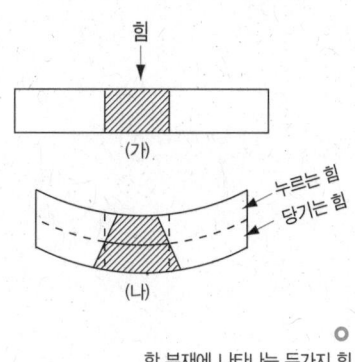
한 부재에 나타나는 두가지 힘

쓴다. 물고기가 크거나 낚싯대가 길면 휘는 힘은 더 커진다. 이때 힘은 낚싯대 중간이나 끝이 아닌 잡고 있는 손에 더 많이 걸린다. 이해가 안 되면 실제 해보면 된다. 그래서 낚싯대는 손잡이 쪽이 더 굵다. 원리는 다이빙 보드와 같다. 따지고 보면 전봇대도 비슷하다. 바람이 불면 휘는 힘이 생기고 이를 땅이 잡고 있는 꼴이다. 옛날 전봇대는 위아래 굵기가 같았지만 요즘 전봇대는 아래가 위보다 굵다. 휘는 힘을 셈에 넣어 만들기 때문이다. 한옥에서는 추녀가 가장 비슷하다. 추녀도 끝보다 주심도리 쪽이 훨씬 굵다. 누르는 힘, 당기는 힘, 휘는 힘 특별히 어려운 것이 없다. 이 개념이 구조역학의 기본적인 개념이다.

집을 받치다

주춧돌에 올려진 기둥

기둥밑동처럼 구조물을 지탱하는 제일 밑 부분이 지점이다. 기둥이 주춧돌을 꽉 잡고 있는 정도에 따라서 이름을 달리 부른다. 아파트 지하주차장에 들어가서 그 곳의 기둥을 끌어안고 쓰러뜨려본 사람이 있나 모르겠다. 대개는 기둥이 꿈쩍도 안 한다. 밀리지도 않고 들리지도 않고 돌아가지도 않는다. 이를 고정지점이라고 한다. 그런데 기둥이 다 그렇게 고정되어 있는 건 아니다. 한옥 기둥은 주춧돌 위에 그저 올려놓기만 한다. 아무 고정 장치도 쓰지 않는다. 지렛대를 써서 들어 올릴 수도 있고 조금씩 밀 수도 있다. 말하자면 한옥기둥은 좀 엉성하다. 이런 기둥밑동을 회전지점이나 이동지점이라고 한다. 보통 건물에는 고정지점을 쓴다. 서양건축을 하는 사람이 한옥을 보면 고개를 갸우뚱할 수도 있다. 불안해서 잠도 못 잘지 모른다.

나무를 맞추다

한옥은 장부를 연결하여 집을 짓는다. 이 연결부분을 절점이라고 한다. 지점과 확실히 구분할 필요가 있다. 부재에 힘을 가했을 때 밀리거나 돌아가는 것이 활절점이고, 부재에 힘을 가했을 때 부러지면 부러졌지 돌아가지 않는 것이 강절점이다. 강절점은 못 박는 개념이 아니고 아예 용접을 해 붙이는 개념이다. 한옥을 지으며 용접하는 경우는 없으니 한옥에는 강절점이 없다. 지점과 절점도 기억해두면 좋다.

건물도 스트레스를 받는다

누군가 두 사람이 여러분 팔을 잡고 양쪽에서 당기면 여러분은 끌려가지 않으려고 팔을 안으로 잡아당길 것이다. 한동안 두 사람의 힘을 버틸지도 모른다. 그러다가 힘이 빠지면 팔이 쑥 잡아 뽑혀 뼈가 빠질 것이다. 이번에는 양쪽에서 여러분을 누른다. 여러분은 안간힘을 써서 밀어낼 것이다. 그런 와중에 상당한 스트레스를 받을 것이다. 이때 두 사람이 여러분에게 가하는 힘이 외력이고 여러분이 내는 힘이 내력이다. 내력을 스트레스(또는 응력)라고도 한다. 내력과 스트레스는 약간 차이가 있으나 같다고 생각해도 된다. 사람뿐만 아니라 나무에서도 똑같은 반응이 나타난다.

두부와 고무줄로 힘을 이해하다

누르는 힘이 생기면 부재의 굵기가 굵어지고 짧아진다. 이를 확인할 수 있는 가장 좋은 재료는 두부다. 두부를 위에서 살짝 누르면 약간 옆으로 퍼지

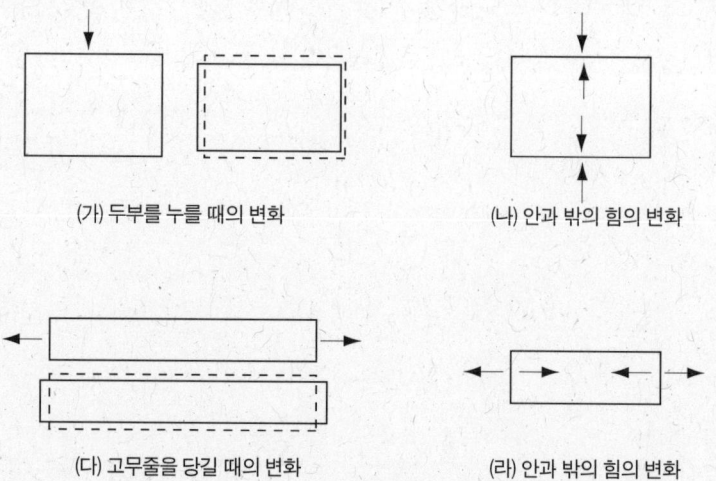

(가) 두부를 누를 때의 변화   (나) 안과 밖의 힘의 변화

(다) 고무줄을 당길 때의 변화   (라) 안과 밖의 힘의 변화

면서 눌린다. 즉 부재에 누르는 힘이 가해지면 부재는 약간 뚱뚱해지고 키는 작아진다. 그러나 손을 치우면 원래 상태로 돌아온다. 이는 무언가 양쪽에서 나를 밀었을 때 나타나는 현상과 같다. 두부를 너무 세게 누르면 터지는 것처럼 나도 터지고 말 것이다. 내가 안간힘으로 양쪽에서 누르는 힘에 저항하듯 두부도 저항한다. 이것이 스트레스다. 세상의 모든 물체는 정도의 차이가 있을 뿐 무언가 자신을 누르면 스트레스를 받고 그래서 줄어들고 뚱뚱해진다. 이때 내부와 외부의 힘을 그림으로 나타내면 그림(나)와 같다. 밖에서 누르는 힘이 가해지면 안에서는 밖으로 밀어내는 힘이 생긴다.

당기는 힘에 나무가 받는 스트레스를 알기 위해서 고무줄을 이용하자. 고무줄을 당기면 늘어나면서 얇아진다. 당기는 힘은 나무를 늘어나게 하고 얇아지게 한다. 세상의 모든 부재가 정도 차이는 있지만 당기면 다 늘어나고 얇아진다. 이때 안팎의 힘을 그림으로 나타내면 그림(라)와 같다. 밖에서 당기면 안에서도 안 끌려가기 위해 당기는 힘이 생긴다.

잠깐 상식
스트레스는 뭐고 스트레인은 뭔가요?

스트레스는 외력에 대항해서 생기는 힘을 말하고, 스트레인은 그 힘에 의해 실제 변형이 생기는 것을 말한다. 스트레스는 응력, 스트레인은 변형이라고 번역한다. 부재에 힘을 가하면 얇아지거나 뚱뚱해지는 데 이를 변형이라고 한다. 변형되었지만 힘이 없어지면 다시 원래대로 돌아가는 성질을 탄성이라고 하고 돌아가지 않는 성질을 소성이라고 한다. 고무줄은 탄성이 커서 잡아당겼다 놓으면 원래대로 가지만 엿은 탄성이 약해서 당겼다 놓아도 원래대로 돌아가지 않는다.

응력은 단위면적당 힘으로 나타낸다. 'cm^2당 얼마인가?'로 결정한다. 단위당 압축응력, 단위당 인장응력으로 읽는다. 따라서 가해지는 힘이 P 부재너비가 A라면 P/A로 나타낼 수 있다. 즉 압축력이 1000이고 면적이 10이면 단위당 압축응력은 100이다. 정확하게는 '응력도'라고 말한다. 그래서 두리기둥과 사각기둥을 교체할 때 단면적을 참고하면 좋다. 두리기둥의 지름을 한 변으로 하는 사각기둥을 1로 하였을 때 두리기둥은 0.785의 단면적을 가진다. 물론 단면이 틀려지면 장부 모양도 틀려지고 비틀림도 달라진다. 따라서 그 변화비율이 같을 수는 없다.

이때 외력이 주어지면 내력은 다양한 형태로 나누어질 수 있다. 즉 대들보를 위에서 누르면 이 힘은 외력이 되고, 보에 나타나는 힘이 내력이 되는데, 보 가운데는 누르는 힘과 당기는 힘이 같이 나타나고, 보의 양 끝에서는 자르는 힘도 나타난다. 따라서 이 세 가지 내력의 합이 외력이 된다.

건물이 무너지는 이유를 알다

이제 건물이 무너지는 이유를 보자. 벽을 힘껏 밀어보자. 벽은 쉽게 안 무너진다. 이유는 벽이 똑같은 크기의 힘으로 나를 밀고 있기 때문이다. 즉 힘이 평형 상태에 있다. 이 평형이 깨질 때 건물이 무너진다. 이 말이 언뜻 이해되지 않는다면 아이와 어른이 팔씨름 하는 장면을 상상하자. 아이는 아무리 애를 써도 팔은 움직이지 않고 어른은 빙그레 웃는데 팔은 그 자리에 가만히 있다. 왜 그럴까? 어른이 힘이 세서?

어른 팔을 벽으로, 아이 팔을 벽을 미는 사람으로 가정하자. 힘이 더 센 것과 힘을 더 주는 건 다른 의미이다. 어른이 힘을 더 주거나 힘을 뺐다면 팔은 어느 쪽으로든 넘어갔을 것이다. 즉 어른이 딱 아이의 힘만큼 힘을 주고 있어서 팔이 움직이지 않았다. 따라서 벽이 무너지지 않는 이유는 사람이 미는 힘만큼 똑같은 힘으로 벽이 사람을 밀고 있기 때문이다. 벽과 사람이 균형을 유지하고 있는 상태이다. 이때 내가 벽을 누르는 힘이 벽에게는 외력이 되고, 벽이 나를 미는 힘이 벽에게는 내력이 된다. 이때 내력이 외력을 견디지 못하면 무너진다. 이를 역학적으로 평형이 깨졌다고 한다. 내가 땅 위에 서 있을 수 있는 건 지구가 나를 똑같은 힘으로 누르고 있기 때문이다. 아니면 나는 하늘로 솟든가 땅으로 꺼질 것이다.

건물은 밖에서 오는 힘을 견디지 못해서 균형이 깨지고 그래서 무너진다. 건물은 밖에서 오는 힘을 견디기 위해 딱 그만큼만 힘을 쓴다. 그리고 얼마간의 여유 힘을 늘 가지고 있어야 한다. 집을 지을 때 굵은 기둥이 더 좋은 이유이다. 사람도 스트레스 받는다고 다 싸움을 하거나 미치지 않는다. 작은 스트레스는 웃고 넘길 수 있는 것처럼 벽도 그렇게 스트레스를 관리한다.

잠깐 상식
그런데 지붕 무게를 왜 힘이라고 해요?

힘은 무게에 가속도를 곱한 크기이다. 가속도? 머리를 갸웃할 수도 있겠지만 중력은 일정한 속도로 물건을 잡아당기고 있다. 그래서 힘, 즉 하중은 무게×가속도다. 단위는 무게를 나타내는 kg 또는 ton에 힘을 나타내는 force를 붙여 쓴다. 킬로그램 포스, 톤 포스라고 읽는다.
뉴턴의 힘 : ① 제1법칙 관성의 법칙 : 물체에 어떤 힘도 가하지 않으면 가속도는 생기지 않는다. ② 제2법칙 가속도의 법칙 : 물체의 가속도는 작용하는 힘에 비례하고 물체의 질량에 반비례한다. ③ **제3법칙 균형의 법칙 : 모든 작용은 거기에 같은 크기의 반작용과 대응된다.** 수학적으로 평형은 수직으로 작용하는 힘, 수평으로 작용하는 힘, 휘는 힘이 모두 0이 될 때 도달한다. 이를 식으로 나타내면 다음과 같다. 평형조건식 : $\Sigma V=0$, $\Sigma H=0$, $\Sigma M=0$ 단) V는 수직힘, H는 수평힘, M은 휘는힘이다.

한옥을 보는
주류 건축학의 시선이 따뜻해지다

　한옥이 앞에서 설명한 힘들을 다 생각해서 지어지지는 않았다. 옛날 사람들은 앞에서 설명한 힘들을 몰랐기 때문이다. 따라서 한옥을 구조역학으로 모두 설명하기는 어렵다. 그래서 한옥은 불안하다는 게 주류 건축학의 입장이었다. 도대체 한옥에는 연결이 제대로 된 것이 없다. 용접은 그만 두고 못질 하나 제대로 된 게 없다. 대충 얽어놓고 말았다. 한옥은 이렇듯 핀잔을 많이 받았다. 그러나 요즘 분위기가 좋아졌다. 제법 칭찬하는 소리도 들린다. 과거 한옥은 부재가 너무 커서 나쁘다고 했으나 이제 뼈대가 바로 장식재여서 좋다고 한다. 한옥은 주요 뼈대 부재가 나무여서 뼈대가 콘크리트인 건물보다 유연하다. 따라서 진동이나 충격을 흡수하는 성질이 좋다. 그래서 콘크리트 건물과 달리 한순간에 무너질 가능성이 적다.

　그러나 한옥이 좋기만 한 것은 아니다. 큰 바람이 불어 무너지거나 7~8년 만에 비가 새고 쓰러져 다시 짓고 비에 쓸려 내려간 기록 등이 역사기록 여기저기에서 보인다. 불에 약한 것은 물론이다. 이런 모자란 점에 대해 충분히 검토하지 않으면 건축기술이 발전한 오늘 한옥이 자기 자리를 찾기가 쉽지 않을 것이다. 따라서 한옥을 현대건축의 눈으로 살필 줄 알아야 한다.

○
잠깐 상식
수종별 비중과 강도

나무 비중은 수종(樹種)에 따라 다르지만 보통 침엽수는 0.3~0.5, 활엽수는 0.5~0.9 정도다. 보통 침엽수보다 활엽수의 비중이 크다. 주요 수종별 비중은 삼나무 0.4, 소나무·해송 0.5, 오동나무 0.3, 참나무류 0.65, 가시나무 0.9 정도다.
목재의 착화점(着火點)은 약 270℃, 자연발화점은 400℃ 정도다. 목재 강도는 대개 비중에 비례하며, 압축강도는 침엽수가 300~500kg/cm², 활엽수가 400~700kg/cm²이며, 인장강도는 침엽수가 700~1,000kg/cm², 활엽수가 900~2,000kg/cm²이다. 휨강도는 침엽수가 400~800kg/cm², 활엽수가 500~1,200kg/cm²이다. 하지만 전단강도는 침엽수가 30~80kg/cm², 활엽수가 70~170kg/cm²이다.

(한옥을 구조역학으로 설명하는 데는 한계가 있다)

옛날처럼 도제식으로 모든 경험이 전수되는 시대가 아니어서 적당히 집을 짓는 경우가 늘고 있다. 따라서 집을 짓는 사람이 최소한의 역학 개념은 알고 있어야 한다. 그래서 필요한 곳마다 설명을 덧붙였다. 그러나 자세하게 적을 수는 없다. 그 까닭은 글을 쓰는 사람의 무식함이 첫 번째고 두 번째는 한옥의 특성에 있다. 한옥 짜는 방식은 못이나 나사를 쓰지 않고 맞춤과 이음을 이용한다. 이를 결구라 하는데 이것을 구조역학으로 해석하는데 한계가 있다. 예를 들자면 '한옥에서 보와 기둥의 관계'를 구조역학에서는 휘는

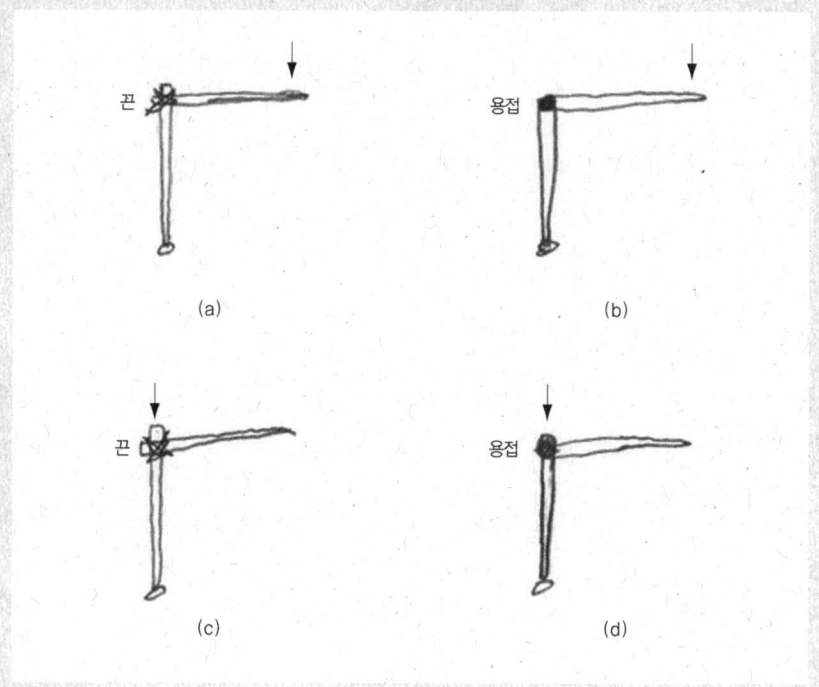

힘이 작용하지 못하는 활절점이라고 생각한다. 그러나 부재에 휘는 힘이 작용하여 비틀어진 상태에서도 힘을 견디는 경우가 많다.

　이 말이 언뜻 이해되지 않으면 젓가락 끝을 끈으로 연결해서 ㄱ자를 만들어 보자. 다른 하나는 젓가락 끝을 용접을 해서 ㄱ자를 만들어보자. 그리고 한쪽 끝을 잡고 수평인 젓가락 끝점을 눌러보자. 끈으로 연결한 젓가락은 그저 휙 돌아가지만 용접한 젓가락은 꿈쩍도 안 한다. 한옥의 장부맞춤은 용접한 젓가락이 아니라 끈으로 묶은 젓가락에 해당한다는 뜻이다. 그래서 한옥은 부재 끝을 누르는 힘이 생기면 무너져야 하는데 실제 옛날에 지은 건물을 보니 아니더라는 이야기다. 이처럼 얼마나 꽉 붙였는가는 휘는 힘과 관계있지 누르는 힘이나 당기는 힘인 축력과는 관계없다. 즉 그림 (c)와 그림 (d)에서처럼 서 있는 젓가락 위를 누르면 젓가락이 돌아가거나 할 아무런 이유가 없다.

제 8 장

나무를 알다

나무와 친해지다

　나무와 풀은 어떻게 다를까? 누구나 다 아는 것 같지만 실제 물어보면 조금 어렵다. 간단히 말하자면 풀은 뚱뚱하지 않다. 살이 찌지 않으므로 나이테가 없다. 풀과 나무의 차이를 확실히 알 수 있는 건 겨울이다. 겨울이 되면 풀은 모두 죽는다. 적어도 땅 위에서 풀은 사라진다. 그럼 대나무는 뭐지? 겨울이 온다고 대나무가 없어지는 건 아니니 말이다. 대나무는 살도 찌지 않고 나이테도 없다. 처음 나온 두께 그대로 자란다. 그러니 대나무는 반은 나무고 반은 풀이다. 참고로 나무가 딱딱하게 서 있을 수 있는 것은 리그닌이라는 성분 덕분이다. 풀에는 리그닌이 없다.

나무에 대한 태도는 두 가지다
　나무에 대한 주류 건축의 입장은 명확하다. 건축 재료일 뿐이다. 이에 반해 한옥을 짓는 목수에게 나무는 그리 간단하지 않다. 나무를 맞출 때 나무 크기를 보지 말고 나무 버릇을 보라는 말이 있다. 이는 목수가 나무를 사람처럼 대한다는 뜻이다. 상처가 나면 다친다고 하고 일부가 떨어져 나가면 살이 떨어진다고 한다. 나무를 말릴 때는 그늘에 쌓아 재운다고 하고 나무가 틀어지면 꿈틀거린다고 한다. 즉 한옥에서 나무는 살아있는 생명체다. 그래서 목수는 나무가 살아온 세월에 관심을 가진다. 그래서 집은 계속 살아갈 생명체다. 주목을 살아 천 년 죽어 천 년 사는 나무라고 한다. 그 말은 주목에만 해당하는 말이 아니다. 한옥에서 나무는 죽어도 죽지 않는다.

나무마다 나이테가 있는 건 아니다

나무를 베 살펴보면 나이테 중심에 짙은 부분이 있다. 이를 '수'라고 부르는데 나무가 자라기 시작한 첫해에 만들어진다. 이 수를 싸고 나이테가 만들어진다. 나이테는 봄살과 가을살로 구성된다. 봄살은 광합성이 활발한 봄여름에 자란다. 그래서 춘재라고 한다. 세포막이 얇고 색깔이 연하다. 이와 달리 가을살은 색깔이 짙고 단단하다. 자라기가 거의 멈추는 가을에 주로 자라 추재라고 한다. 잘 자라지 못해 세포 크기가 작고 그래서 색이 짙다. 그렇다고 모든 나무에 다 나이테가 있는 건 아니다. 자작나무, 사시나무, 오리나무 등에는 나이테가 없는 경우도 있다. 계절 없이 따뜻한 곳에서 자란 나무도 규칙적인 나이테가 없다. 이런 곳에서는 비가 오는 시기와 안 오는 시기가 뚜렷해서 그때 나이테를 만들기도 한다. 한 해에

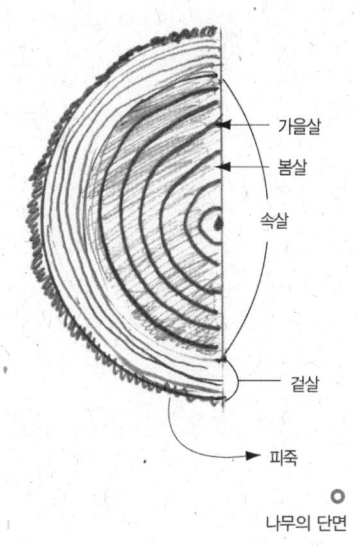

나무의 단면

나이테가 두 개도 생길 수 있다. 봄에 잘 자라던 나무가 병충해를 만나 자라기 힘들면 가을살이 생긴다. 뒤에 병충해가 없어지면 다시 자라고, 가을이 되면 다시 가을살이 생긴다. 이 나이테는 동그랗게 되지 못하고 중간이 끊겨 있다. 이는 거짓 나이테이므로 나무 나이를 계산할 때 빼야 한다.

○
잠깐 상식
눈으로 나무 나이를 알 수는 없나요?

나무도 사람처럼 나이를 먹으면 늘어진다. 그러므로 나뭇가지가 늘어졌다면 대개 나이가 많은 나무다. 처음 3~4년 소나무는 천천히 자란다. 그리고 뿌리를 내리면 일 년에 30에서 50cm 자란다. 12자 소나무는 대략 14~17년 된 나무다. 나무 마디를 통해서도 알 수도 있다. 나무 원줄기는 해마다 한 마디씩 자란다. 이 줄기의 마디를 헤아려 5년을 더하면 된다. 줄기의 마디란 위 가지와 아래 가지 사이를 말한다. 나무 단단함은 성장기가 지나고 장년기에 제일 강하다가 노년기가 되면 약해진다.

나무도 비뚜로 나갈 수 있다

나무도 성질이 있어 잘못 건들면 비뚜로 나간다. 사람도 그렇지만 나무도 성질 알기가 쉽지 않다. 그래도 친해지면 좀 알 수 있다. 나무는 주로 속살인 심재와 겉살인 변재로 구성된다. 속살은 여러 가지 화학물질이 쌓여 진하게 보인다. 이 부분은 죽은 곳으로 나무가 커질수록 점점 커진다. 적송은 속살이 나무의 대부분을 차지하고 있어 강하다. 속살과 겉살이 늘 명확하게 구분되는 건 아니다. 전나무 등에서는 구분이 쉽지 않다. 전나무에 균이 침입해 속살이 짙게 변하는 경우가 있는데 이는 속살인 심재와는 다른 것이다. 속살과 겉살을 싸고 있는 것이 현장에서 피죽이라고 부르는 나무껍질이다.

이제 이번 장에서 제일 지루한 부분이 나왔다. 그러나 꼭 알아야 하는 부분이다. 나무의 속과 겉을 알았으니 이제 나무를 잘라보자. 먼저 나무는 길다. 그래서 세포도 길다. 이 길이 방향이 섬유방향이다. 알다시피 나무를 댕강 자르면 나이테가 나온다. 난장이가 되어 나이테 한 가운데 앉아서 나무

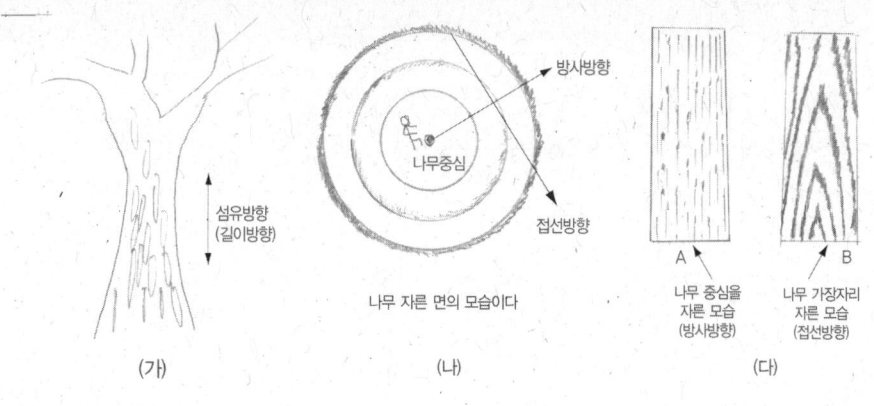

나무를 자르는 방향과 무늬

밖으로 줄이 달린 화살을 쏘자. 이 방향이 방사방향이다. 누가 심술궂게 이 줄을 끊고 나무를 자른다면 이게 접선방향이 된다. 곧은결판재는 나무판에 나이테 무늬가 없고 그림A처럼 곧게 줄이 있다. 무늬결판재는 그림B처럼 나이테가 만드는 무늬가 나타난다. 곧은결판재는 나무를 방사방향으로 자른 판재다. 이와 달리 무늬결판재는 접선방향으로 자른 것이다. 나무 잘린 면이 어느 방향이냐에 따라서 나무가 마르면서 틀어지는 모양이 다르다. 따라서 이 개념을 확실히 알고 있어야 나무를 쓸 수 있다.

이제 나무에 대해 알았으니 성질을 보자. 나무가 줄거나 오그라드는 성질을 수축이라고 한다. 나무에서 수축은 주로 물기가 마르면서 생긴다. 나무가 줄어드는 정도는 부분마다 다르다. 대체적인 수축률은 무늬결 방향이 8%, 곧은결 방향이 4% 정도다. 자라는 방향인 길이방향은 0.5% 이하다. 아래 그림은 통나무를 부분부분 자를 때 나무가 마르면서 수축되는 모습을 그린 것이다. 그림을 눈여겨 봐두어야 한다. 곧은결판재는 무늬결판재보다 두께가 많이 준다. 그러나 다른 결점은 곧은결이 훨씬 적다. 곧은결판재는 무늬결판재보다 아름답지 못하지만 광택은 더 좋다. 세상에 다 가질 수 없는 이치가

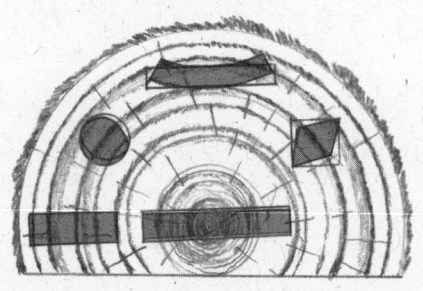
○
부위별 변형 모습

나무에도 있다.

　나무는 다양한 형태로 갈라진다. 갈라짐도 수축 때문에 생긴다. 나이테를 따라서 원형으로 갈라져 가운데가 쑥 빠지는 경우가 있다. 속살이 오그라들어 일어난다. 보통은 수직으로 나무를 반 잘라놓으면 물이 많은 겉살이 수축하면서 속살이 갈라진다. 그러나 나무가 얼었다가 녹으면서 부피가 늘어나 겉살이 갈라지기도 한다. 겉살이 갈라질 때 육송은 사선으로 갈라지나 수입송은 수직으로 갈라지는 경우가 많다.

나무를 말리다

　나무를 말리면 뭐가 좋을까? 목재가 단단해진다. 벌레가 꼬이지 않는다. 곰팡이를 막는다. 썩지 않는다. 나무가 가벼워진다. 못이나 나사를 박으면 튼튼하다. 기름이 잘 먹는다. 운반이 쉽다. 그리고 마지막으로 나무가 틀어지고 갈라지는 것을 막을 수 있다. 너무 간단하게 적었나? 지금부터 자세하게 알아보자.

나무를 어떻게 말릴까

　현재 인공건조가 가능한 나무 두께는 5cm 정도다. 그러니 통나무를 쓰는 한옥을 마른 나무로 지었다면 거짓말이다. 따라서 한옥은 인공건조에 관심이 적다. 목수가 좋아하는 자연건조는 나무를 쌓아 자연스럽게 말리는 방법이다.

　한옥 짓는 나무는 보통 봄에 한데에 쌓아두고 말린다. 이때 나무껍질을

관리를 잘못해 청티 난 부재

꼭 벗겨둔다. 나무를 봄에 쌓아두는 건 온도는 높고 습도가 낮아 곰팡이 번식이 적기 때문이다. 혹시 활엽수를 말린다면 가을부터 말려야 좋다. 활엽수는 잘 갈라지기 때문이다. 습기가 많은 가을에는 갑자기 마르지 않아 갈라짐이 덜 하다. 같은 시간에 벤 나무도 마른 상태에 따라 질이 달라지므로 나무 말리기에 신경을 많이 써야한다.

한옥을 제대로 짓기 위해서는 3년 정도 말린다. 하지만 대개 6개월 정도 마른 나무를 사들여 다듬으면서 말린다. 물론 좋을 리 없다. 한옥 공사 현장에서 마구리(부재 끝부분) 부분을 한지로 싸 놓은 광경을 볼 수 있다. 물기가 한꺼번에 날아가 나무가 갈라지거나 틀어지는 걸 막기 위해서다. 잘린 나무 속살이 그대로 드러나 물기가 한꺼번에 밖으로 나가면 나무가 오그라든다. 한지를 발랐을 때 나무가 휘지 않는 것은 한지가 강해서가 아니라 바람이 잘 들고 물기를 잘 먹는 한지 특성 때문이다. 한지 대신 흙을 발라 놓기도 한다. 이를 흙가루먹임(또는 토분먹임)이라고 한다.

말리는 건 무조건 좋은가?

나무가 너무 마르면 가공하기 힘들다. 또 빨리 말린 나무는 나쁜 점이 좋은 점보다 많을 수 있다. 그러나 3년 정도 건조한 나무를 쓰면 나무의 단점이 많이 사라진다. 그리고 집을 다 지은 뒤 나무 속 물기가 천천히 세월을 두고 빠져나가면서 집을 안정시킨다. 옛날에는 나무를 준비하는 기간만 3-5년이 걸렸으므로 나무 말리는 과정이 자연스럽게 이루어져 튼튼한 집을 지었다.

손이 많이 가는 나무 말리기를 피해 철거한 한옥에서 나온 나무를 쓰기도 한다. 그러나 바짝 마른 나무가 물을 먹으면 바로 썩을 수 있다. 이런 형편이라면 사진처럼 덧집을 짓고 공사해야 한다. 오래 된 문화재 보수 때 덧집을 짓는 까닭이다. 현실적으로 한옥을 지으면서 완전히 마른 나무를 쓴다는 건 불가능하고 실제 그런 나무가 무조건 좋다고 말할 수도 없다. 오히려 나무는 체액이 마르면서 자리 잡는 면도 있기 때문이다. 나무 마른 정도는 한옥 주변 습도와 비슷한 게 좋다.

문화재 보수 위한 덧집 설치 모습

마르지 않은 나무로 집을 지으면 지은 다음이라도 말려야 하나?

어쩔 수 없이 마르지 않은 나무로 집을 지었다면, 한옥을 다 지은 뒤에라도 말려야 한다. 한겨울 집을 지어 갑자기 뜨거운 난방을 하게 되면 나무는 온통 틀어지고 터진다. 대들보까지 틀어져 비틀려 앉으면 위험하다. 그러므로 나무가 마르고 자리 잡는 시간을 헤아려 가을에 벤 나무를 봄바람에 충분히 말려서 나무를 다듬기 시작해 이듬해 봄까지 공사를 하고, 여름 가을 불을 때지 말고 사용하여 겨울부터 조금씩 나무를 봐가며 큰 불 때지 말고 써야 한다. 마르지 않은 나무를 쓰면 불필요하게 나무 틈이 벌어지고 가라앉는 변형은 감수해야 한다.

나무를 관리하다

나무를 잘 쌓으면 나무가 잘 마르고 나무가 잘 마르면 기둥이나 대들보가 튼튼해진다. 따라서 나무 관리는 쌓기부터 세심하게 주의를 기울여야 한다. 나중에 지게차가 들어내기 쉽게 쌓는 것도 잊지 말아야 한다. 자연건조는 나무 쌓기가 제일 중요하다. 나무 쌓는 방법을 보자.

목재 쌓을 자리를 마련하다
바람이 잘 통하고 물이 잘 빠지고 햇볕이 잘 드는 곳이 좋다. 물론 나무는 직사광선을 피해 보관해야 한다. 바닥에 습기가 없어야 한다. 적당하지 않으면 비닐을 깐다.

나무 받침대인 모탕을 준비하다

현장에서는 모탕을 산대라고 하고 모탕은 작업대라는 뜻으로 많이 쓴다. 옛날에는 아마도 모탕에 놓고 작업을 한 듯하다. 이 책에서는 산대를 모탕으로 통일해서 쓴다. 현장에서 모탕(산대)을 대충 쓰는 일이 많다. 그러나 이는 나무가 틀어지는 제일 큰 이유이다. 따라서 모탕을 따로 만들어 쓰는 것이 좋다. 모탕이 너무 강하면 나무가 상하므로 박달나무처럼 강한 나무는 피한다. 모탕 높이와 넓이는 나무 말리기에 특히 중요하다. 높이가 너무 낮으면 바람이 들지 않고 넓이가 너무 넓으면 그 부분이 마르지 않고, 자국이 남아 색이 변한다.

모탕을 제대로 놓다

나무 쌓기 전 제일 밑에는 크기가 큰 모탕을 수평으로 놓는다. 수평이 유지되지 않으면 쌓인 나무가 비틀어지거나 휘어진다. 모탕은 나무의 특성에 따라서 여러 개를 놓는다. 모탕을 제대로 놓으면 나무 휨도 어느 정도 해결된다. 따라서 잘못하면 나무 무게 때문에 부재가 휜다. 모탕을 부재의 양끝부터 놓는다. 나무 끝이 갈라질 때 눌리는 지점인 모탕까지 갈라지기 때문이다.

나무 쌓는 방법은 다듬기 전과 후가 다르다

제재소에서 가져온 나무는 넓은 면이 모탕에 닿도록 쌓는다. 그러나 바심질이 끝난 나무는 건물을 짜면 그 부재가 건물에 놓이는 모양대로 쌓는다. 가로부재는 실제 짤 때 폭보다 춤을 크게 하므로 대개 좁은 면이 모탕에 닿는다. 춤은 좀 휘어도 지붕 무게로 바로잡을 수 있기 때문이다. 판재는 무늬결판재가 곧은결판재보다 더 많이 휘므로 이 점도 신경 써야 한다. 모탕을

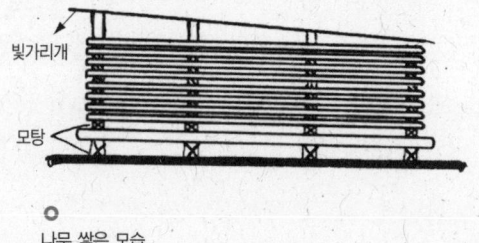
나무 쌓은 모습

3~5자 떨어뜨려 놓는다. 얇은 판재는 2~2.5자 사이로 모탕을 대야 판재가 보호된다. 다만 평고대는 휘어지는 방향을 헤아려 놓는다.

바람들이기에 신경 쓰다
나무를 높게 쌓을 때는 제일 아래 모탕을 높게 해서 바람이 통하게 한다. 특히 수장재는 쉽게 휘므로 모탕을 촘촘히 놓아 부재가 처지지 않게 한다. 나무끼리는 사이를 한 치 범위 안에서 띄우고, 맨 위에는 합판을 치고 비닐을 덮어 햇볕이나 습기가 들어가지 않고 바람은 들게 한다. 나무에 니스나 페인트를 칠하면 나무에 바람이 들고나지 못해 썩는다. 집을 지은 후 기름을 바를 때도 보름 이상 지나서 바르는 게 좋다.

나무 색깔 변화를 알다
청티 같은 곰팡이 때문에 나무 색이 변하면 돌이킬 수 없다. 따라서 청티가 안 나게 주의한다. 나무는 공기에 속이 드러나면 자연스럽게 색이 변한다. 이때 공기와 빛에 드러난 정도에 신경을 써서 나무색깔이 비슷하게 되도록 한다. 참고로 공기에 드러나서 변한 더글러스 색깔은 나무속까지 변하므로 대패로 쉽게 깎아낼 수 없다.

창호지를 바르다
다음은 나무 끝부분에 창호지를 바르는 게 좋다.

집 지을 나무를 고르다

건축 재료로서 나무는 어떤 점이 좋은가? 조금 따분한 내용이지만 정리해 보자. 좋은 점을 먼저 적는다. 부재를 규격화 할 수 있다. 감촉이 좋고 아름답다. 종류가 풍부하다. 열에 의한 팽창이 적다. 소리를 흡수하고 화학반응에 잘 견뎌서 환경 변화를 잘 이겨낸다. 무게에 비해 단단하다. 그럼에도 가공이 쉽다. 재료 공급이나 가격이 안정적이다. 나쁜 점으로 지적되는 내용은 나뭇결에 따라 강도 차이가 난다, 물을 먹는 성질이 있어 공기 중에 습도가 늘어나고 줄어듦에 따라 뒤틀림이 생긴다는 것이다.

한옥 목수도 대체로 위에 뜻을 같이 한다. 그러나 쉽게 동의하지 못하는 부분은 부재의 규격화 부분이다. 한옥은 아주 개별적이다. 나무의 성장부터 그 이력을 정확하고 자세히 알 필요가 있다. 그렇지 않으면 좋은 집을 짓기 힘들다. 잠깐 쓸 집이라면 모르지만 오랜 기간 보존하며 살 집이라면 나무 하나하나에 관심을 가져야 한다. 또 나쁜 점으로 지적되는 나무 성질을 한옥 목수는 굳이 나쁘게 보지 않는다. 나무를 생물로 보는 입장에서 이는 당연하다. 한옥 목수에게 나무의 안 좋은 점은 때로 좋은 점이 되기도 한다. 그런 목수에게 좋은 나무의 공급이나 가격이 안정적인 것만은 아니다.

○
잠깐 상식
나무집을 지으면 환경파괴 아닌가요?

나무를 베어내니 사실 그렇게 생각할 수도 있다. 그러나 그렇지 않다. 왜 그럴까? 나무를 화학적인 원소로 보면 탄소가 나무 전체의 50%를 차지한다. 이 말은 나무가 공해의 주범인 이산화탄소를 많이 흡수한다는 뜻이다. 그러므로 세상에 나무가 많아질수록 세상은 그만큼 깨끗해지고 지구온난화도 막을 수 있다. 나무를 많이 쓰고 많이 심으면 그만큼 세상이 산뜻해진다. 다 쓴 나무가 자연스럽게 자연으로 돌아가는 건 물론이다. 더군다나 한옥을 짓는 정신에는 자연과 내가 하나라는 사상이 들어가 있어, 그 정신까지 들어간 집을 짓는다면 세상은 그만큼 평화로워진다.

집은 침엽수로 짓나 활엽수로 짓나?

하드우드(hardwood)라고 하면 보통 활엽수를 말한다. 침엽수보다 단단하나 옆으로 퍼지면서 자라 큰 목재로 쓰기 어렵다. 마르기도 더디 마른다. 느티나무, 참나무, 벚나무, 밤나무, 대추나무, 오동나무, 참죽나무, 피나무 등 여러 가지 나무가 있다. 주로 장식재나 가구재로 쓰인다. 특히 느티나무는 재질이 굳고 무늬가 좋아 널리 쓰인다. 옛날에는 집짓는 재목으로 소나무보다 더 쳐주기도 했다는 기록도 있으나 최근에 이를 평하는 사람이 없다.

이와 달리 침엽수는 연하다. 그러나 나무가 곧게 자라서 큰 재목을 얻기 쉽고 베어낸 뒤에 빨리 마른다. 송진 같은 수액의 점도가 높아 잘 썩지 않는다. 나무마다 독특한 향기가 있고 나이테가 좋아 결이 곧고 아름답다. 하지만 봄살(춘재)과 가을살(추재)의 강도 차이가 심하다. 다 좋을 수는 없는 노릇이다. 집을 짓는데 쓰는 나무는 보통 침엽수다. 소나무, 전나무, 가문비나무, 낙엽송 등과 일본 대만 등지에서 사용되는 삼나무가 있다. 한옥에 쓰는 나무는 주로 소나무다.

한옥에는 어떤 나무를 써 왔나

　누구나 알겠지만 한옥에는 우리 소나무가 최고다. 직결이 아니어서 잘 터지지 않고 쉽게 부러지지 않는다. 따라서 지진이 일어나 집이 무너진다고 해도 위험한 정도를 눈으로 보면서 피할 수 있다. 송진이 있어 질기고 잘 썩지 않는다. 소나무 중 제일은 적송이다. 지형이 험한 태백산맥 줄기를 타고 양양, 명주, 울진, 봉화에 걸쳐 자란다. 지역적으로 강원도에 많아 강송이라고 하면 이 적송을 말하는 경우가 많다. 줄기가 곧고 마디가 길고 나이테가 좁다. 심어서 키울 수 없어 산삼에 비유하는 이도 있다. 적송은 이름처럼 속살인 심재가 붉다. 껍질은 거북 등 같지만 흰 빛깔이 나고 겉살이 거의 없다. 켠 뒤에도 크게 굽거나 트지 않고 잘 썩지 않는다. 단단하나 더디게 자란다. 말구 크기 1자가 되는데 약 100~150년이 걸린다. 과거 춘양역까지 옮겨져 거래되어 춘양목이라고 불리기도 했다. 적송은 영서내륙에도 있으나 틀어짐이나 터짐이 영동 적송보다 심하다. 대신 영동 적송보다 2배 빠르게 자란다. 여러 종류의 나무들과 경쟁하고 자란 나무가 곧게 자라지만, 솔밭에서 자란 나무보다 강도가 떨어진다. 왕이 죽은 뒤 들어갈 관을 만들던 황장목은 적송 중에서 속살만을 말한다. 최근에는 육송을 최고로 친다. 적송을 쉽게 구할 수 없기 때문이다. 말구 기준으로 한 자가 되려면 70~100년은 자라야 한다. 수입 소나무로 많이 쓰는 북미 더글러스는 나이테가 비교적 촘촘하여 빛깔과 강도가 좋지만 심어 키운 것은 육송에 미치지 못한다. 1년에 0.5~1cm가 자란다.

　잣나무는 소나무와 비슷하나 속이 썩어 큰 재목으로 쓸 수 없다. 즉 어느 정도 자라면 베어 써야 한다. 그러나 무늬가 아름답고 송진이 많아 건축재로서 좋은 점이 있다. 이와 달리 상수리나무, 굴참나무, 떡갈나무, 오크나무 같은 참나무 종류는 나무가 단단하여 좋으나 길지 않아서 기둥으로 쓸 때는 이어 쓴다. 산지 촉 등 특수용재로도 쓰인다. 미루나무는 곧은 나무여서 집짓는데 쓰인다. 그러나 서까래로 삼기에는 약해 기둥, 문지방 등에 쓴다. 민가에서는 밤나무도 많이 썼는데 지네가 모여드는 문제가 있었다. 제주도에는 소나무가 귀하여 가시나무를 많이 썼다. 가시나무의 내구성은 소나무보다 크다. 전나무는 사찰 기둥으로 많이 쓰였다. 결이 곱고 쉽게 뒤틀리지 않기 때문이다. 경복궁을 보수한 뒤 알려진 내용에 따르면 모서리 고주로 쓰인 소나무는 휘어졌으나, 전나무는 휘지 않고 부러졌다. 소나무가 전나무보다 좋은 까닭이다. 참고로 나무는 열대지방에서 자란 나무보다 4계절을 견디어낸 나무의 섬유엉김이 커 좋다.

나무, 이런 것을 쓴다

옛날에는 집 짓기 오래 전부터 나무를 구했다. 그리고 집을 지으면 나무를 심어 뒷날 집을 고치고 다시 짓는 일을 준비했다. 요즘은 제재목을 쓰므로 나무를 직접 벨 일이 없다. 그러나 나무 베기 중요성이 없어진 것은 아니다. 나무 베기는 주로 가을에 이루어진다. 봄여름에 베면 나무에 많은 물과 양분이 있어 마르지도 않고, 벌레가 많이 꼬인다. 어쩔 수 없이 봄에 베면 나무를 벤 상태로 놓아두고 잎을 통해 수분이 빠져나가게 한다. 늦가을 벤 나무는 큰 눈이 오기 전에 처리해야 한다. 그렇지 않으면 나무가 눈을 먹어 여름에 벤 것과 같다.

자연건조를 해야 하는 한옥 부재는 가능한 한 비슷한 기간, 비슷한 환경에 있던 나무를 쓴다. 지역마다 풍토가 달라 같은 나무라도 자라는 곳에 따라 성질이 달라진다. 따라서 집을 지을 때 같은 지역에서 자란 나무를 쓰는 게 좋다. 같은 곳에서 자란 나무는 습기에 대한 저항력이 같아서 갈라짐과 휨 정도가 같다. 때문에 나무가 자리를 잡는 데 유리하고, 변화를 미리 짐작할 수 있다. 따라서 아주 추운 시베리아에서 사들인 나무로 제주도에 집을 짓는다든가 아니면 적도지방 나무로 추운 지역에 집을 짓는다든가 하는 것은 바람직하지 않다. 추운 지역 나무와 더운 지역 나무를 섞어 쓰는 건 더더욱 좋지 않을 것이다. 외국에서 들여온 나무를 써도 나무가 자란 환경에 대한 자료를 살피고 나무를 고른다. 그러므로 집 짓는 집주인이나 목수는 그 나무가 어디서 왔는지 꼭 확인해야 한다. 기둥은 집 전체 무게를 견뎌야 하므로 특별히 신경 써야 한다. 기둥을 자른 면의 나이테 개수로 보자면 햄록이 15, 북미 더글라스가 30, 육송이 100개 정도 들어간다. 기둥 수명은 이 나이테의 수와 관계있다. 실제 나이테의 수가 건물의 사용가능 연수라고 주장하는 사람도 있다. 그러므로 단위 면적당 나이테가 많을수록 좋다. 나무는 잘 마를수록 강하다. 나무에 상처나 홈이 많으면 그만큼 강도가 떨어진다. 그러나 나무가 너무 단단하거나 무른 것은 좋지 않다. 너무 단단한 건 터짐이 심하고 작업이 어렵다. 너무 무른 건 작업은 쉬우나 안전하지 않다.

나무를 주문하다

뿌리 쪽을 원구라 하고 하늘 쪽을 말구라고 한다. 그러므로 원구는 크고 말구는 작다. 목재는 말구를 기준으로 계산한다. 그림처럼 말구의 중심에 수직선과 수평선을 그어서 각각 이를 한 변으로 하는 사각형을 구하고 여기에 나무의 길이를 곱하여 나무 체적을 구한다. 나무 구입은 m^3나 사이 단위로 한다. $1m^3$는 약 300사이다. 1사이는 1치×1치×12자다. 면적은 치로, 길이는 자로 셈하는 것에 주의한다.

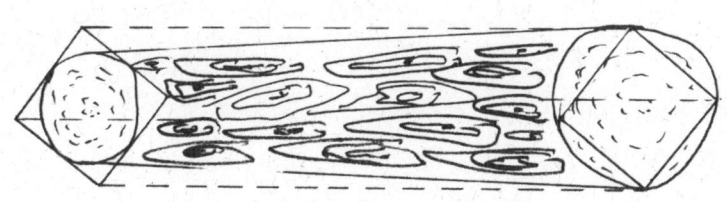

나무의 체적(m^3) 계산 방법

문) 원목 말구의 세로와 가로가 3치, 4치이고 나무의 길이가 20자라면 이 나무는 몇 사이일까?

답) 가로×세로×길이, 이때 가로와 세로의 단위는 치이고 길이는 자다. 3×4×20으로 전체 체적이 구해지고, 사이로 환산하기 위해 12로 나눈다. 답은 20사이다. 식으로 나타내면 다음과 같다.

(3×4×20) / (1×1×12)

잠깐 상식
말구로 계산하면 사는 사람이 손해 아닌가요?

답은 '공평하다' 이다. 말구의 사각형이 조금 부족하지만 이 부분을 원구에서 남는 부분이 채워주기 때문이다. 그러나 수입나무는 말구와 원구의 중간으로 계산하기도 한다. m^2는 면적을 나타내는 단위로 제곱미터라고 읽고 '가로×세로'로 셈하고, m^3는 체적을 나타내는 단위로 입방미터라고 읽고 가로×세로×길이로 셈한다. 집 평수를 계산할 때야 m^2를 쓰지만 나무처럼 부피가 있는 부재를 계산할 때는 m^3를 쓴다. 면적 개념인 1평은 6자×6자이다. 우리 전통 간 사이가 8자인데 6자를 기준으로 하는 것은 '일본의 간' 이 6자이기 때문이다. 판재는 평으로 계산한다. 즉 5푼 널을 한 평 산다면, (6자×6자×0.5치) / (1치×1치×12자)=15 사이다. 참고로 보통 각재라고 하면 폭이 두께 3배 미만인 목재이다. 가로세로 1자 각재를 쓰기 위해서는 지름 1.414자의 원목이 필요하다.

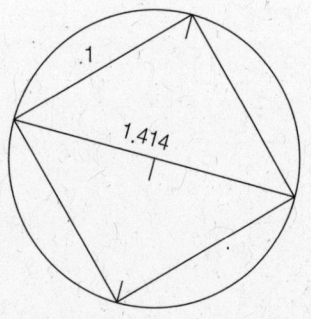

우리가 알아야 할
나무버릇은 이런 것들이 있다

인생살이 도리도 있고 보도 있어야 한다는 말처럼 나무는 다 쓰임새가 있다. 목수는 그 나무를 보고 쓰임새를 정한다. 나무의 쓰임새를 보는 데 가장 중요한 것은 등배와 수축률이다. 이에 대한 이해가 부족하면 부재 손실뿐 아니라 집의 안전까지 문제된다. 따라서 나무 성질을 이해하고 그 쓰임새를 결정할 수 있는 눈매를 가져야 한다.

등배를 잘 이해해야 한다

<u>등배를 알다</u> 나무도 사람처럼 등과 배가 있다. 굽어서 볼록한 쪽이 등이다. 나무도 등보다 배에 살이 많다. 나무를 제재소에서 직선으로 잘라도 나무에는 그림처럼 휘어진 모양이 나타나 등배를 구별할 수 있다.

나무는 기본적으로 곧게 자란다. 그러나 빛을 따라 나무가 굽을 수도 있다. 그래서 배 쪽이 남쪽인 경우가 많다. 그러나 꼭 그런 것은 아니다. 곧게

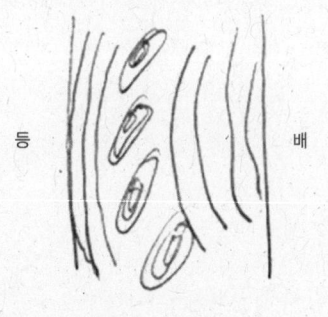
곧은 나무의 등배 모습

자라는 나무에 바람이나 산사태 등 자극이 주어지면 비뚤어진다. 실제 바람 많은 곳에 있는 나무는 사람처럼 바람을 등지고 굽는다. 등배의 구분에서 중요한 건 남쪽이냐 아니냐가 아니고 굽은 모양 자체다.

최근에는 수입나무 사용이 많아지면서 곧은재가 많이 들어와 등배 구분이 쉽지 않다. 이때에도 나무에 있는 무늬나 살의 양을 보고 등배를 구분해 쓴다. 그러나 휨 모양을 알아보기 쉽지 않다. 때문에 나무의 겉살과 속살을 기준으로 등배를 판단하는 것이 실용적이라는 주장도 있다. 그러나 겉살과 속살의 휨은 너비로 나타난다는 점을 마음에 새겨 두어야 한다. 즉 등배의 휨은 길이 방향으로 그렇게 자란 것이고, 겉살(변재)과 속살(심재)의 휨은 마르면서 너비방향으로 휘는 것이다.

잠깐 상식
휜 나무는 바로 설 수 없나요?
바람이나 산사태로 나무가 휘어지면 나무는 스스로를 바로 세우려고 노력한다. 따라서 나무에 특별한 현상이 나타난다. 이때 생기는 나무 살을 이상재라고 한다. 나무 살이 기울어진 아래쪽에 생겨 가지를 위로 미는 역할을 하면 압축이상재, 가지 위쪽에 생겨 가지를 위로 당기는 역할을 하면 인장이상재라고 한다. 그래서 휘어진 나무가 하늘로 향해 자라게 한다. 이 부분은 정상부분보다 수축률이 크다. 따라서 이런 나무는 길이 방향으로 수축한다.

<u>등배 구분 이래서 필요하다</u> 나무는 휘어져 나온 부분이 힘을 많이 받는다. 그래서 위에서 힘을 받는 부재는 등이 위로 가고, 아래에서 힘을 받는 부재는 등이 아래로 간다. 나무는 사각으로 재단해도 세월이 지나면 배 쪽으로

휘어진다고 한다. 결국 등배를 구분하는 이유는 그 부재가 쓰일 자리와 방향을 파악하기 위한 것이다. 다만 산의 남쪽에서 자란 나무를 건물의 남쪽에 쓰고 산의 북쪽에서 자란 나무를 건물의 북쪽에 쓴다는 말도 있는데 이는 나무 거래가 드물던 옛날이나 가능한 말이고 현재 기준으로는 적당하지 않다.

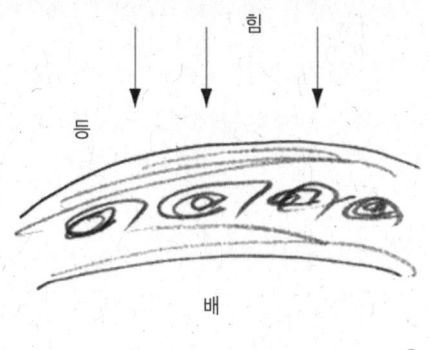

등이 힘에 더 강하다

<u>등배를 나누어 쓰다</u> 등배 구분이 제일 필요한 부재는 옆으로 놓이는 가로부재다. 등을 위로 하여 쓰는 경우를 보면 보, 도리, 창방, 장여, 수장재, 단연 등이다. 이는 힘이 위에서 아래로 쏠리는 부재들이다. 다음 등을 아래로 하여 사용하는 경우를 보면 추녀, 하방, 장연 등이다. 바닥 면에 직접 붙는 하방은 밑에 고막이가 있어 흙으로부터 직접 힘을 받아 나무가 밑으로 처지지 않는다. 추녀는 힘이 양 끝에 몰려 등을 펴주는 힘이 작용한다. 다만 귀틀은 다양하게 놓일 수 있다. 장귀틀의 중앙을 밑에서 기둥이 받쳐준다면 등이 밑으로 가고 아무것도 받아주지 않는다면 등이 위로 가야 한다. 즉 힘 받는 방향을 잘 생각하여 놓아야 한다. 여모귀틀과 같이 대청 외곽을 싸는 귀틀은 등을 마루널 쪽으로 두는 게 유리하다. 이는 마루 널이 습기를 먹고 늘어나면 밖으로 미는 힘이 생기는 데 이에 맞서게 하기 위해서다. 참고로 등배를 구분하여 나무가 서 있던 방향을 파악할 수 있다면 그 성장한 방향대로 놓아야 좋다. 곧게 자란 나무라면 남쪽 면의 나이테 살이 많을 것이다. 한편 기둥을 쓸 때 등이 밖으로 가면 안좋다.

수축률을 알고 이용하다

수축률은 물기가 얼마나 빨리 빠져나가는지를 나타내는 비율이다. 나무가 휘고 갈라지는 까닭은 나무 부분마다 수축률이 다르기 때문이다. 따라서 이미 말한 방사방향, 접선방향, 길이방향에 따라 나무의 어느 부분이 휘고 갈라지는지 알아야 나무가 앞으로 어떻게 변할 지 판단할 수 있다. 우리는 이를 심재와 변재의 개념으로 이해하고 있으나 이것이 늘 맞는 것이 아니라는 점에 주의해야 한다. 심재, 변재라는 말을 많이 쓰나 말이 어려워 자꾸 혼동을 한다. 따라서 이 책에서는 심재를 속살, 변재를 겉살이라고 부르기로 한다.

<u>속살과 겉살을 알다</u> 이미 살펴본 것처럼 나무에서 짙은 부분이 속살인 심재이고, 옅은 부분이 겉살인 변재다. 속살은 죽은 부분이나 겉살은 살아 있어 수분이 많다. 따라서 겉살이 마르면서 오그라들어 양쪽을 잡아당긴다. 그러면 그림처럼 속살이 겉살 방향으로 휜다. 개판처럼 긴 판때기를 보면 길이는 가만히 있는데 폭이 휘는 것을 볼 수 있다. 속살과 겉살은 길이가 아닌 폭 방향으로 휜다.

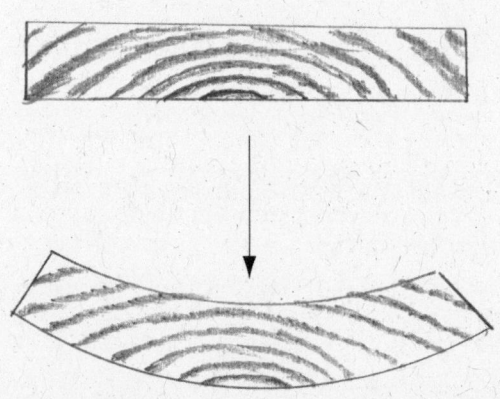

○
판재가 휘는 모습

● **잠깐 상식**
작은 나무와 큰 나무에서 나온 판재, 어느 게 더 잘 휘나요?

접선방향과 방사방향의 수축력 차이가 클수록, 판재의 두께가 얇을수록 너비 굽음이 심하게 나타난다. 겉살과 속살을 비교하면 겉살은 나이테 각도가 크기 때문에 휨이 작다. 따라서 작은 나무로 만든 판재와 큰 나무로 만든 판재를 비교하면 작은 나무쪽이 많이 휜다. 이때 속살이 갈라지기도 하지만 휜다고 해서 다 갈라지는 건 아니다. 다이아몬드 모양으로 휘는 건 나이테가 대각선 방향으로 배열될 때 접선방향과 방사방향간에 수축률 차이가 나기 때문이다. 이 역시 목재의 관리만 잘 하면 수축률을 많이 줄일 수 있다.

풋살을 이해하다 현장에서 나무의 등배와 살을 구분하여 장여를 쓴 적이 있다. 그런데 나무가 엉뚱하게도 속살 쪽으로, 그것도 길이방향으로 휘었다. 서로가 잘잘못을 따졌지만 알 수 없는 일이었다. 아직 현장에는 풋살 개념이 없다. 풋살은 나무를 연구하는 사람들이 미성숙재라는 말로 쓰고 있으나 여기서는 풋살로 통일한다. 풋살은 나무가 아직 완전히 성장하기 전에 자란 부분으로 나이테의 중앙 부분이다. 따라서 나무 상태가 불안정하다. 그래서 길이방향으로 수축이 크게 일어난다. 미성숙기간은 나무가 싹을 틔우고 처음 10~15년 길게는 20년까지도 본다. 두께는 중심에서 반경 5~7cm 정도이다. 따라서 속살이 무조건 겉살 쪽으로 휜다는 생각은 위험하다. 이런 이유로 수심에 가깝게 나무를 켰을 때에는 나무가 길이 방향으로 휠 수도 있다. 이 현상은 장여 같이 얇은 부재에서 잘 나타난다. 나무 쌓기를 잘 하면 어느 정도 막을 수 있다.

단, 풋살 크기가 반경 5~7Cm로 일률적이라고 하나, 기둥으로 쓸 만한 굵기가 나오려면 육송은 100년은 돼야 하고, 햄록은 15년이면 된다. 이 두 나무의 풋살 크기가 같을 수는 없다. '나무 건조학'이 외국의 나무를 기준으로 하고 있어 우리 나무에 대한 연구가 필요할 것이다. 특히 보목을 만들거나 기둥에 귀틀을 넣을 때 이런 점을 마음에 새겨야 한다.

<u>갈라짐의 방향은 불변의 법칙은 아니다</u> 때에 따라서는 전혀 예측할 수 없는 방향으로 휜다. 드물게 속살에 수분이 많은 나무도 있다. 또 속살 주위에 난로가 있고 겉살 쪽에 물동이가 있다면 다른 상황이 발생할 수도 있다. 또 시간이 지남에 따라 겉살이 바짝 마르면 속살에 수분이 남아 수축력이 생길 수도 있다. 이 경우 속살이 통째로 빠져 버리기도 하고 겉살이 벌어지기도 한다. 따라서 나무는 상황에 맞게 골라 쓸 수 있어야 한다. 이야기를 정리하면 휘는 것은 수축력 때문에 생긴다. 수축력이 큰 쪽으로 휜다. 수축력은 수분이 많은 쪽이 크다. 다만 기둥의 옆면에 벽선 홈을 파면 벽선 면적이 커지면서 밖으로 보이는 부분이 갈라지는 걸 줄일 수 있다.

<u>속살과 겉살을 나누어 쓰다</u> 속살과 겉살 구분이 가장 중요한 건 판재를 다듬을 때다. 주두나 마루판은 속살인 심재가 위로 간다. 속살이 둥그렇게 감겨 등처럼 되므로 등배 개념과 비슷하게 이해할 수도 있다. 마루는 위에서 누르기 때문에 속살이 위가 되고 개판은 서까래에 붙어야 하므로 속살이 밑으로 간다. 판대공을 만들 때에는 속살과 겉살을 엇갈리게 놓아 마르면서 판대공이 기울지 않게 한다. 문얼굴, 즉 문틀을 짤 때는 바닥에 놓이는 문지방은 등이나 속살이 밑으로 가게 한다. 나무가 마르면서 휠 때 이를 바닥이 막도록 한다. 거꾸로 위로 가는 가로재는 등이나 속살이 위로 향하게 한다. 그리고 좌우의 기둥은 벽 쪽으로 등이나 속살인 심재가 가게 한다. 통나무도 열에 오래 드러나 급하게 건조되면 등 쪽이 먼저 갈라진다. 즉 속살이 몰린 쪽이 먼저 갈라진다. 이도 알아 둘만하다. 기온과 습도의 변화가 큰 곳(예를 들어 건물 안보다는 밖을 의미한다)에 속살을 쓴다. 그것은 속살이 수분에 의한 변형이 상대적으로 적고 나무 성질이 강하기 때문이다.

뿌리쪽과 하늘쪽을 잘 가려 쓰다

<u>원구, 말구를 알다</u> 나무는 땅에 뿌리를 박고 하늘을 향해서 자란다. 이때 나무뿌리 쪽을 원구라 하고 하늘 쪽을 끝에 있다고 해서 말구라고 한다. 원구와 말구를 구분하는 이유는 그 성질이 다르기 때문이다. 원구는 나무 전체에서 가장 오래된 부분이다. 따라서 비중이 크고 단단하다. 비중이 크다는 말은 살이 촘촘하다는 뜻이다. 또 송진도 가장 많아 잘 썩지 않는다. 말구는 꾸준히 자라는 부분으로 조직도 여리고 약하다. 어른 살보다 아이 살이 약한 것과 같다.

<u>원구, 말구를 구분하다</u> 옹이를 살펴서 촘촘한 쪽이 말구고 넓은 쪽이 원구다. 옹이는 두 개가 새싹처럼 한 쌍으로 있는 경우가 많다. 벌어진 쪽이 말구이다. 이는 나무줄기가 나는 모양이다. 옹이를 깎아봐서 고운 쪽이 말구이고, 엇결이 일면 원구다. 나이테가 넓고 붉은 색을 띠는 쪽이 원구이다. 당연한 말이지만 나이테 수가 많은 쪽이 원구고 적은 쪽이 말구다. 나무를 수평으로 놓고 정 가운데를 받칠 때 내려가는 쪽이 원구다.

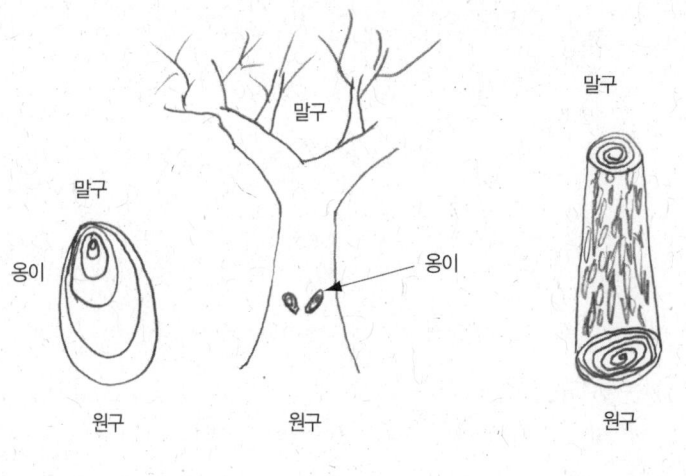

원구와 말구 구분방법

<u>원구, 말구를 나누어 쓰다</u> 나무는 말구가 집 중심을 향한다. 그림처럼 바깥으로 드러나는 서까래는 튼튼하고 잘 썩지 않는 원구 쪽이다. 사람 손을 많이 타는 곳도 원구를 쓴다. 기둥처럼 나무를 세울 때는 나무가 자라던 방향대로 말구가 하늘로 향하고 원구가 땅으로 향하게 쓴다. 도리처럼 부재가 이어질 때는 원구, 말구가 이어지게 한다.

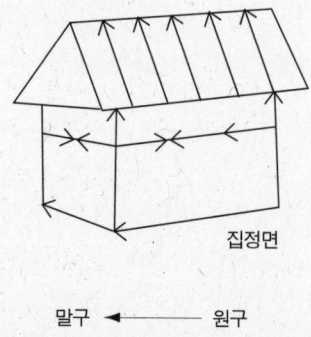

○
원구 말구 구분해서 쓰기

○
잠깐 상식
말구가 안으로 들어가는 건 가족의 번영을 위한 것이라고 하던데요?
나뭇가지 쪽인 말구가 집안으로 들어가고 뿌리 쪽인 원구가 집 밖에 있다는 의미에서 밖에서 영양분을 빨아들여 그 집이 번영한다는 의미를 가진다고 한다. 그러나 우리 집 문화가 그리 이기적이지만은 않다. 지붕에는 새가 들어가는 이름의 부재가 많다. 한옥은 하늘과의 관계를 중요시하여 하늘의 기운을 받아 사회로 나아간다는 의식이 컸다. 그러므로 사회에서 영양분을 끌어들여 집안을 번영시킨다는 해석은 좀 지나치다. 인문적인 이유보다 실제 나무의 원구를 밖으로 하지 않으면 과거에는 심각한 어려움을 겪었다. 이를 집주인에게 덕담으로 하던 이야기 정도로 이해하는 게 좋다.

무늬가 아름답기만 한 건 아니다

무늬는 나무마다 다르다. 급한 것이 있고, 완만한 것이 있다. 무늬는 다듬는 방법에 영향을 준다. 결이 급한 나무는 좀 여유 있게 다듬어야 휘어지거나 부러지지 않는다. 그리고 한옥을 짜기 직전에 그 '여분'을 마름질해야 짜게 될 나무 사이에 틈이 생기지 않는다.

옹이 있는 나무도 좋은 점은 있다

옹이는 나무에 붙은 가지의 그루터기다. 오래된 책에 보면 옹이를 절(節)로 표현하여 옹이가 없는 것을 무절이라고 적는다. 넓은 터를 잡고 자란 나무는 옹이가 많다. 그러나 경쟁이 심한 곳에서 자란 나무는 위로 곧게 올라가 잔가지가 없어 옹이가 적다. 옹이가 많은 나무는 가로부재로 쓰지 못한다. 옹이가 검은 것은 나중에 통째로 빠질 수 있으므로 피한다. 나무가 갈라질 때는 결을 타고 나가다 옹이를 만나면 갈라짐이 멈춘다. 다만 이 옹이는 나무에 단단히 붙은 산 옹이여야 한다. 죽은옹이는 껍질이 보기 싫고 테가 있어 결국 빠진다. 그 밖에도 나무가 자란 환경과 나무종류를 옹이로 알 수 있다. 소나무는 옹이가 한 줄로 있으나 전나무는 산만하게 흩어져 있다.

○
잠깐 상식
건축 관련 책과 도면에 자주 나오는 용어 보기

① 함수율 : 나무에 있는 물의 무게/ 물을 뺀 나무의 무게
② 생재함수율 : 산에서 처음 나무를 벨 때의 함수율이다.
③ 기건함수율 : 공기 중 습도와 온도에 평형인 함수율이다. 우리나라의 기건함수율은 12~16%이다. 자연 건조된 나무는 기건함수율을 가지고 있다. 이런 나무를 기건재라고 한다. 함수율이 0인 나무를 전건재라고 한다.
④ 섬유포화점 : 나무 수분은 세포내부와 세포벽에 있다. 세포내부에 있는 물을 자유수, 세포벽에 있는 물을 결합수라고 한다. 자유수는 쉽게 마르나 결합수는 마르기가 쉽지 않다. 섬유포화점은 결합수만 있고 자유수는 없는 상태다.
⑤ 목재비중 : 목재밀도에 대한 물의 밀도 비이다. 물의 비중은 늘 1이고 따라서 목재비중은 늘 1보다 작다.

제9장

장부의 마슬을 풀다

마술을 풀다

한옥에 관심을 가지는 사람은 많지만 한옥의 이음새에 관심을 가지는 사람은 드물다. 그러나 건물을 짓는다는 건 무언가를 끊임없이 잇는 일이다. 땅에 기둥을 놓고 기둥에 대들보를 맞추고 여기에 지붕을 연결하면 지붕은 하늘로 이어진다. 그래서 건축을 하는 어떤 이들은 중요성을 강조해 이음새에는 악마가 산다거나 신이 산다고 말한다.

한옥에서는 못 없이 부재를 짜기 때문에 이음새를 모르면 한옥을 짓지 못한다. 못으로 나무를 잇는 경우, 못이 약하면 못 이음새가 상하고, 못이 강하면 못 주위에 힘이 뭉친다. 그러나 나무끼리 짜이면 자연스럽게 힘을 피해 서로를 잡는다. 따라서 장부를 얼마나 잘 이해하고 자유롭게 구사하느냐에 따라 집 짓는 이의 능력이 빛을 발하기도 하고 못 하기도 한다. 장부를 사전에서 찾아보면 '한 부재의 구멍에 끼울 수 있도록 다른 부재의 끝을 가늘고 길게 만든 부분'이라고 적혀 있다. 그러나 장부는 그리 단순하지 않다. 무너져야 할 많은 한옥들이 쓰러지지 않고 서 있는 것은 장부가 버티는 힘 때문이다.

장부를 이해하다

장부는 음양의 원리이다. 짜임새는 암장부와 숫장부가 만나 이루어진다. 이는 한옥이 나무를 보는 태도와도 관계있다. 나무는 살아있다. 따라서 한 번 짜이면 그것으로 끝나는 것이 아니다. 짜인 나무에서 나온 송진이 서로를 잡아주고, 그 송진이 마르면서 나무가 자리 잡는다. 지붕에서 누르는 힘에 변화가 생기면 기둥과 대들보에 자연스럽게 힘이 나누어진다. 이런 힘의 배분도 장부를 통해서 일어난다. 장부는 그저 단순한 못의 대용이 아니라 끊임없는 음양의 조화다.

안전 수치를 알다

장부 하나에 여러 부재가 짜지는 경우가 있다. 이때 장부가 힘을 받기 위해서는 최소 1치 이상이 돼야 한다. 그러나 한 부재에 여러 부재가 짜이는 부재에서 1치를 갖추는 것은 쉬운 일이 아니다. 충량처럼 수직으로 힘을 주는 부재를 짜 넣을 때는 밑으로 최소한 3치를 확보해야 한다.

알통 개념을 알다

소로 사진과 그림이다. 사진(가)에는 갈을 따고 모서리만 남았고, 그림(나)에는 모서리가 연결되어 있다. 갈은 그림처럼 파인 곳이다. 사진(가)처럼 만들면 모서리가 쉽게 부러져 좋지 않다. 그래서 그림처럼 통을 잇는 데 이를 알통이라고 한다. 이 개념은 소로에만 쓰이는 게 아니므로 장부 만들 때에 늘 마음에 두고 있어야 한다.

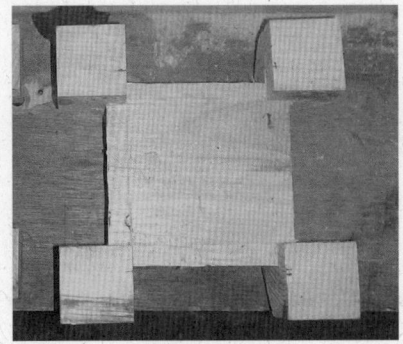
(가) 알통 없는 소로

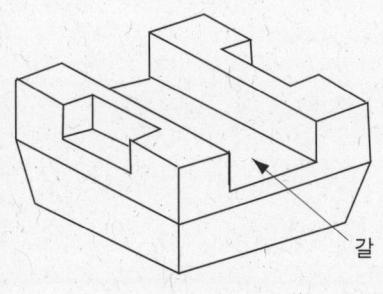
(나) 알통 있는 소로

○ 알통의 모습

주먹장부를 알다

<u>주먹장을 이해하다</u>   주먹장부는 장부가 주먹처럼 생겨 끝이 크고 목이 가늘다. 나무를 잇고 맞추는데 가장 흔히 쓴다. 음양 원리가 가장 잘 나타나서 창방, 도리, 장여, 충량 등 거의 모든 부재에 활용된다.

현장에서 쓰는 기준을 그림으로 설명하자. 튀어나온 것이 남자인 숫장부, 들어간 부분이 여자인 암장부다. 숫장부 목은 부재 폭의 1/3 정도로 한다. 장

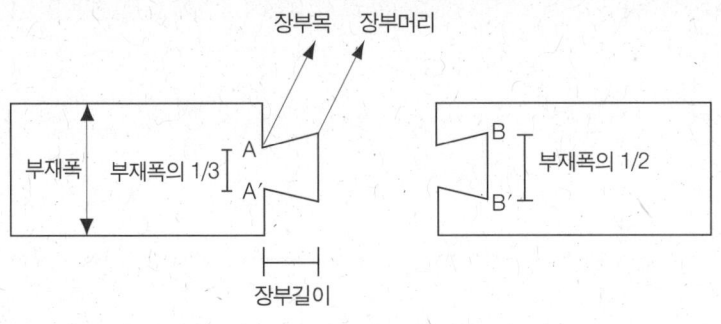

숫주먹 장부와 암주먹 장부

부머리는 부재 폭의 1/2정도로 한다. 장부 크기는 앞서 말한 것처럼 서로의 관계에서 성립한다는 점을 늘 마음에 둔다. 숫장부 머리가 커지면 암장부도 커져야 한다. 따라서 이를 일률적으로 적용할 것은 아니나 이 원칙을 가능한 지키는 게 좋다.

장부 길이도 중요하다. 숫장부 길이가 길어지면 암장부도 깊어진다. 장부 길이가 너무 짧으면 장부머리가 깨지고, 너무 길면 장부 중간이 끊어진다. 실제 주먹장부 길이 중 가장 많이 쓰는 것은 1치 반 또는 2치다. 작게는 한 치까지도 쓰나 그 밑으로는 쓰지 않는다. 크게 써도 3치를 넘는 경우는 거의 없다.

장부의 약한 부분을 보면 숫장부는 AA′ 부분이 약하고 암장부는 BB′ 부분이 약하다. 따라서 숫장부의 AA′ 폭이 부재폭의 1/3 이하이면 부러질 위험이 있다. 암장부의 BB′ 부분의 살이 너무 적다면 장부가 깨지기 쉽다.

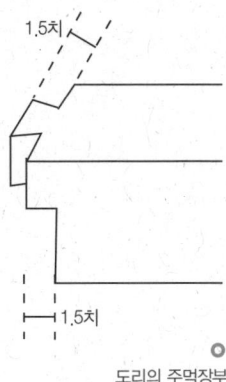

도리의 주먹장부

보목과 주먹장부 보목은 수장재 폭으로 한다. 수장폭은 3~4치를 쓰는 데 보통 3치를 쓴다. 이는 도리의 주먹장과도 관계있다. 주먹장이 힘을 받는 크기는 1치반~2치로, 양쪽 도리를 나비장으로 이을 때 중요하다. 따라서 보목 위로 올라가는 도리의 주먹장은 그림처럼 끝에서 1치반을 나가서 주먹장을 만든다.

창방과 주먹장   창방은 기둥의 사개에 주먹장으로 맞춘다. 이때는 사개 자체가 음장부여서 보통 주먹장과 다르다. 즉 음장부의 약한 부분이 사라진다. 따라서 창방 부재 폭이 3~4치면 주먹장 머리를 크게는 4치 그대로 쓰기도 한다. 그러나 창방 주먹장 크기가 커지면 사개면적이 줄어든다는 점을 생각해야 한다. 이 때문에 창방 부재 폭이 7~8치라도 주먹장부 머리는 3치로 끝나는 경우도 있다. 또 주먹장부 길이가 3치를 넘으면 창방이 기둥에 턱을 만들어 올라타서 주먹장부 길이를 줄이는 게 좋다. 즉 창방이 턱을 만들어 기둥에 올라앉는 것은 장부 길이를 줄이기 위한 조치이기도 하다.

주먹장부의 각도   주먹머리와 목이 만드는 각도는 15도가 제일 좋다고 한다. 여기에는 다음과 같은 원리가 숨어 있다. 장부머리(4치)와 장부목(3치)

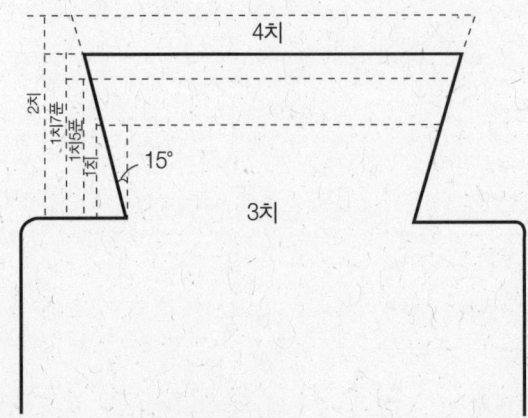
주먹장부 길이와 각도 관계

이 1치 차이인 경우 주먹장부 길이는 약 1치7푼 정도이다 이때 머리와 목이 만드는 각도가 15도다. 이때의 주먹장부가 제일 강하다. 그러나 1치 7푼을 재고 깎기가 번거로워, 보통 1치 5푼이나 2치를 많이 쓴다. 따라서 현장에서 주먹장 기준은 15도가 아니다. 오히려 주먹장부의 머리와 목 크기 차이를 한결같이 1치로 한다. 목이 2치면 머리가 3치, 목이 3치면 머리가 4치, 목이 5치가 되도 머리는 거기서 한 치만 더 크다. 장부크기는 장부길이와 관계가 있지만 현장에서는 이를 고려하지 않는다. 편리성 때문이다.

<u>마찰면이 넓다고 다 좋은 것은 아니다</u> 보통 두 부재에 서로 닿는 면이 많으면 마찰력이 커진다. 마찰력은 부재가 움직이는 것을 막으려는 힘으로 작용한다. 따라서 부재의 힘을 분산시키고 미끄러짐도 막는다. 따라서 가능한 부재는 넓고 길게 쓰는 게 좋다. 그러나 이 원칙이 장부에는 맞지 않는 경우가 많다. 주먹장부 길이를 3치 넘게 쓰는 경우는 거의 없다.

턱을 만들다

부재에 턱을 만드는 이유는 네 가지다. 하나는 힘을 받는 경우다. 예를 들어 단순히 보가 넘어지는 것을 막고 잡아주는 기능만 하는 간보는 굳이 턱물림을 하지 않아도 된다. 그러나 충량이나 계량처럼 위에서 누르는 힘을 직접 감당하면 턱을 만들어야 한다. 두 번째는 장부를 보호하기 위해서다. 사개는 약하므로 늘 신경 써야 하는 부분이다. 세 번째는 앞에서 본 것처럼 장부길이를 조정하기 위해서다. 네 번째는 마감을 쉽게 하기 위해서다. 부재를 수평수직으로 다듬기가 어려워 만나는 면적을 줄이기 위한 것이다.

<u>기둥에 턱을 만들다</u> 장부를 만들어 짜더라도 힘이 많이 들어가는 곳은 여러 가지로 보강해야 한다. 가장 많이 쓰는 방법은 부재에 턱을 만드는 것

 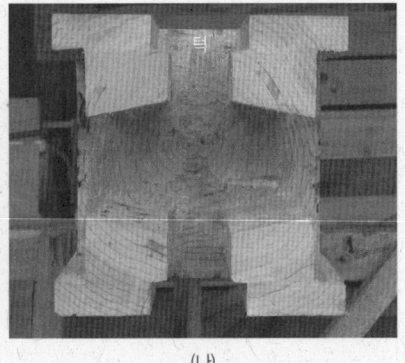

(가)　　　　　　　　　　　　(나)

○
힘을 받기 위한 턱 만들기

이다. 사진(가)에는 창방을 넣을 사개만 있고 턱이 없다. 그러나 위에서 힘을 많이 받는다면 사진(나)처럼 창방이 턱을 타고 올라서야 튼튼하다. 이렇게 턱을 만들면 사개가 옆으로 휘는 것도 막는다. 들어가는 장부 입장에서 턱 만드는 것을 현장에서는 접어 넣는다고 한다.

<u>기둥에 짜이는 부재로 턱을 만들다</u>　위에서는 힘을 받기 위해 사개에 턱을 만들었다. 이번에는 장부를 보호하기 위해 턱을 만들자. 그림(다)에서 사개

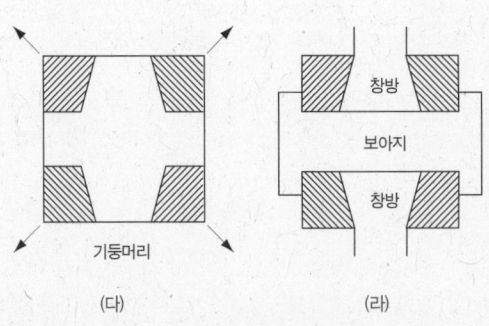 

(다)　　　　　　(라)　　　　　　(마)

○
사개 보호하기 위한 턱 만들기

는 화살표 방향으로 휘려 한다. 이를 어떻게 보호할 것인가? 그림 (라)는 보아지에 턱을 만들어 사개를 밖에서 잡게 했다. (마)는 창방이 기둥 위에서 받을장과 업힐장으로 만난 모습이다. 아주 튼튼하게 사개를 보호하고 있다. 또 창방 밑으로 작은 턱을 만들면 창방이 위에서 힘을 받을 때 주먹장에 몰리는 힘을 줄일 수 있으나 부재가 찢어지는 것도 고려해야 한다.

되먹임 장부를 알다

기둥과 기둥 사이에 인방을 끼우는 것처럼 이미 고정된 부재와 부재 사이에 부재를 끼우는 방법이 되먹임이다. 되먹임 장부는 보통 쌍갈장부를 쓴다. 되먹임이란 고정된 양쪽 부재에 암장부를 팔 때 한 쪽을 더 깊게 파서 깊게 넣었다가 빼면서 반대편에 끼우는 것이다. 창문을 끼울 때 위에서부터 끼우고 아래로 끼우는 것과 같은 원리이다. 그림처럼 통맞춤을 하면 나무가 마르면서 틀어질 때 암장부에 무리를 주어 좋지 않다. 쌍갈장부를 쓰면 쌍갈장부 사이의 홈에 메움목을 박아 넣어 쉽게 고정할 수 있다. 동귀틀이나 문선기둥을 끼울 때도 되먹임 장부를 이용한다. 쌍갈맞춤처럼 갈을 나누는 장부를 가름장이라고 한다.

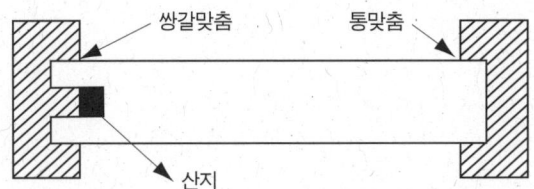

되먹임 장부의 이해

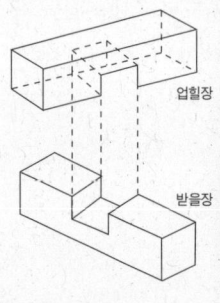

○
업힐장과 받을장의 여러 모습

받을장과 업힐장을 알다

첫 번째 그림은 반턱맞춤을 설명한 그림이다. 횡부재가 만날 때 양쪽 부재를 반만 깎아서 짠다. 아래 있는 부재가 받을장이고 위에 있는 부재가 업힐장이다. 반턱맞춤이 이해되면 모서리기둥에 얹히는 창방을 살펴보자. 받을장 업힐장으로 짜이는 건 같지만 사진에서처럼 옆 부분이 따진다. 두 부재가 만나면 여기에 공간이 생기는 데 이곳에 기둥의 사개가 들어간다. 사진 왼쪽이 받을장을 끼운 것이고 오른쪽이 업힐장을 마저 짜 넣은 것이다. 업힐장은 보통 받을장보다 무거운 쪽이다. 따라서 건물 옆면에서 오는 창방이 받을장이 되고 건물 앞뒤에서 가는 창방이 업힐장이 되는 경우가 많다.

두겁주먹장을 알다

사진처럼 모자 창이 나온듯한 모습의 장부가 두겁주먹장이다. 보통 부재를 다른 부재의 중간을 따고 맞추면 어느 정도 위험을 감수해야 한다. 이 위험을 줄이는 장부가 두겁주먹장이다. 오른쪽 그림은 도리에 얹은 우미량이다. 우미량 전체를 받는 턱을 만들어야 나무가 깨지지 않는다.

 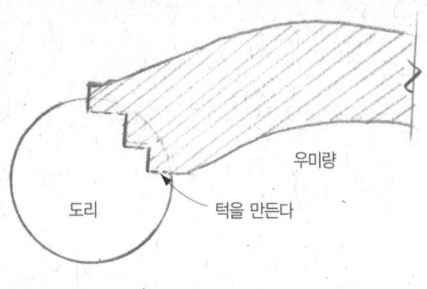

두겁주먹장을 이용한 우미량

힘 받는 방향을 헤아려 장부 형태를 정하다

부재가 연결되면 힘이 어떻게 작용할 것인가를 판단해야 한다. 현장에서 부재가 부족하면 뺄목을 작은 부재로 만들어 붙이기도 한다. 그러나 이는 바람직하지 않다. 위에서 힘이 가해질 때 본체에는 누르는 힘이 뺄목에는 당기는 힘이 작용한다. 따라서 뺄목과 본부재를 하나의 나무로 만들어야 안전하다. 사개를 보호하는 구실도 한다.

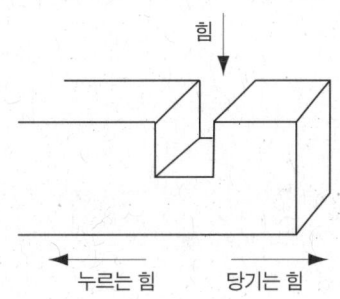

부재를 더해 강하게 하다

보아지가 보를 받치는 것처럼 단장여는 도리 밑에 쓰여서 도리가 처지는 것을 막는다. 단장여는 업힐장으로 하는 것이 좋다. 아래 그림처럼 화살표 방향으로 힘이 가해지면, 그림a는 밑에 있는 받을장(빗금부분)이 공간을 메

 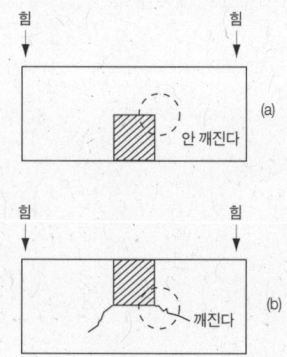

○ 보아지 이음 모습 / 보아지 이음의 이해

우기 때문에 누르는 힘에 견딘다. 그러나 그림b는 위에서 잡아줄 부재가 없어 밑쪽이 깨진다. 따라서 받을장과 업힐장을 결정할 때 이를 고려한다.

　민도리집에서 보아지는 장여와 만나는 데 이때 단장여가 아니라면 보아지를 업힐장으로 하는 것이 좋다. 보아지가 장여의 이음 부분을 눌러주기 때문에 장여가 더욱 단단하게 조여질 것이다. 이런 것을 보아지(단장여)이음이라고 한다. 그밖에 까치발을 덧대기도 한다.

짜임새의 종류를 알다

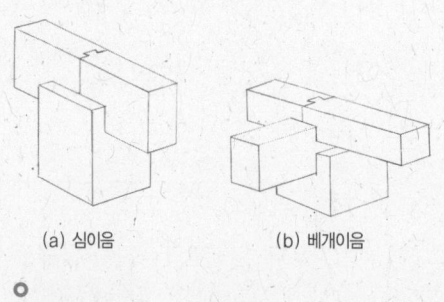

(a) 심이음　　(b) 베개이음

○ 심이음과 베개이음

__이음__　이음은 부재 두 개를 이어서 기찻길처럼 길게 만드는 이음법이다. 한옥에서 이음은 받이재(예 기둥) 위에서 주로 짜진다. 이때 기둥 위 짜임새 위치에 따라 심이음, 베개이음 등이 있

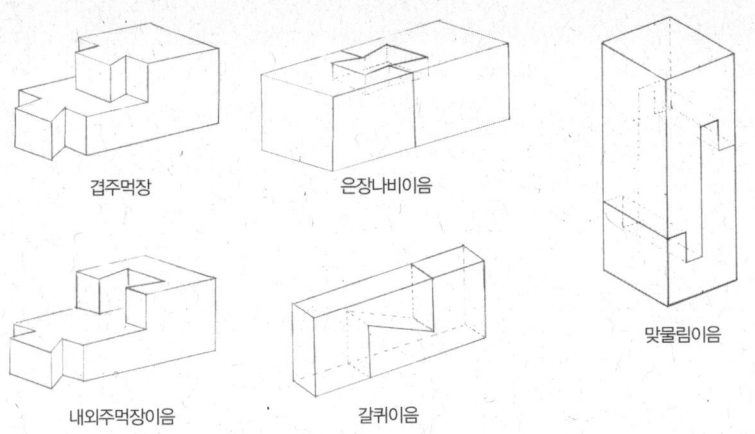

여러 가지 이음

다. 보통 심이음을 많이 쓰고 도리는 베개이음으로 보 위에 짜인다. 기둥 밖에서 잇는 경우 낸이음이라고 한다.

이음의 쓰임새를 살펴보자. 주먹장은 이음과 맞춤에 고루 쓰인다. 주먹장부 두 개가 같이 있는 내외주먹장이나 겹주먹장은 보목이 넓을 때 도리에 쓸 수 있다. 은장나비이음은 도리를 대들보 위에 짤 때 쓴다. 맞물림이음은 짧은 기둥을 연결할 때 쓸 만하다. 두겹주먹장이음도 많이 쓰인다. 갈퀴이음은 보가 고주에서 만날 때 요긴하다. 기타 여러 가지 이음이 있다.

쪽매 쪽매는 부재를 젓가락처럼 나란히 이어주는 방법이다. 쪽매를 많이

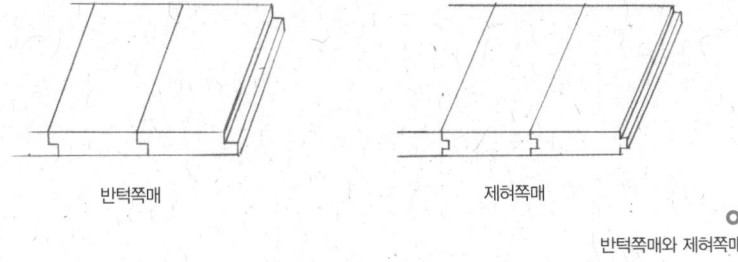

반턱쪽매와 제혀쪽매

제9장_ 장부의 미술을 풀다

쓰는 곳은 마루다. 마루판을 연결할 때 쪽매를 쓰는 까닭은 못이 빠지지 못하게 하기 위해서다. 그렇지 않으면 걸을 때의 울림으로 못이 빠져나온다.

반턱쪽매(변탕)는 두께의 1/2를 깎아내 연결한다. 제혀쪽매(개탕)는 그림처럼 한 부재의 가운데가 나오게 하고 다른 부재가 이를 받게 하여 연결한다. 내민 모양이 혀를 닮아 혀물림이라고도 한다. 두 방법을 제일 많이 쓴다.

맞춤 맞춤이란 부재A가 다른 부재B에 일정한 각도로 연결되는 것이다. 기둥에 짜이는 중방, 창방이 예다. 이미 살펴 본 받을장과 업힐장도 맞춤의 한 방법이다. 그 용도를 잠깐 살펴보자. '통 넣고 주먹장맞춤'은 대들보에 충량을 넣을 때 쓰인다. 내림주먹장맞춤 등은 고주에 들보를 연결할 때 사용한다. 간단하지만 쓸 만한 것이 반턱맞춤이다. 큰 직각자를 만들 때 직각으로 만나는 부재를 반턱으로 연귀맞춤하면 두 부재에 층이 안 생겨 좋다. 문얼굴을 만들 때도 부재가 모두 반턱으로 잡고 밀면 좀처럼 움직이지 않는다.

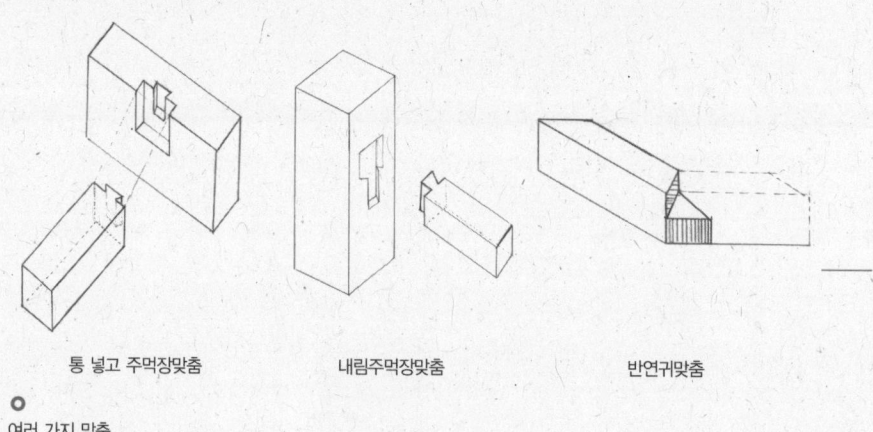

통 넣고 주먹장맞춤   내림주먹장맞춤   반연귀맞춤

○ 여러 가지 맞춤

독립된 연결부재

한옥에서는 부재에 장부를 만드는 게 보통이다. 그러나 때로는 부재에 장

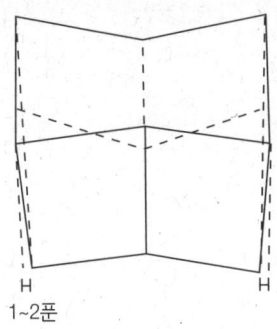
1~2푼

나비장 쓰는 법

부를 완성시키지 않고 두 부재를 다른 것으로 잇는 방법이 있다.

나비장(은장) 숫장부를 만들기에 부재가 모자라면 나비장을 쓴다. 나비장은 나비 모양의 부재로 윗면과 아랫면에 차이가 있다. 아랫면을 1~2푼 적게 해야 장부 짜는 데 무리가 없다. 사진은 대들보 보목 위에 놓인 도리이다. 양쪽이 암장부여서 나비장으로 잇는다.

산지 나무못인 산지는 겹쳐댄 두 부재나 장부 옆면에 구멍을 뚫어 꽂아 넣는 부재다. 박달나무 느티나무 등 단단한 나무로 만드는 데, 굵기가 0.8~1치는 되어야 한다. 비녀처럼 꽂아 쓴다 해서 비녀장이라고 한다. 못을 박으면 나무가 마르면서 잡는 힘이 크게 줄어들지만 산지는 마르면서 부재와 하나가 된다. 장부 4~5배의 힘을 견디는 데 4톤까지 버틴다고 하는 사람도 있다. 이는 산지가 나무를 완전히 꿰뚫었을 때의 수치이다. 그러므

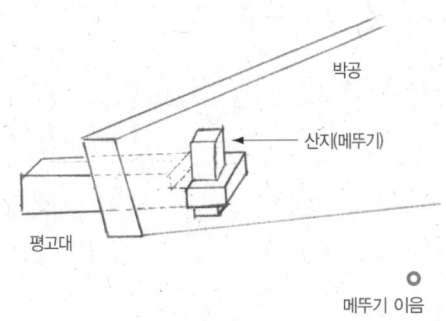
메뚜기 이음

로 장부 힘으로 부족할 때에는 산지를 끼운다.

앞쪽처럼 뺄목에 쓰는 산지를 메뚜기라고 하기도 한다. 그림은 맞배지붕의 박공에 평고대를 고정시킨 모습이다. 뺄목이나 장부 촉 등에 꽂아서 부재가 빠지지 않게 하는 기능을 한다.

·쐐기 쐐기는 끝을 뾰족하게 삼각형으로 깎아, 맞춤의 틈서리나 장부 끝머리에 박는 나무쪼가리이다. 사진(가)처럼 만든다. 쐐기는 독립적인 맞춤재가 아니고 맞춤을 보강하기 위한 보조연결부재다. 현장에서는 뾰족한 것만이 아니고 메움나무처럼 밀어 넣는 것을 모두 쐐기라고 부르기도 한다.

(가) 쐐기   (나) 메움목   (다) 촉

촉 산지처럼 장부를 만드는 것을 촉이라고 한다. 장부와 구분하기 위한 개념이다. 촉은 장부처럼 크거나 길지 않다. 사진(다)는 누각 위에 얹는 기둥이다. 귀틀에 박을 촉이 보인다.

기타 연결 부재

못 못은 누구나 박을 것 같지만 익숙해지기 위해서는 많은 노력이 필요하다. 다음과 같은 못 박기 원칙을 알고 있으면 금세 익힐 수 있다.

① 곡을 잡기 위해 서까래를 임시로 고정할 때는 나사못을 쓰는 것도 방

법이다.
② 널에 박는 못은 널두께의 2.5~3배 길이로 한다.
③ 못은 15도 정도 기울게 박는 것이 좋다.
④ 나뭇결에 어긋나게 박아야 좋다.
⑤ 나무 끝이나 마른 나무에 박을 때는 드릴을 이용하여 구멍을 뚫고 박으면 나무가 갈라지지 않는다.
⑥ 못을 감출 때에는 먼저 구멍을 뚫어 못 머리가 들어갈 수 있게 하여 감추고 위에는 톱밥을 본드에 이겨서 바른다. 수장재에서 많이 쓴다.
⑦ 1/3을 먼저 천천히 박고 자리를 잡으면 세게 박는다. 그렇지 않으면 못이 휘어진다. 아주 큰 못은 박을 두께의 1/3정도 구멍을 파고 박기도 한다.
⑧ 한옥에서 못이나 나사를 쓰는 곳은 서까래, 추녀, 대문, 평고대, 박공, 풍판 등이다.

정 정은 대장간에서 맞춰 사용한다. 못에 비해 매우 중요하고, 한 번 들어가면 빠지지 않는다. 정은 쓰이는 곳에 따라 연정, 선정, 사래정 등으로 부른다. 그 밖의 연결부재로 띠쇠나 감잡이 쇠 등이 있다.

◦
잠깐 상식

사갈트기를 다르게도 하던데요.

그림은 사찰 등에 쓰인 창방 연결 방법이다. 위에 평방이 일단 덮어주는 구실을 하는 경우가 많다. 따라서 평방이 없는 한옥에서는 좋은 방법이 아니다. 이를 한옥에 응용하기도 하나 특히 점선부분이 약하기 때문에 장부가 깨질 수 있다.

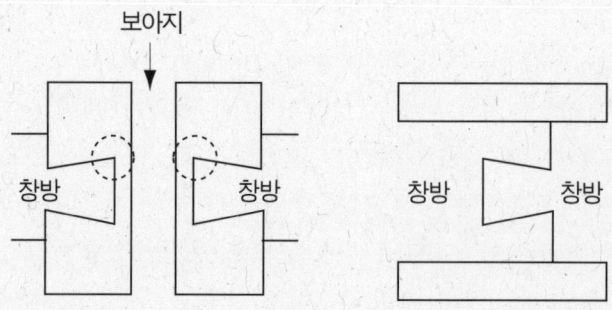

제 10 장

나무 다듬기를 위한 기초를 알다

치목 기본개념을 익히다

　못 하나 안 쓰고 집 짓는 모습을 보면 마술 같다고 하는 사람도 있다. 이렇게 못 없이 지을 수 있게 나무를 다듬는 일이 치목이다.
　치목은 나무보관에서 시작해 나무보관으로 끝난다. 따라서 나무 보관이 잘 되면 모든 것이 쉽다. 나무다듬기는 ① 보관하기 ② 마름질 ③ 먹매김 ④ 바심질 ⑤ 보관하기 순으로 한다. 보관하기는 이미 보았으므로 여기서는 빼기로 한다. 나무다듬기는 나무를 모탕(작업대)에 올려 나무껍질을 벗기는 일로 시작한다. 초벌 깎기가 끝나면 십반먹을 놓고 사각이나 둥근 부재를 만든다. 여기까지가 마름질이다. 부재를 만들면 여기에 중심선을 그리고 장부를 그려 넣는 데 이것이 먹매김이다. 그 뒤에 장부 등을 깎는 단계가 바심질이다. 지금부터 치목을 하기 위해 필요한 기초 개념을 알아보자. 이 장을 읽기 전에 부록의 '한옥 연장 및 사용방법을 알다'를 먼저 보는 것이 책을 이해하기 쉽다. 꼭 먼저 읽어보기를 부탁한다.

> **잠깐 상식**
> **모탕고사는 누가 지내나요?**
> 치목을 시작할 때 공사를 무사히 끝내도록 고사를 지내는데 이를 모탕고사라고 한다. 한옥에서 집은 신이다. 따라서 나무를 깎고 이를 맞춰 집을 짓는 일은 신이 점점 성장하는 과정이기도 하다. 때문에 모탕고사에는 공사 중에 사고가 없기를 바라는 것 말고도 성주신인 집을 정성스럽게 지을 것이라는 적극적인 뜻도 있다. 그렇기 때문에 모탕고사나 상량식의 주체는 집주인이 아니고 목수다.

나무보기가 중요하다

800년대 초반 사람인 녹진은 '목수가 집을 지을 때는 큰 나무로 보와 기둥을 삼고 작은 것으로 서까래를 삼는다. 또 휜 것과 곧은 것을 가려 써 자리를 잡게 해야 큰 집이 된다.'고 하였다. 우리나라에서 가장 오래된 건축이론이지 싶다. 따라서 모양이 좋지 않은 나무를 쓴 것이 조선시대 나무가 모자라서 그랬다는 주장이 꼭 맞지 않는 듯하다. 치목을 한다는 것은 이렇듯 나무 크기와 모양을 보고 그 쓰임새를 결정하여 다듬는 작업이므로 나무를 보는 것이 제일 중요하다.

수직 수평이 중요하다

한옥을 지어 기와를 덮으면 수십 톤 무게가 부재를 누른다. 따라서 부재의 수평과 수직이 맞지 않으면 나무가 비틀어져 위험하다. 요즘은 수장재도 점점 커져 기둥에 무리를 준다. 때문에 수평잡기가 그만큼 힘들다. 기계로 자른 제재목은 수직과 수평이 정확하게 맞지만 마르면서 비뚤어진다. 따라서 실제 나무를 쓰는 시점에서 부재의 수직과 수평을 다시 잡아야 한다. 그러므로 모탕의 수평도 매우 중요하다.

부재에 위치를 확인할 부호를 넣다

한옥은 하나씩 짜서 짓는 집이므로 부재 위치가 하나하나 정해진다. 기둥마다 동서남북 놓이는 위치가 다르고, 놓이는 방향도 다르다. 기둥뿐이 아니라 도리, 창방, 대들보 모두 앞과 뒤가 있고 원구와 말구가 있어 놓이는 위치가 정해진다. 그러므로 주두, 동자주 등 거의 모든 부재에 자리를 표시하고 짤 때 그 자리에 놓아야 한다.

도행판을 그리다

도행판은 현장에서 쓰는 간이 설계도다. 설계도는 여러 가지이지만 현장에서 여러 사람이 보기에는 전통적으로 사용되는 도행판이 좋다. 몇 가지 원칙만 알면 누구나 알 수 있기 때문이다.

집의 앞과 뒤를 정하여 그림처럼 기둥과 동자주를 표시하고 여기에 보와 도리를 그린다. 그림을 볼 때 세로선이 보고 가로선이 도리다. 그림처럼 도리 방향으로 가1 가2, 나1 나2 식으로 매겨진다. 가로를 아라비아 숫자로 하고 세로를 가나다로 하면 된다. 물론 옛날에는 가나다 대신 천지현황(天地玄

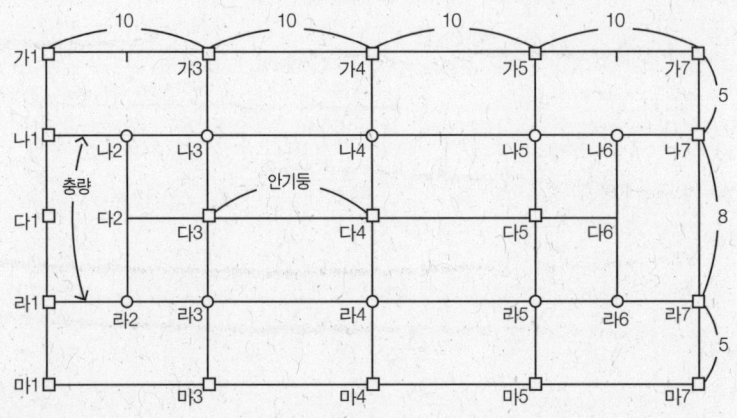

도행판 예

黃) 등 한자를 적었다. 계속번호가 기둥 자리가 된다. 즉 왼쪽 제일 위쪽 구석기둥이 '가1'이 된다. 계속번호 사이의 숫자는 간사이를 의미한다. 10이라는 숫자는 기둥의 중심에서 중심까지의 거리라는 점을 명심해야 한다. 그밖에도 도행판에는 현장에서 약속하는 내용을 적는다. 옛날에는 상세설계 없이 이 도행판만으로 집을 지어 도편수의 힘이 대단했다.

십반을 놓다

부재를 다듬기 위한 기준선이 십반이다. 원 안에 그은 모양이 한자 십(十)과 같다고 해서 붙여진 이름이다. 나무 양끝인 원구와 말구에 각각 수직선과 수평선을 그어 만든다. 십반을 잘못 놓으면 모든 것이 틀려진다. 그래서 치목에서 제일 중요한 작업이다. 부재를 잡으면 습관적으로 해야 한다. 순서대로 십반을 놓아보자.

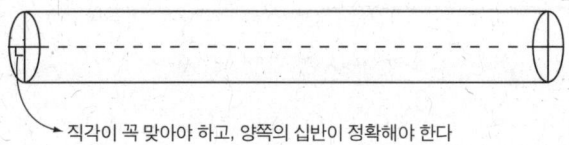

직각이 꼭 맞아야 하고, 양쪽의 십반이 정확해야 한다

① 모탕에 부재를 올리고 십반 그릴 면을 평평하게 만든다. 선을 그을 때 오차를 없애기 위해서다. 서까래처럼 거칠게 해도 좋은 것은 엔진톱으로 자르면 되지만, 기둥처럼 중요한 부재는 전기대패로 원구와 말구 면을 평평하게 다듬는다. 이때 대패질을 한꺼번에 하면 안 된다. 대팻날이 부재 모서리를 지날 때 나무가 다친다. 그래서 그림처럼 위에서 아래 방향으로 3/4까지 밀고, 거꾸로 아래에서 위 방향으로 3/4까지 민다. 정확하게 말하면 1/2이지만 3/4까지 한다는 생각으로 하면 평평하게 된다.

② 수준기나 다림추로 부재 수평을 잡는다. 수준기를 쓸 때에는 수준기를

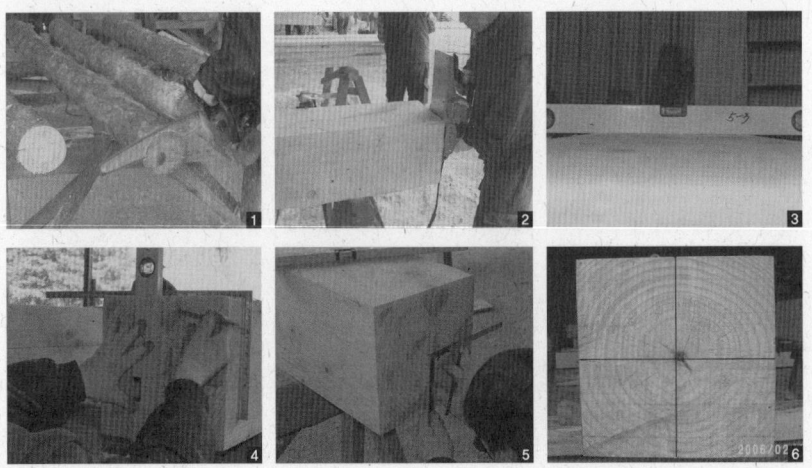
○ 십반을 놓는 과정

올려놓은 나무 면이 수평이어야 한다. 부재가 수평이 아니거나 부재에 여유가 있으면 바로 ③번을 실행한다. 이때도 부재 밑에 고임목을 대서 대략적인 수평을 잡아야 한다.

   ③ 원구에서 수직선을 내린다. 수직선은 다림추나 수준기를 이용하여 잡는다. 이 때 나무를 움직이면 절대 안 된다. 수직선을 내린 뒤 반대편으로 가서 똑같이 수직선을 내린다. 양쪽에 수직선이 똑같이 내려져 기준선이 설정되면 나무를 다듬는 동안 이 수직선만 지키면 나무가 틀어지지 않는다. 만약에 양쪽에 내려진 수직선이 틀리면 다듬고 난 뒤 나무는 꽈배기처럼 틀어진다. 십반 양쪽 수직선 중 하나를 15도 비뚜로 그려 대패질하면 나무는 꽈배기처럼 깎인다. 얼른 이해가 안 갈 수도 있으나 대패질은 선을 따라한다는 점을 기억하면 쉽다. 15도 틀어진 채로 대패질을 하면 부재는 15도 틀어질 수밖에 없다.

   ④ 곡자를 이용해 수직선에 90도인 수평선을 긋는다. 먼저 그어진 수직선의 중앙점을 찾아 표시하고, 곡자의 긴 쪽을 수직선에 맞추고 중심점에서 수

평으로 선을 그으면 된다.

⑤ 수직선과 수평선이 그려지면 심반이 완성된다. 심반은 치목에서 가장 중요하다. 부재의 기준점이기 때문이다. 특히 기둥의 심반은 모든 부재의 기준이 된다. '심에서 심까지'라고 이야기할 때 심은 심반의 중심점이다. 심반이 지켜지지 않으면 부재가 이상하게 깎인다. 그럼 집이 이상하게 짜이거나 아예 짤 수 없다. 마지막 사진은 부재에 심반을 그은 모습이다.

○
잠깐 상식
심반이 잡을 때마다 틀려져요.

그렇다면 먼저 주시력을 확인해야 한다. 자신의 주시력을 확인하는 방법은 간단하다. 팔을 쭉 편다. 한 눈을 감고 검지를 들어 먼 산이나 전봇대에 맞춘다. 맞춘 상태에서 눈을 뜨고 두 눈으로 손가락을 보았을 때 검지가 그대로 있으면 그 눈이 주시력이다. 그렇지 않고 전봇대가 이동했다면 반대 눈이 주시력이다. 심반을 잡을 때에는 주시력을 이용해야 한다. 물론 두 눈을 뜨고 해도 좋다.

먹을 매기다

먹매김은 먹통이나 먹칼을 써 부재에 무언가를 표시하는 것을 통틀어 말한다. 따라서 요즘 젊은 목수가 연필을 써서 선을 긋는 것도 먹매김이다. 과거에는 도편수와 도편수의 허락을 받은 부편수만이 먹을 놓았다. 먹매김이 잘못되면 그대로 자르고 깎아야 하므로 결과물도 엉망이 되기 때문이다. 따라서 불필요한 먹선이 생기지 않도록 한다. 특히 부재의 중앙에 놓는 중심먹선은 깨끗이 쳐서 누구나 알 수 있게 한다. 먹선은 지워지지 않기 때문에 먹선이 밖으로 드러나면 장식용으로 쓴다. 그래서 밖으로 보이는 먹선을 치장먹이라고 한다. 대표적인 치장먹이 기둥의 중심선이다. 기둥을 주춧돌에 정확하게 맞추고 기둥의 수직을 보기 위해 필요하다.

먹매기기 종류를 알다

먹줄 놓는 방향에 따라 수직, 수평, 후려 매기기로 이름을 달리 부른다.

① 수직 먹매기기는 사진에서처럼 먹줄을 자연스럽게 들었다가 놓는 방법이다. 목수는 부재 표면이 깨끗한 쪽에 그림처럼 먹줄바늘을 꽂고 거친 쪽으로 가서 선다. 먹줄이 옹이나 거친 면에 걸리지 않게 하기 위해서다. 들어 올릴 때 실이 꼬이면 안 된다. 일정한 높이에서 끝점과 끝점이 일직선상에 있는 지 확인하고 줄을 놓는

수직 먹매기기

다. 먹줄에 먹이 많으면 허공에 한 번 튕긴 뒤 부재에 먹매김 한다. 먹줄을 놓는 순간 양끝점 외에는 부재에 닿는 곳이 없어야 한다. 그래서 부재에 먹줄이 동시에 닿아야 한다. 먹선이 정확하게 쳐지면 반복해서 쳐도 선이 하나만 나온다.

② 부재 옆면에 먹선을 놓아야 할 때 부재를 돌려 수직먹매기기를 해도 되나, 힘과 시간이 든다. 따라서 부재를 놔둔 채 실을 옆으로 당겼다 놓는 방법이 수평 먹매기다. 방법은 같으나 몸을 낮추어 먹줄이 수평인지 부재의 끝과 끝이 맞는지 눈으로 확인한다. 실을 팽팽하게 해야 늘어지지 않고 정확하게 쳐진다.

③ 후려 매기기는 곡선을 그리는 먹매김이다. 능숙한 사람도 똑같이 곡선을 그리지 못한다. 오로지 눈짐작으로만 해야 하기 때문이다. 따라서 현장에서는 거의 쓰지 않고 대신 긴 부재를 구부려 곡선을 그린다.

잠깐 상식
먹선을 놓고 어느 면을 깎는다는 건지 모르겠어요.

아래 그림에서 A면을 점선만큼 깎으려면 그림처럼 나무 양쪽의 화살표 방향과 앞뒤에서 먹선을 놓고 점선까지 대패질하면 된다. 그러므로 먹매김은 4방에서 한 번씩 모두 4번의 먹매김을 해야 한다. 다만 짧은 쪽은 먹줄 대신 먹칼이나 연필로 긋는 것이 편할 것이다.

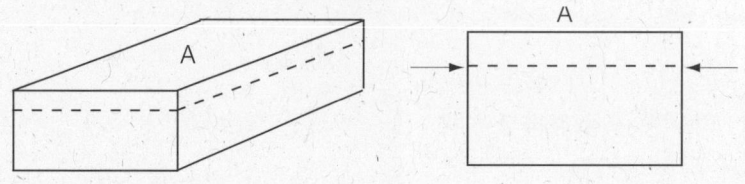

먹매김 약속을 하다

장부를 깎을 때 헐렁하게 짤 곳은 먹선이 안 보이게 바싹 깎아내고, 빡빡하게 짤 곳은 먹선를 남겨두고 깎는다. 대패질이나 톱질을 할 때 먹선을 없애는 것을 죽인다고 하고 남겨두는 것을 살린다고 말한다. 치목 단계에서 어느 부재 먹선을 죽이고 살릴 것인지 약속하는 것이 좋다. 사진에서 대패질을 딱 먹선까지 했다. 따라서 먹선을 살린 것이다. 그러나 사진의 왼쪽 부분은 실수로 먹선이 죽었다. 즉 너무 많이 깎은 것이다.

먹선을 살려 대패질 하는 모습

그레먹선을 이해하다

기둥 위에는 많은 부재가 짜진다. 때문에 부재 높이를 똑같이 맞추기 힘들다. 그래서 부재에 기준이 되는 선을 긋는데 이를 그레먹선이라고 한다. 보, 도리, 고주의 그레먹선이 일치해야 지붕이 수평이 된다. 수평기준이 필요해서 만드는 선은 모두 그레먹선이다. 따라서 종보에도 그레먹선이 그려진다.

깎기에도 요령이 있다

<u>중심먹을 놓다</u> 부재 양쪽 십반을 연결하면 부재의 중심먹선이 된다. 중심먹은 그 부재를 자르고 깎고 짜는 기준이다. 따라서 부재를 깎거나 자를 때에는 꼭 부재 가운데 있는 중심먹을 기준으로 한다. 절대 부재 모서리에서부터 치수를 재지 않는다. 부재를 깎을 때 대패질이 한 번 더 되는 것에 따라서도 부재 두께가 달라지기 때문이다. 중심먹을 기준으로 치목하지 않으면 한옥을 짤 때 중심을 맞추지 못한다. 이 원칙은 나비장 하나를 만들 때도 적용된다.

<u>뿌리 쪽부터 다듬다</u> 나무를 다듬을 때 보통 뿌리 쪽인 원구에서 말구 쪽으로 다듬어 나간다.

<u>원목을 다듬다</u> 최근에는 제재목을 많이 쓰기 때문에 원목을 직접 다듬는 일은 별로 없다. 그러나 집을 지으려면 원목을 다듬어 두리기둥과 네모기둥을 깎아 쓸 줄 알아야 한다. 원목 다듬는 순서를 살펴보자.

사진(가)처럼 나무껍질을 벗긴다. 현장에서는 나무껍질을 피죽이라고 한

(가) 피죽 벗기기 　　　 (나) 마구리 수평만들기 　　　 (다) 도랭이로 원 그리기

다. 낫으로 벗겨도 된다. 나무 속살이 나올 때까지 벗긴다. 나무를 다듬을 때는 뿌리 쪽부터 해야 하나 피죽을 벗길 때만은 말구부터 하는 게 좋다고 한다. 그러나 실제 큰 차이는 없다. 큰 옹이는 엔진톱을 이용하여 없앤다. 원구와 말구를 구분하고 등과 배를 구분하여 다음에 헷갈리지 않게 나무에 표시한다. 이제 십반을 놓고 깎는다.

① 두리기둥 사진(다)처럼 본을 이용해 원을 그린다. 본은 컴퍼스를 이용해 두꺼운 종이나 합판으로 만든다. 이 본을 도랭이라고 한다. 합판으로 만들 때는 각목에 못을 박아 컴퍼스로 쓰면 날카로운 못이 칼 역할을 해서 쉽게 만들 수 있다. 도랭이에도 십반먹을 그려야 한다. 그래야 원목 십반과 도랭이 십반을 맞추어 부재의 중심에 원을 그릴 수 있다. 서까래는 따로 먹매김 없이 도랭이만을 보고 다듬는 경우가 많다.

그러나 중요한 부재는 곡자를 써서 도랭이로 그려진 원에 외접하는 도형을 그려서 한 면씩 깎아야 한다. 32각까지 하는 게 곱게 나오나 현장에서는 16각까지 그려 원을 만든다. 그리는 요령은 십반 모서리를 연결하면 삼각형이 되고 이 삼각형을 나눈다. 이를 되풀이해 16각을 만든다. 익숙해지면 곡자의 직각만을 이용해서도 접선을 그릴 수 있다. 두리기둥 먹매기기는 수직 먹매기기로 해야 실수가 없다. 먹매김이 끝났으면 대패질을 한다. 살이 많으면 홈대패나 자귀를 이용하여 먼저 깎아내고 전기대패로 대패질한다. 한 면씩 먹매기기와 깎기를 되풀이하여 원주를 깎는다.

② 네모기둥 두리기둥을 깎는다면 네모기둥도 깎을 수 있다. 그러나 치목이 좀 익숙해지면 두리기둥보다 네모기둥이 더 어렵다. 정확하게 수평으로 깎기가 그만큼 어렵다.

통나무에서 기둥이 아닌 가로재를 뽑아보자. 가로재는 춤이 큰 것이 좋다. 그래서 통나무의 반지름에 $\sqrt{3}$을 곱하여 부재 높이로 하고, 여기에 살을 넉넉하게 붙여 뽑는게 좋다. 무조건 정사각형으로 자르기보다는 그림처럼 다듬어 쓰는 것이 바람직하다. 한 변이 30도인 직각삼각형 각변의 비율은 1:

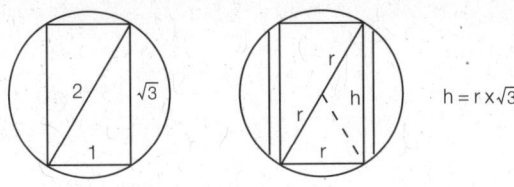

가로 부재 뽑는 방법

√3:2다.

③ **배흘림기둥 깎기** 배흘림기둥은 기둥을 대략 3등분했을 때 가운데가 두툼한 기둥이다. 배흘림기둥도 일반 두리기둥처럼 먼저 팔각 기둥으로 만든다. 팔각기둥을 종이라고 생각하여 펼친다면 아래 그림과 같다. 각 선의 1/3지점까지 a와 b 먹선을 놓는다. 이를 기준으로 16각형으로 만들어 배흘림기둥으로 깎는다. 오차는 눈썰미로 처리한다. 처음부터 두 개의 원을 그려서 이를 이용하는 것이 요령이다. 민흘림은 한 쪽만 흘림을 주면 된다.

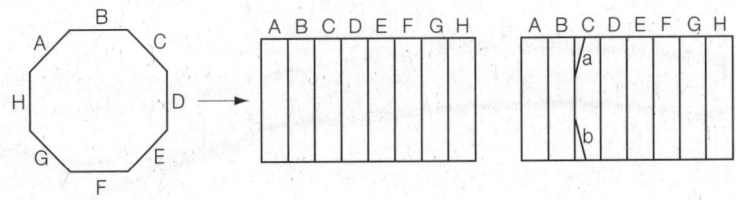

배흘림기둥 먹매기기

○ **잠깐 상식**
배흘림과 민흘림기둥의 차이가 뭐죠?

민흘림은 위에서부터 점점 기둥 크기가 커져 내려오는 모양이고 배흘림은 중간이 가장 큰 기둥이다. 모양은 옆의 그림과 같다. 이것은 위가 작아 보이는 착시를 교정하기 위해서라고 한다. 이 설명이 언뜻 이해되지 않는다. 왜냐하면 어차피 작아 보이기 때문이다. 따라서 자연 상태에서 나무 위가 적으므로 그 모양대로 만든 것일 수 있다. 자연에 가까운 한옥이라면 그 쪽이 좀더 자연스러운 설명일 것이다.

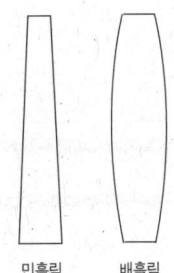

민흘림   배흘림

장부따기 일반원칙을 알다

　　장부를 깎을 때 그 모양을 정확하게 깎는다. 그래야 집을 지었을 때 보기 좋다. 특히 장부 바깥 부분이 맞지 않으면 이빨 빠진 것처럼 보기 좋지 않고 단단하게 짜지지도 않는다. 많은 경우 (a)처럼 장부의 바깥부분은 정확하게 자르나 안쪽은 약간 넓게 판다. 다듬고 짜는 일을 능률적으로 하기 위해서다. 그러나 정교하게 작업을 하기 위해서는 (b)처럼 안쪽을 약간 좁게 파고 끌로 정확하게 수직을 맞추어 (c)처럼 판다. 이를 가심질이라고 한다.

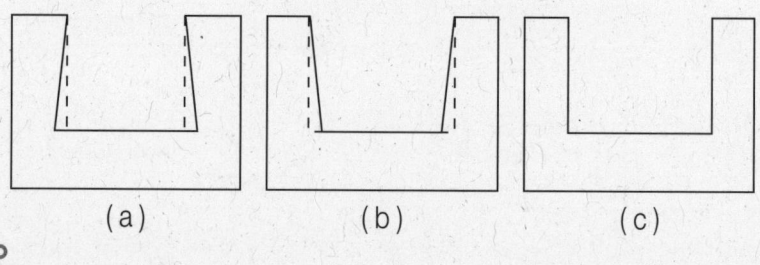

가심질

한 장부에서 먹선을 죽이고 살리다

곧은장을 끼울 때 안쪽은 먹선을 죽이고 바깥쪽은 먹선을 살리면 약한 주먹장이 될 수 있다. 안 보이는 부분이지만 경험 많은 목수의 경우 이런 식으로 작업한다.

장부를 맞추어 따다

긴 부재 양쪽에 같은 크기의 장부를 따는 경우가 많다. 도리는 기둥 위에서 한 줄로 이어진다. 장부 위치가 틀어지면 지붕선 및 벽선이 비뚤어진다. 따라서 장부 크기를 정확하게 맞춰야 한다.

먼저 십반을 연결해 부재 중심선을 잡는다. 그리고 그 중심선에서 장부 크기만큼 나아가 다시 먹선을 놓는다. 그러면 원구와 말구 양쪽 장부를 정확하게 같은 크기로 딸 수 있다. 예를 들어 장부 크기가 4치이면 중심선에서 양쪽으로 두 치를 나가면 4치가 된다. 그 선을 양끝에 연결하면 양끝의 장부를 똑같이 딸 수 있다.

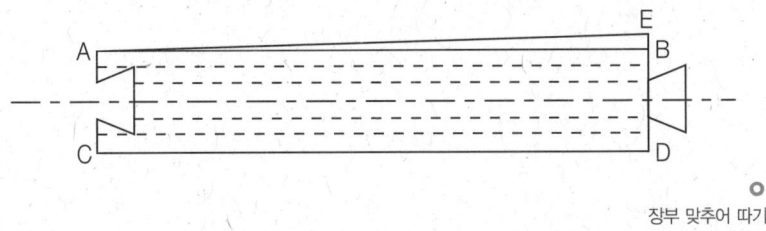

○ 장부 맞추어 따기

그림에서 가운데 1점 쇄선이 십반을 연결한 중심선이고 그 양옆으로 두 개의 점선이 장부를 따기 위한 선이다. 양끝 숫장부와 암장부가 똑같은 크기로 따졌다. 중심을 기준으로 하면 사각형이 ABDC인 경우뿐 아니라 AEDC인 경우에도 중심에 맞추어 짜는 것이 가능하다.

문양을 그리다

꽃 그림 등 무늬를 그릴 때 부재 옆에도 도화지가 있다고 생각하고 그린다. 즉 난간에 사과 반쪽만 그린다고 해도 사과 전체를 마음에 두고 그려야 사과 모양이 나온다는 의미이다. 그리는 부분만 생각하면 사과가 아니고 종지 모양이 될 수 있다. 부재 끝에 오는 나뭇잎이나 꽃 등은 나뭇결 방향으로 만들어야 떨어져 나가지 않는다. 물이나 기름을 묻혀 끌질하면 매끈하게 할 수 있다.

뺄목을 이해하다

뺄목 폭은 수장재 폭보다 조금 크게 한다. 즉 벽두께보다 조금 크게 한다. 도리나 장여의 뺄목 길이는 도리지름의 1.5배 정도로 하며 1~1.5자 정도를 쓴다. 창방 뺄목은 이보다 조금 작거나 같게 한다.

뺄목만 따로 만드는 경우 '헛머리'라고 부른다. '헛'이라는 단어는 한옥에서 많이 쓰이는 접두어다. 먹이 많아 먹을 털어버리려고 허공에 치는 먹을 헛먹이라고 하고, 보를 받지 않는 기둥을 헛기둥이라고 하고, 기둥 위가 아닌 도리 등의 위에서 쓰이는 가로부재를 헛보라고 한다.

토막부재를 활용하다

보아지, 단장여 등은 토막부재를 쓸 수 있다. 그러나 아무거나 쓴다는 생각은 좋지 않다. 판대공은 부재끼리 통일성을 가져야 하므로 토막부재로 만들면 안 된다. 앞서 설명한 것처럼 한옥 부재 하나하나가 다 특징이 있으므로 토막부재를 쓰기보다 처음부터 그 쓰임새를 고려하여 정확하게 나무를 준비하는 게 제일 좋다.

뒷간이나 5량 집은 짧은 부재를 충분히 이용하기 위해 발전한 부분도 있다. 특히 소나무는 구부러진 재가 많고 그 부분을 쳐내 버려야 하기 때문에 이를 다시 쓸 필요가 있었다. 실제 나무가 풍부한 산간에는 3량집이 많다.

소매걷이를 알다

기둥보다 큰 창방이나 보를 쓰면 보기에 답답하다. 그래서 기둥과 만나는 부분을 기둥에 맞추어 둥글게 깎아내는데, 이를 소매걷이라고 한다. 기둥 같은 수직 부재의 어깨굴림과 구별한다. 어깨굴림은 편수깎기라고 한다. 둥글게 깎는 기준은 수장재다. 때문에 가로가 큰 부재는 가로를 세로가 큰 부재는 세로를 크게 한다. 그림으로 설명하면 아래와 같다. A가 B보다 크다. A와 B의 비율을 1.5배 정도로 하기도 한다.

한편 이것과 구별할 것이 반깎이다. 네모 부재의 모서리를 둥글게 깎는 것으로 모접기라고도 한다. 모접기를 하면 부재가 경쾌해 보인다.

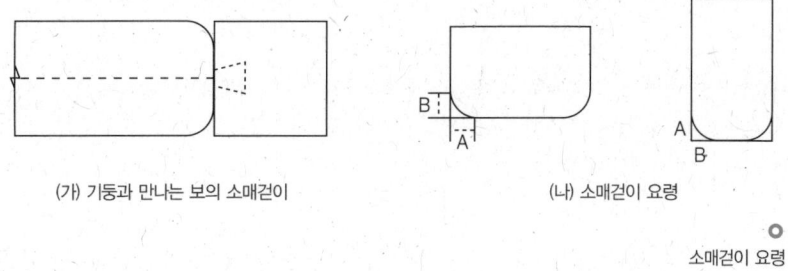

(가) 기둥과 만나는 보의 소매걷이   (나) 소매걷이 요령

○ 소매걷이 요령

○ **잠깐 상식**
우리나라에서 어깨굴림을 잘 안 쓴 이유가 있다

어깨굴림은 기둥머리를 둥글게 감아 보기좋게 하는 기술이다. 중국에서 많이 쓰는 방법으로 우리나라에서는 잘 쓰이지 않았다. 어깨굴림을 하면 기둥 단면적이 적어지기 때문이다. 특히 창방은 가로부재로 기둥 단면적의 많은 부분을 차지하는데 시간이 지나면서 내려앉게 된다. 그러면 기둥의 사개만으로 지붕을 지탱해야 하는데 어깨굴림을 하면 위험할 수 있다. 특히 최근에 나무를 전혀 말리지 않고 사용하여 창방의 수축 정도가 심한데 어깨굴림까지 하면 기둥이 지붕을 견디기 힘들다.

제 11 장

바심질하다

바심질을 준비하다

한옥은 모든 부재를 기둥 위 허공에서 맞춘다. 할 수 없을 것 같지만 몇 가지 원칙만 지키면 어렵지 않다. 먼저 나무 성질을 살피고 십반을 정확히 긋는다. 이제 양쪽 십반을 연결하면 부재의 중심선이다. 이 십반과 중심선을 기준으로 치목한다. 장부 기준도 이것이다. 바심질을 시작하면 장부 그리기 빼고는 모두 장척(긴자)을 써야 한다. 꼭 기억해야 한다.

한옥 한 채를 짓기 위해서는 여러 가지 부재가 필요하다. 따라서 다듬는 순서를 정할 필요가 있다. 얇고 긴 부재는 변형되기 쉬우므로 뒤에 치목한다. 그렇다고 무조건 굵은 부재부터 할 것은 아니다. 기둥을 빨리 치목하면 비틀어져 집을 짤 때 애를 먹는다. 특히 사각기둥은 치목이 끝날 무렵 깎는다. 동자주 역시 기둥이므로 마지막에 맞춰가면서 치목한다. 동자주는 작아서 살 휘고 비틀어진다. 이 점을 헤아려 마른 나무를 쓴다. 주두 역시 짜이는 부재에 일일이 맞추어 깎아야 하므로 마른 나무로 늦게 다듬는다. 따라서 시간이 많이 걸리고 굵은 서까래부터 다듬는다.

아래 왼쪽 그림은 남서향 동사택 집의 간이설계도다. 오른쪽 그림은 물목산정을 위해 뼈대를 그린 것이다. 이 도면은 바심질을 위한 '물목산정도면'의 기준이 된다. 기둥 높이는 9자로 홑처마 익공집인 한식기와집을 기준으로 한다. 부재크기와 수효를 계산한 물목산정 내용은 특집에 실려 있다. 물목산정을 먼저 보는 것이 좋을 것이다. 자, 이제 부재를 하나씩 살펴보면서 바심질을 해보자.

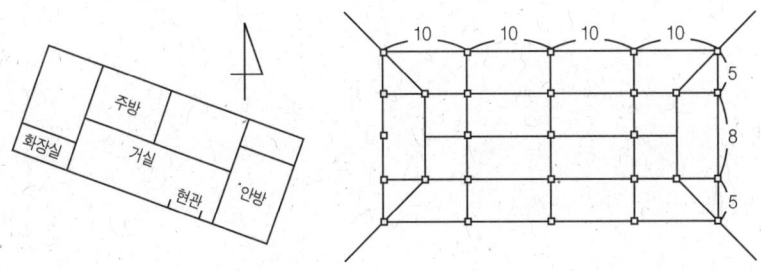

바심질과 짜기 실무를 위한 간이설계도

기둥을 깎다
― 보아지 · 창방 · 장여 · 주두 · 기둥 ―

 기둥에 속하는 부재에는 기둥, 고주, 동자주, 판대공이 있다. 그러나 부재 설명은 사진에 나타난 보아지, 창방, 기둥, 장여, 주두 순으로 적는다. 이는

기둥에 짜이는 부재들

이해를 높이기 위한 것일 뿐 바심질 순서와는 관계없다. 단지 기둥을 깎으려면 기둥에 짜이는 부재를 알아야 하기 때문이다. 먼저 사진을 보고 구조를 눈에 익히자.

사진1이 기둥 윗부분이다. 이를 사개라고 한다. 사진2는 기둥에 보아지(익공)를 끼운 모습이다. 사진3은 여기에 창방을 끼운 모습이다. 눈여겨 볼 필요가 있다. 기둥보다 창방과 보아지가 높다. 사진4에서처럼 주두를 잡아주기 위해서다. 주두에 장여를 얹은 모습이 사진5다. 장여와 창방 사이에는 그림처럼 소로가 놓이는 경우가 많다. 사진6은 모서리 기둥인 귀주 위에서 창방이 받을장 업힐장으로 얹힌 모습이다. 주두가 올라가면 잡을 수 있게 창방이 기둥보다 한 치 높다. 기둥 밖으로 나온 부분이 뺄목이다. 익공집 뺄목은 익공모양으로 다듬기도 한다. 익공, 주두, 소로 없이 짓는 집을 민도리집이라고 한다. 민도리집 기둥에는 옆의 사진처럼 장여, 보, 도리가 짜인다. 여기에 보아지가 더 짜일 수도 있고, 장여가 빠지기도 한다.

민도리집 기둥머리

보아지 및 익공

보아지는 보를 받치는 작은 부재다. 그림(가)에서 건물 밖으로 나가는 부분이 직각으로 잘린 곳이고 안으로 놓이는 부분이 비스듬하게 잘린 면이다. 직각으로 자르는 것을 직절이라고 하고 비스듬하게 자르는 것을 사절이라고 한다.

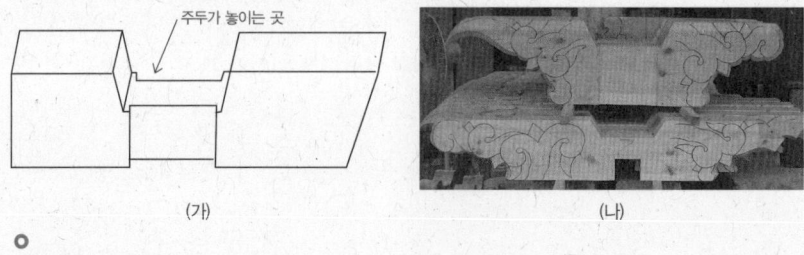

○
보아지 / 익공

익공은 보아지에 사진(나)처럼 문양을 넣은 것이다. 그린 선을 따라 바탕을 1~2푼 파는 것을 초새김이라고 한다. 익공이 2개 층으로 들어가면 이익공집이 된다. 문양을 그릴 때에는 보아지가 보를 받치는 부재임을 마음에 둔다. 모양만 생각하면 보아지가 약해지기 때문이다.

작은 부재지만 배가 위로 가는 게 좋다. 대들보를 양쪽에서 받쳐야 하기 때문이다. 보아지와 만나는 부재는 기둥, 창방, 보, 주두다. 먹매김할 때 모두 셈에 넣어야 한다. 바심질에는 둥근톱, 전기, 홈대패를 쓴다.

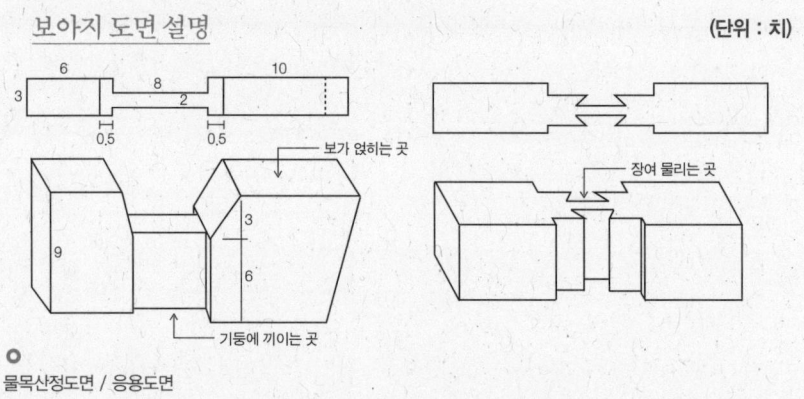

○
물목산정도면 / 응용도면

응용도면 응용도면처럼 민도리집에서 장여를 보아지에 물리는 경우가 있다. 민도리집에는 주두를 쓰지 않으므로 윗면이 평평하다.

잠깐 상식
수서와 앙서는 어떻게 다른가요?

그림처럼 뾰족한 끝이 밑으로 내려온 것을 수서, 위로 올라간 것을 앙서라고 한다. 수(垂)는 드리운다는 한자말이 있고 앙(仰)은 우러른다는 한자말이 있다. 서는 한자말로 설(舌), 즉 혓바닥을 의미한다. 혓바닥처럼 내밀었다는 의미로 쓴다. 따라서 수서는 내린 혓바닥, 앙서는 위로 내민 혓바닥이 된다. 이 수서와 앙서를 합해서 쇠서(牛舌)라고 한다. 익공 끝이 뾰족하면 초익공이고 뭉툭하면 물익공이다. 따라서 우리가 보통 익공이라고 하는 것은 수서이며 초익공이다.

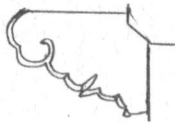

창방

창방은 기둥머리에 짜여 기둥과 기둥을 붙잡는 부재다.

① <u>나무보기</u> 창방은 마른 나무를 써야 한다. 아니면 마르면서 가라앉아 기둥의 사개만으로 지붕 무게를 다 받아야 한다. 짤 때 원구 말구가 반복되게 한다. 등이 위로 간다. 속살인 심재가 밖으로 나오게 한다. 깨끗한 면이 보이는 곳에 온다. 이는 도리 장여 등 모든 부재에 해당하는 원칙이다. 나무 이용 방법은 충분히 설명했으므로 지금부터 따로 적지 않는다. 창방은 위에 소로나 장여를 받기 때문에 윗면 수평이 정확하게 맞아야 한다.

② <u>먹매기기</u> 창방과 만나는 부재는 기둥, 보아지, 주두, 소로다. 이를 생각하면서 다듬는다. 창방은 주두를 잡아야 하므로 기둥의 사개보다 춤이 1치 커야 한다. 따라서 민도리집에서는 창방을 사실상 쓰지 않는다.

③ <u>바심질</u> 보통 창방을 기둥에 연결할 때 주먹장을 쓴다. 먹선을 두툼하게 남겨 빡빡하게 짜지게 한다. 턱 물림하면 사개면적이 적어진다는 점은 늘 생각해야 한다. 귀주 위에서 만나는 받을장 업힐장은 원칙적으로 수장폭으로 한다.

창방도면설명

이 도면은 뒤의 기둥 도면과 함께 보는 게 이해하기 쉽다. 평주는 보통기둥을, 귀주는 모서리기둥을, 고주는 평주보다 큰 기둥을 말한다.

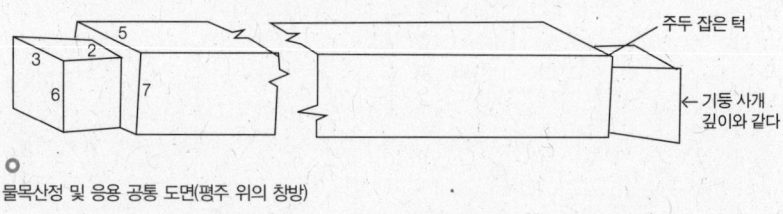

물목산정 및 응용 공통 도면(평주 위의 창방)

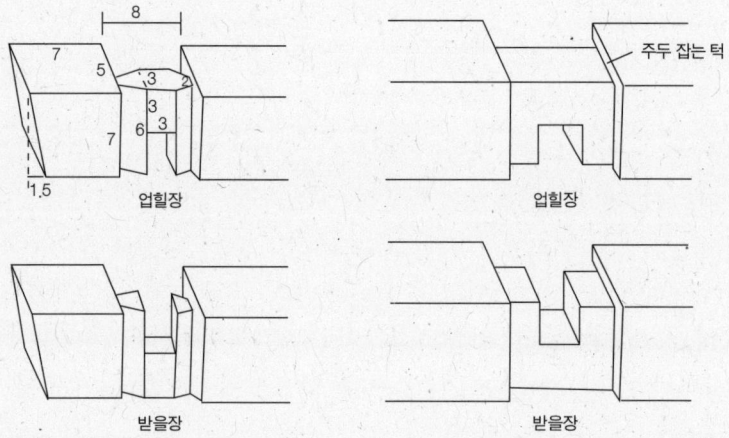

장부폭이 수장폭보다 작아 사개가 커진다 / 장부폭이 수장폭이어서 튼튼하다
물목산정도면(귀주 위의 창방) / 응용도면(귀주 위의 창방)

잠깐 상식
먹선을 두툼하게 남겨 바심질하라고 하는 데 너무 막연해요.

먹선을 죽이고 살리는 건 중요하다. 그러나 이를 일률적으로 5리, 1푼을 남기라고 적기 힘들다. 그건 나무가 얼마나 말라있는가에 따라 달라진다. 마른 나무가 아니라면 창방이나 충량 같이 잡아주는 목적이 큰 부재는 서로 살이 으스러지면서 들어가야 튼튼하다. 짜진 상태에서 물기가 빠져나가야 하기 때문이다. 그러나 완전히 마른나무라면 으스러지면서 들어가지 않고 깨져버릴 것이다.

기둥

기둥은 지붕무게를 받아 주춧돌과 기단으로 전달하는 부재이다.

① 나무보기 기둥은 수직으로 누르는 힘을 받는다. 기둥은 기둥 하나에 원목 하나를 쓴다. 수입나무는 지름이 워낙 커서 원목 하나에서 기둥이 몇 개씩 나올 수도 있다. 그러나 나무 하나에서 기둥을 여러 개 만들어 쓰면 좋지 않다. 나무 안과 밖은 수축률이 틀려 나무가 휘어질 수 있다. 즉 버클링 현상이 일어난다. 따라서 기둥 하나에 원목 하나를 통으로 써야 한다. 물론 이는 한옥 목수의 오랜 전통이다. 키대공 대신 판대공을 쓴 이유 중 하나는 버클링을 막기 위한 것이다. 요즘 기와는 방수성을 높이기 위하여 고압축으로 만들어져 단위당 중량이 조선시대 기와에 비하여 1.2~1.8배 무거워졌다. 하중을 계산할 때 이를 고려한다. 기둥이 힘을 받는 면적도 중요하므로 기둥머리에 만드는 사개 크기가 너무 작아지지 않도록 한다.

② 먹매기기 창방, 주두, 보, 장여, 보아지가 기둥에 직접 짜인다. 기둥 장부는 하늘 쪽인 말구에 그린다. 십반먹을 놓을 때 집이 놓이는 방향과 나무가 자란 방향 등배를 고려한다. 그림처럼 기둥 부재에 흠이 있으면 그 곳에 십반먹을 친다. 기둥을 세울 때 주춧돌 십반에 기둥 십반을 맞추는 데, 이때 주춧돌의 십반먹이 건물의 전후좌우를 향한다. 따라서 흠이 좌우 벽으로 숨는다.

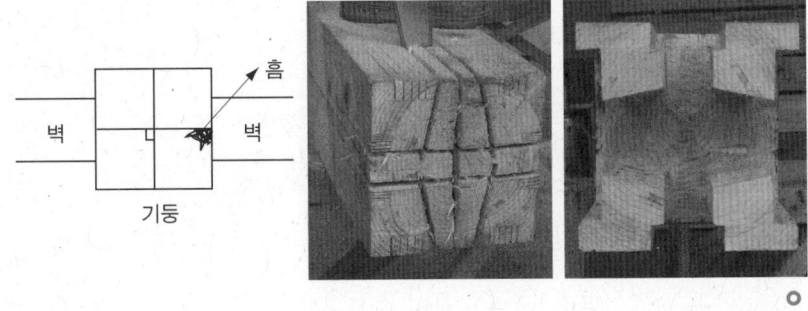

기둥 바심질 요령

③ 바심질 기둥머리 장부인 사개(화통가지) 만드는 일을 '사갈튼다' 고 한다. 사개는 지붕 무게를 감당하므로 정교하게 깎는다. 엔진톱으로 사개를 따고 끌로 다듬는다. 엔진톱은 반씩만 넣는다. 부재 밑면이 보이지 않기 때문이다. 오른쪽은 끌로 정리한 모습이다. 두리기둥 단면을 정확하게 자를 때는 먹매김 통이나 장판을 쓴다.

사개 높이는 익공집과 민도리집에 차이가 있다. 민도리집은 보가 기둥에 직접 짜이므로 보목과 장여 높이를 고려한다. 장여 없이 도리만 쓰는 경우라도 단장여를 쓰는 게 좋다. 도리도 잡고 사개도 잡기 때문이다.

④ 주의할 일 민도리집에 창방과 장여가 있으면 사개가 너무 깊어진다. 이때는 장여나 창방 중 하나를 뺀다. 민도리집에서 소로를 받고 있는 부재는 창방이 아니고 인방이다. 인방과 벽선에는 흙벽과 맞닿는 곳에 5푼 홈을 판다. 홈에 나무를 대거나 흙을 밀어 넣어 웃바람을 막는다.

기둥 도면 설명

물목산정도면 기둥에 턱을 만들지 않았다. 따라서 사개 면적이 커서 좋다. 요즘은 나무를 제대로 말리지 않아 사개 크기가 중요하다.

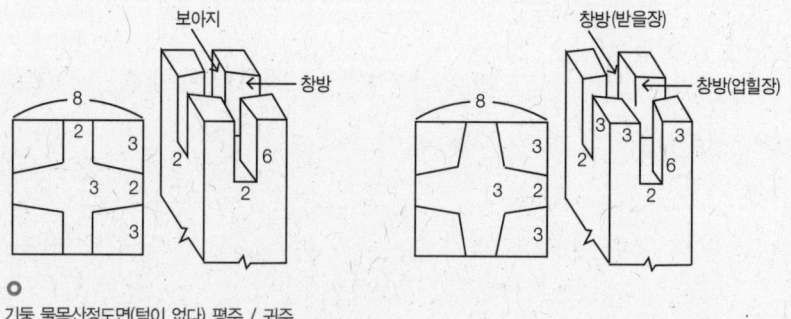

기둥 물목산정도면(턱이 없다) 평주 / 귀주

응용도면 창방의 간사이가 커져 힘을 많이 받게 될 때 이를 응용한다.

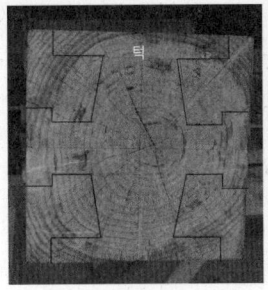 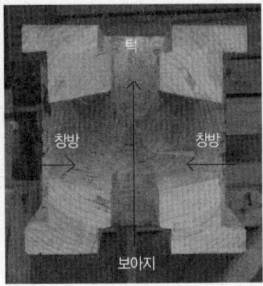 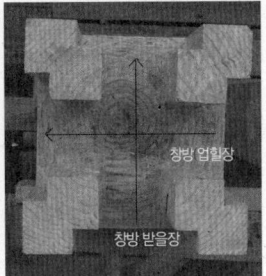

턱이 있는 도면   평주   귀주

기둥 응용도면(턱이 있다)

잠깐 상식
귀솟음은 얼마나 주나요?

한옥 귀솟음은 중국보다 많이 적다. 목수에 따라 귀기둥에 2~3치를 주고 안으로 들어오면서 조금씩 줄여주는 방식을 쓴다. 귀솟음은 건물 좌우 끝이 처져보이는 것을 막기위한 것이라고 하나, 대개 착시는 추녀로 교정한다. 따라서 추녀 무게에 땅이 꺼지는 것을 대비한 것이라고 보는 게 낫다. 따라서 콘크리트 기초를 쓰는 요즘은 귀솟음을 줄 필요가 적다.

주두

주두는 민도리집에는 없고 익공집에만 있다.

① **나무보기** 속살이 위로 간다. 주두에서 특히 중요한 건 나무 말리기다. 여러 곳을 깎기 때문에 틀어짐이 심해 짤 때 깨지기도 한다. 나무를 나뭇결 방향으로 눕혀서 사용하고 나이테 면이 벽선을 보게 한다.

② **먹매기기** 주두는 기둥, 보아지, 창방, 보, 장여와 함께 짜인다. 주두는 크기가 같아야 하므로 한 사람이 긴 나무에 한꺼번에 먹을 놓는다. 여러 개가 한꺼번에 만들어지므로 하나씩 자를 때 톱에 썰려 나가는 두께를 셈에 넣어야 한다. 밑면은 보통 기둥 단면적과 같다. 두리기둥에서 주두는 기둥 바깥쪽에 접하는 사각형 크기면 알맞다. 그림처럼 사이에 파진 부분을 갈이라

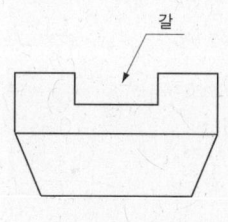

고 한다. 갈 폭은 주두 평면의 1/3 정도다. 이 크기는 보와 장여 크기를 생각해서 정한다. 갈 높이는 보통 2치 정도다. 주두도 놓이는 위치에 따라 모양이 다르다. 평주와 귀주가 다르고 고주에 놓이면 또 다르다. 늘 같이 짜이는 부재를 생각하면서 먹매김한다.

③ 바심질 주두는 부재는 작으나 만들기가 쉽지 않다. 특히 나뭇결을 잘 볼 줄 알아야 망가뜨리지 않는다. 사방으로 다 잘라내기 때문이다. 결이 급한 곳은 뭉텅이로 잘려 나갈 수 있다. 깎는 방법은 둥근톱으로 1치 간격으로 자르고 망치로 쳐낸다. 망치로 칠 때는 나이테의 직각방향으로 친다. 나이테 방향은 꼭 끌질한다. 아니면 나뭇결을 따라 속이 파인다. 빗변 만들기 역시 둥근톱을 이용하고 대패로 다듬는다. 주두는 결합될 부재 치목이 다 끝난 다음 또는 현장에서 하나씩 맞춰가며 바심질한다.

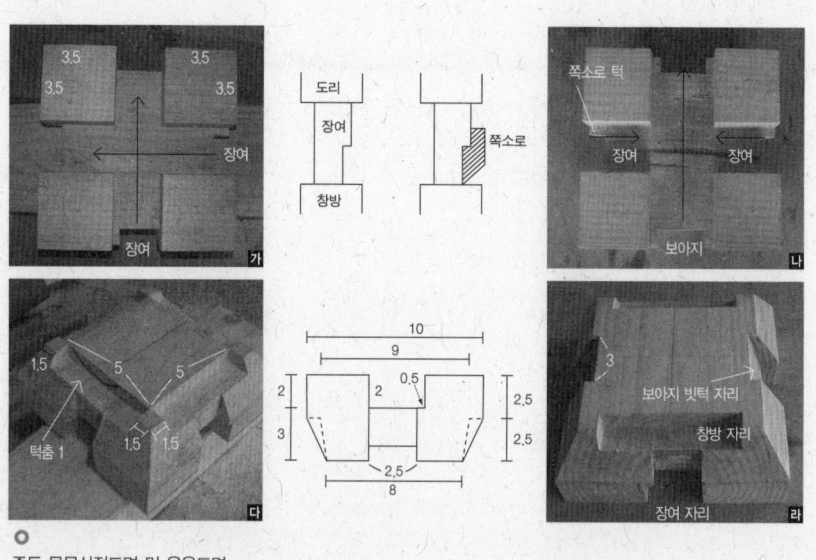

주두 물목산정도면 및 응용도면

주두 도면 설명

사진(가)는 귀주에 얹는 주두 윗면이다. 갈의 아래쪽과 오른쪽에 턱진 부분은 쪽소로의 턱 때문에 생긴 것이다. 사진(나)는 평주에 얹는다. 좌우로 쪽소로가 붙는다. 사진 가운데 설명 그림을 넣었다. 사진(다)(라)는 귀주와 평주에 얹는 주두 밑면이다.

소로

소로는 작은 부재지만 한옥 겉모양을 화려하게 한다. 소로로 장식한 집을 소로수장집이라고 한다. 쪽소로는 꾸미는 기능만 가지나 통소로는 장여 힘을 받아 창방으로 전하므로 꼼꼼하게 바심질한다. 사진에서 장여를 받치고 앉은 작은 접시가 통소로다.

소로로 장식된 모습

소로 사이 공간을 막는 판인 소로방막이를 하면 통소로인지 쪽소로인지 잘 구분이 안 된다. 소로방막이를 끼려면 아래 그림(다)처럼 통소로를 밑굽에서 수직으로 딴다. 한옥이라면 대개 쪽소로를 쓴다.

① 나무보기 : 나뭇결을 눕혀서 사용한다. 무늬 결이 보이게 하고 자른 면인 나이테 방향은 벽선으로 놓는다. 장여를 받는 홈을 갈이라고 하는 데 그 모양에 따라 이름이 다르다. 많이 쓰는 건 그림과 같다. 양갈소로에 주두에

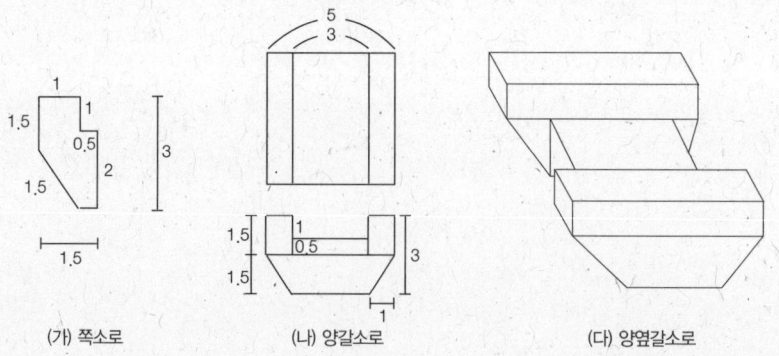

(가) 쪽소로   (나) 양갈소로   (다) 양옆갈소로

서처럼 5푼 정도 턱을 남겨야 마감하기가 편하다. 아니면 장여와 소로방막이를 딱 맞추기가 힘들다. 소로방막이 없이 장여에 턱을 주어 마감하기도 한다.

② 먹매김 갈은 장여폭으로 한다. 주두처럼 한 사람이 먹을 놓는다.

③ 깎기 규격에 맞추어 깎되, 홈대패를 이용하면 된다. 빗면은 둥근톱으로 자르거나 전기대패로 여러 번 밀어 깎는다. 여러 개를 한꺼번에 만들므로 톱질로 썰려나가는 살을 셈에 넣는다.

장여

장여는 도리를 받는 부재로 큰 힘을 받지 않는다. 그러나 대들보가 움직이지 않게 잡아주고, 도리가 처지는 것을 줄이고 주두도 잡는다. 민도리집에서는 창방 구실도 한다.

① 나무보기 풋살은 길이 방향으로 휠 수 있다. 풋살이 밑으로 가야 짜 맞출 때 힘이 덜 든다. 가운데가 튀어 오르고 양쪽이 눌리기 때문에 결구되는 부분을 눌러준다.

② 먹매기기 장여와 짜이는 부재는 주두, 도리, 소로, 창방, 보 정도다. 장여 춤(높이)은 보와 도리 춤과 관계있다. 쪽소로를 쓴다면 주두 턱에 맞게 5

푼 턱을 만든다. 장여가 평주에 놓이냐 귀주에 놓이냐에 따라 먹매김이 달라지는 것은 창방과 같다.

③ 바심질 위로는 도리와 아래로는 창방이나 소로와 만난다. 장여 위아래 모두 수평이어야 하므로 마름질에 신경 쓴다. 뼈대로서 성질이 떨어지므로 실제 장여 치목은 빠르게 진행된다. 굴도리인 경우 굴도리 밑면

장여가 짜인 모습

을 평평하게 깎아 장여에 맞추거나, 장여에 도리가 들어갈 자리를 판다. 팔 때는 엔진톱으로 거칠게 파고 배대패로 다듬으면 된다. 홈대패를 쓰기도 한다. 납도리라도 1~2푼 홈을 파서 끼우는 것이 여러모로 좋다.

④ 주의할 일 굴도리를 받는 장여는 오목하게 파는 데 이때 끝부분을 1~2mm 정도 남겨야 찌그러지지 않는다.

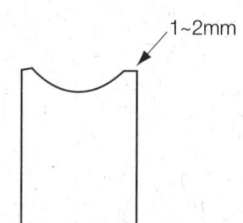

장여 도면 설명

아래 넓게 깎인 부분(P)이 주두에 올라가는 부분이다. 언뜻 이해가 안 되면 아래 그림처럼 창방을 놓고 주두를 놓고 장여를 얹는다고 생각해보자. 숫

장부 4치와 암장부 4치가 주두 위로 올라와야 비로소 이어진다. 장여가 주두에 깊게 들어가는 경우도 있다. 예를 들어 기둥이 8치인데 장여의 P부분이 3치라면 1치는 장여 몸통 자체가 기둥 위로 올라가게 된다. 이건 장여끼리 잡는 힘과도 관계있다. 장부길이가 부재 춤의 1/2 이상이 되면 급격하게 약해진다.

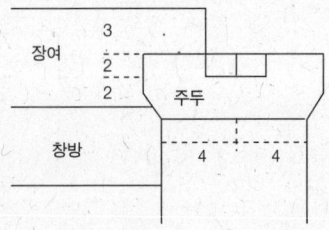

아래 도면은 귀주 위에서 받을장 업힐장으로 만나는 장여다. 주두 크기만큼 넓게 파져있다. 이곳에는 보가 없기 때문이다.

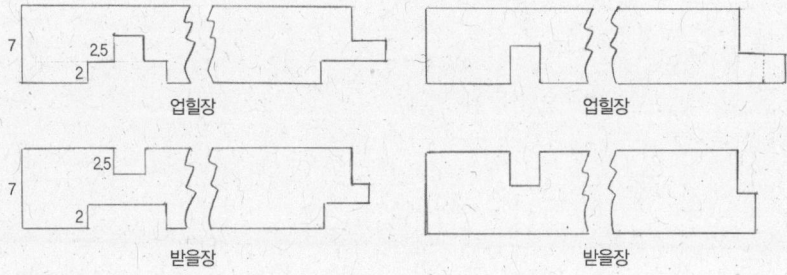

○ 물목산정도면(귀주) / 응용도면(민도리집, 주두 자리가 없다.)

대들보를 깎다
– 대들보 · 충량 · 안기둥 · 도리 –

　대들보는 거의 모든 부재와 만난다. 앞서 살펴본 부재를 빼고 대들보, 고주, 충량, 도리를 살핀다. 기둥 설명 처음에 실린 6장의 사진에 이어서 보면 된다. 사진7에는 장여가 짜여진 위에 보를 놓고 있다. 사진8이 보가 짜인 모습이다. 사진9는 도리가 보목에 올라간 모습이다. 더 이상 기둥 위에 놓이는 부재는 없다. 바로 여기 보목과 도리가 만나는 점이 그레먹선이 된다. 사진7에서 보의 몸통에 보면 가로로 그어진 그레먹선이 보인다.

대들보

대들보는 지붕무게를 받아 기둥으로 전달하는 부재다.

① 먹매기기 대들보는 아주 크다. 그래서 먹매기기가 쉽지 않다. 생각해야 할 부재가 많기 때문이다. 처음 깎을 때에는 도무지 어디가 어딘지 알 수 없다. 차분하게 정리해보자.

보목부터 알아보자. 보목은 숭어턱이라고도 부르는 데 폭은 수장폭으로 한다. 따라서 보통 3치를 쓴다. 수입나무는 이보다 1~2치를 더 크게 쓰기도 한다. 다만 보목의 폭은 도리가 서로 잡는 힘과도 관계있으므로 너무 크게 하는 건 좋지 않다.

보목의 춤은 보통 6치 정도를 쓴다. 민도리집에서는 기둥 사개에 맞추어지므로 이보다 크게 하기 어렵고 오히려 조금 작게 한다. 회첨에서는 보목을 희생해서 반턱으로 받기도 한다.

물목산정도면의 먹매기기 기준이 되는 그레먹선을 셈해보자. 장여 7치에서 2치는 주두에 잡히고, 도리는 8치에서 3치가 보목 위로 올라간다. 따라서 보바닥에서 1자 높이가 그레먹선이다. 실제 보목 높이는 8치인 셈이다. 한옥에서 보목은 이 이상 커지기 힘들 것이다. 그레먹선을 결정하는 건 보목의 춤을 결정하는 것이다.

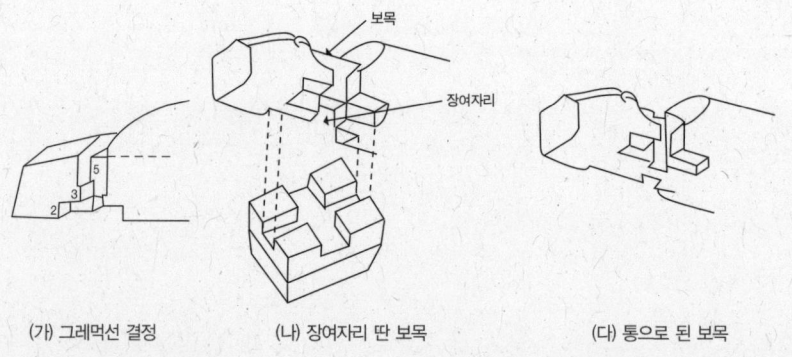

(가) 그레먹선 결정   (나) 장여자리 딴 보목   (다) 통으로 된 보목

보를 주두에 올릴 때는 보목 밑부분에 장여 자리를 따내는 방법이 하나 있고, 보목을 통으로 물리고 장여를 보목 옆에 주먹장으로 물리는 방법이 있다. 그림(나)는 보통 익공집에 쓰이고, 그림(다)는 기둥에 직접 끼우는 종보나 민도리집에 쓴다. 민도리집이라면 장여 없이 할 수도 있을 것이다. 이제 대충 보목이 머리에 들어왔으니 일반적인 기준으로 먹매기기를 해보자. 나무가 너무 커서 부재를 돌리는 게 쉽지 않다. 따라서 적게 움직이면서 먹매김을 해야 한다.

A. 대들보 밑면을 그린 것이다. 대들보 양쪽에 중심선을 내리고 이를 이어 중심먹선을 그린다. 부재에 중심선을 긋고, 1.5치씩 나간 것은 보목을 만들기 위한 먹선이다.

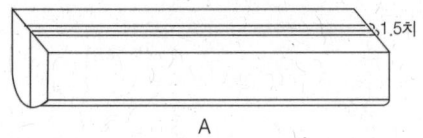

B. 8자 간사이 집이라면 중심에서 4자씩 가서 중심선과 수직으로 만난 점이 양쪽 기둥의 중심이다. 기둥과 기둥 사이의 거리를 잴 때는 꼭 장척을 써야 한다. 그리고 보 측면에 중심선을 내려야 한다. 그림처럼 부재 옆면에 수직선을 그으려면 판재를 위에 놓고 거기에 곡자를 걸어 그으면 쉽다.

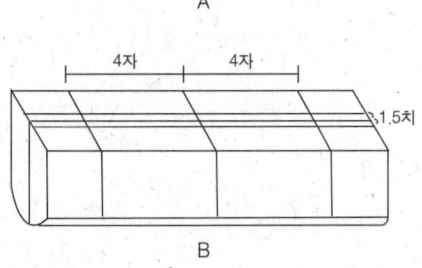

C. 다음 보를 옆으로 눕히고 그레먹선을 놓는다. 이 선을 기준으로 도리가 올려지기 때문에 전체 기준선이 된다. 기

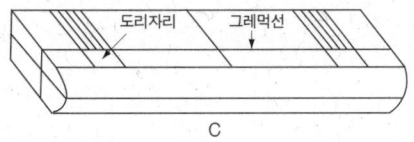

등 중심먹선이 수직 기준선이라면 대들보의 그레먹선은 전체 수평기준선이 된다. 장여와 도리가 짜일 곳을 그린다. 민도리집이면 기둥 폭을 그려 따야 한다. 도리가 굴도리라면 판을 떠서 굴도리가 놓일 자리에 먹칼이나 연필로 도리를 그린다. 그레먹선은 치장선으로 계속 남을 것이므로 잘 쳐야 한다.

　D. 보를 돌려 세운다. 등에 중심선을 그리고 5량 이상 집이라면 동자주 올릴 자리를 그려야 한다. 지금까지 그려온 선이 모두 나타난다. 기둥의 중심점에서 보머리 끝까지는 1자 이상을 둔다. 만약 기둥 지름이 1자라면 보머리는 반지름을 빼고 5치 이상 나올 것이다. 보머리는 보통 8치를 넘지 않는다. 먹선을 다 그리면 바심질 한다.

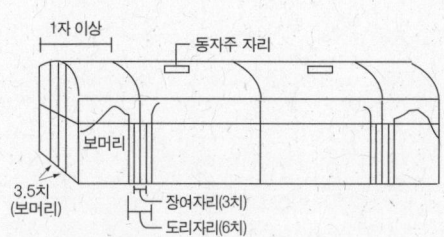

　1차 바심질이 끝나면 주두를 그리고 사진(나)처럼 주두 자리를 판다. 보통 주두 자리는 2치를 판다. 이는 보 밑으로 이어지는 장여 높이와 관계있다. 먹선을 죽여 주두에 잘 끼이게 하고 주두에 맞춰보면서 바심질한다.

　E. 보머리 조각은 도안을 대고 연필로 그린다. 집밖에서 보았을 때 보머

(가) 보목을 따고 있다

(나) 주두 자리를 따고 있다

○
대들보 보목을 바심질하는 모습

리 가운데가 좀 올라간다. 기둥보다 대들보가 크므로 소매걷이를 해서 처져 보이지 않게 한다. 보머리는 서까래가 닿지 않게 도리 밑으로 내려간다.

F. 추녀를 받기 위해 충량(측량)을 쓰기도 한다. 건물 측면에 중간기둥이 있으면 여기에 충량 한 끝을 걸고 다른 한 끝을 대들보에 통 물려 주먹장으로 맞춘다. 그림처럼 한쪽은 보모양이고 다른 쪽은 주먹장이다. 충량 장부를 실측해서 대들보 옆면에 장부를 딴다.

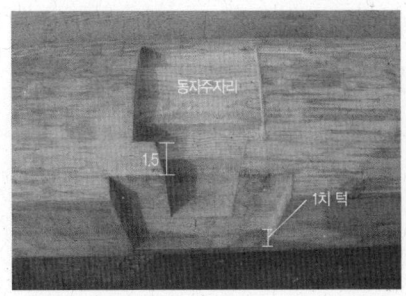 

대들보 허리에 만든 충량 자리 / 충량을 조립한 모습

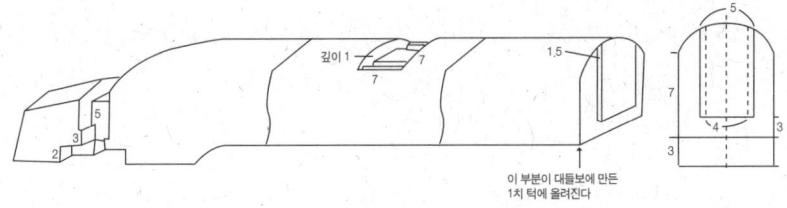

충량도면

보 등에 파인 자리는 동자주를 놓을 자리다. 동자주가 앞뒤 좌우로 흔들리지 않게 잡아준다.

② 바심질 대들보는 깊은 곳이 많아 끌 작업이 많다. 그러나 대부분 엔진톱으로 깎을 수 있다. 몸통은 전기대패로 깎고 손대패로 마무리한다. 밑면이 수평이 되면 아래서 볼 때 처져 보인다. 그래서 보통 1~2치 정도 곡을 준다.

이를 바데떼기라고 한다. 그러나 보 밑면에 벽 등 부재가 닿는 곳은 곡을 주지 않고 평평하게 해야 힘이 고르게 벽에 전달된다. 대들보의 춤은 최대한 살려둔다. 힘 받기에 유리하다.

③ <u>주의할 일</u> 손대패로 마무리할 때 대들보 윗부분은 하지 않는다. 조립을 할 때 대들보를 밟고 다니는데 미끄러질 위험이 있기 때문이다.

대들보 도면 설명

보 도면은 너무 복잡하다. 따라서 사진으로 보는 것이 훨씬 이해하기 쉽다. 일반 대들보는 양쪽 보머리가 똑같이 생겼다.

<u>물목산정도면</u> 대들보는 한 쪽이 안기둥에 앉는다. 안기둥을 중심으로 양쪽으로 그림처럼 대들보가 올 것이다. 보머리의 수치는 충량과 같으므로 함께 본다.

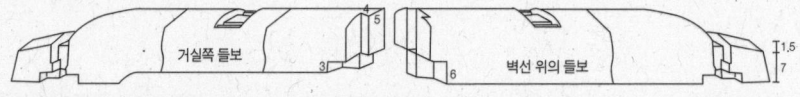

○
물목산정도면 보머리 확대 사진도면

<u>응용도면</u> 민도리집 대들보라면 기둥 폭으로 끝까지 딴다.

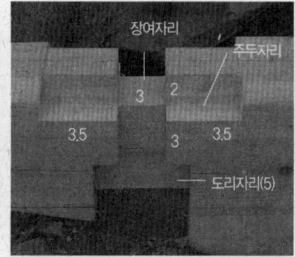
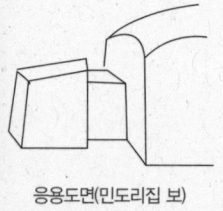

응용도면(민도리집 보)

○
물목산정도면(보의 밑면)

○ **잠깐 상식**
간보는 뭐죠?

간보는 대들보가 넘어지거나 미끄러지는 것을 막기 위해 대보와 대보를 연결하는 작은 보다. 크기는 폭과 높이가 5치 정도면 된다. 그러나 계량이 되어서 다른 부재를 받으면 보통 보개념으로 써야 한다. 또 간보라면 통으로 턱 물리지 않고 주먹장으로만 연결하기도 하나, 계량으로 쓰면 꼭 턱 물려야 한다. 일반적으로 대들보 옆을 따고 부재를 물리면 2치 반 정도를 딴다. 1치 반을 주먹장으로 물리고 1치는 턱으로 물린다. 과도하게 장부를 만들면 대들보에 무리가 갈 뿐 아니라 장부 자체도 약해진다. 계량은 홍예보가 있는 경우 퇴보 자리에 있는 인방을 뜻하기도 한다.

안기둥

안기둥으로 대표적인 것이 고주이다. 고주는 긴 기둥이다. 길기 때문에 종보 위에 올리는 동자주 구실도 함께 한다. 툇간이 있는 경우 고주는 아주 능률적인 부재이다. 사진에는 평주와 고주가 나란히 서 있다. 이때 고주와 평주 사이가 툇간이다. 고주를 세우는 대신 장통보(대들보) 밑에 중간 기둥을 세워 툇간을 만들기도 한다.

고주와 그레먹선 / 툇간에 쓰인 고주와 동자주

① **나무보기** 고주는 통으로 된 나무를 쓴다.

② **먹매기기** 평주와 달리 고주에는 그림처럼 그레먹선을 그린다. 그레먹선을 그리려면 먹매기기 기준선은 일반 기둥과 달리 뿌리 쪽인 원구가 된다. 즉 밑에서부터 재서 올라온다. 고주의 암장부 먹매김은 보의 숫장부를 재서 먹매김을 해야 빈틈없이 끼워져 짬이 없다. 나머지는 기둥에서와 큰 차이가 없다.

고주와 보 그리고 퇴보

고주에 퇴보를 맞추는 방법은 목수마다 다르다.

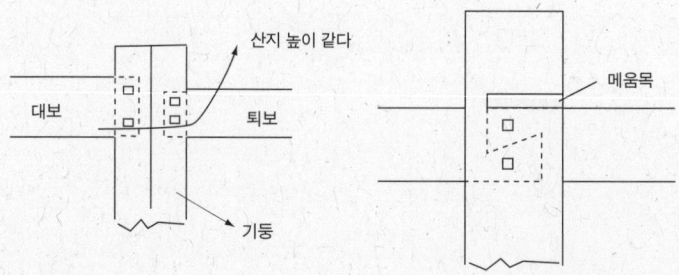

뒷간에 쓰는 퇴보는 대개 고주에 끼워지는데 여러 가지로 짤 수 있다. 다만 퇴보와 대들보가 맞보 형식으로 그림처럼 만날 때는 아래쪽 산지 높이가 같아야 한다. 산지는 보통 밑에서 2~3치 정도를 띤다. 양쪽 보는 고주를 관통하지 않고 중심에서 1치 정도 떨어져 있게 된다. 산지를 쓰기 위해서는 곧은장이 산지 앞 뒤로 1치씩은 남아야 하므로 곧은장(위 그림에서 점선) 길이가 3치는 되야 한다. 갈퀴이음으로 잇고 메움목을 넣는 수도 있다.

안기둥 도면 설명

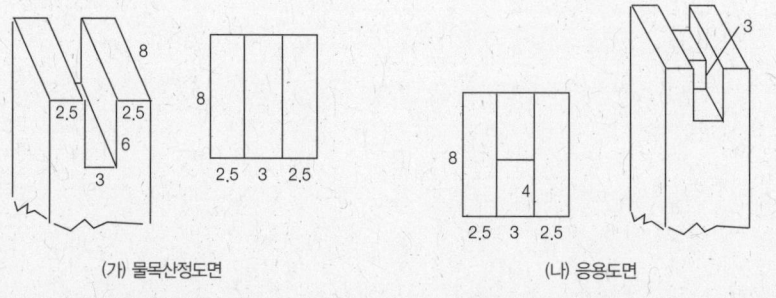

(가) 물목산정도면   (나) 응용도면

그림(가)는 안기둥 양쪽에서 오는 대보 높이가 같은 경우다. 그림(나)는 바데떼기 등으로 보 사이에 층이 생겨 차이를 없애게 한 기둥 도면이다. 대보 밑은 산지로 고정한다. 안기둥을 잡아주기 위해 창방을 쓰되 벽두께를 고려해서 쓴다. 이때 창방도 고주에 끼우는 보처럼 곧은장으로 넣어 산지로 고정한다. 아니면 도면처럼 내림주먹장을 만들어 잡아주거나, 간단하게 쪽주먹장으로도 잡아줄 수 있다.

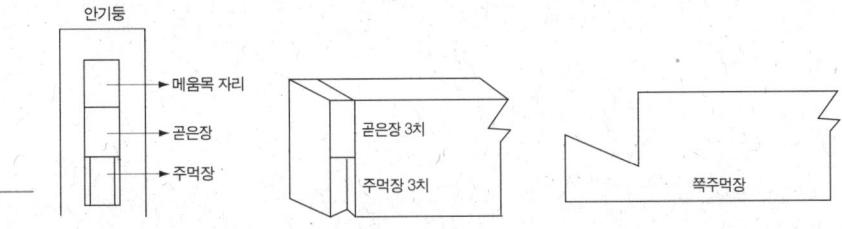

도리

도리는 대들보와 함께 제일 중요한 가로부재다. 지붕 무게를 받아서 대들보와 기둥으로 전달한다.

① 나무보기 도리는 자르는 힘에 강한 나무가 좋다.

② 먹매기기 십반을 놓고 중심선을 놓는다. 굴도리의 중심선은 대들보의 그레먹선과 같은 높이에 와야 한다. 즉 굴도리의 중심선이 그레먹선이다. 납도리는 윗면에서 1/3 내려온 선이 그레먹선이다. 보통 2~3치 내려온 선이다. 도리의 한쪽은 암장부 다른 한쪽은 숫장부가 된다. 부재가 모자라 장부 길이가 나오지 않으면 양쪽을 암장부로 만들어 나비장이음을 한다. 귀기둥에 놓는 도리는 왕지맞춤한다.

③ 바심질 도리는 보목에 올라가 주먹장으로 이어진다. 굴도리가 기둥에 직접 얹어질 때는 도랭이를 써서 굴도리에 맞게 기둥 사개를 딴다. 납도리는 모서리를 접어줘야 서까래와 접촉면이 넓어지고 연정 박기가 쉽다. 5~60년

○
암수도리들 모습

대 지은 민도리집을 살피면 도리를 보 옆에 주먹장으로 맞추거나, 창방처럼 사개에 맞춘 것도 보인다.

도리 도면 설명

귀주 도리는 왕지로 만나므로 특집에서 본다. 왼쪽이 암장부 오른쪽이 숫장부다.

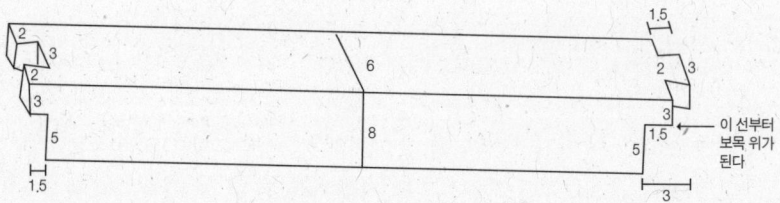

이 선부터 보목 위가 된다

동자주(쪼구미)를 깎다
- 동자주 · 종보 · 중장여 · 중도리 -

사진을 순서대로 보자. 대들보 위에 동자주가 앉을 자리가 파져 있다. 동자주가 줄맞춰 끼워져 있다. 동자주에 장여를 얹고 있다. 종보를 올리고 있다. 도리가 올려져 있다. 모서리 동자주에서 중도리가 왕지로 만난다.

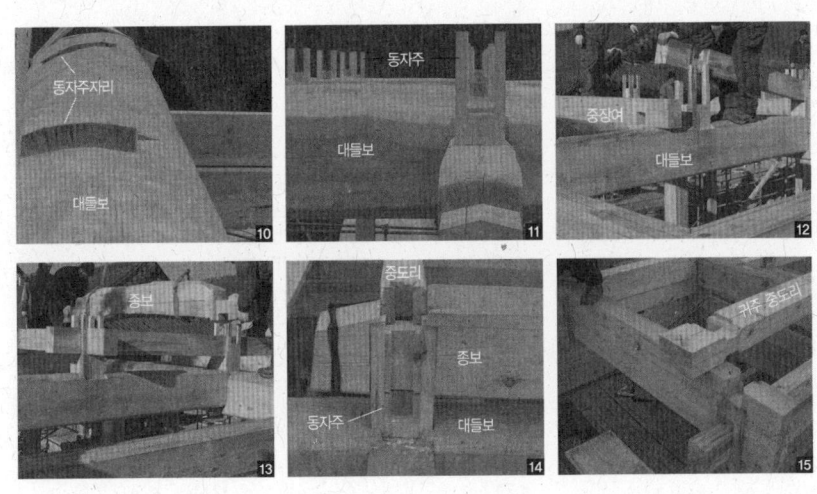

동자주

동자주는 대들보 위에서 종보를 받는 짧은 기둥이다. 동자주도 기둥이다. 따라서 사개가 있고, 여기에 보 장여 도리가 짜인다.

① 나무보기 : 나무는 마른 것을 사용한다. 그렇지 않으면 조립현장에서 만들어 쓴다.

② 동자주 길이 정하기 : 동자주 높이는 물매로 결정된다. 물매 계산은 6장에서 이미 공부했다. 처마서까래 물매를 4치로 하고 동자주 높이를 계산해보자. 물목산정도면에서 기둥심에서 동자주심까지의 수평거리는 5자다. 동자주가 2자면 4치 물매가 된다. 2자는 대들보의 그레먹선과 종보의 그레먹선 사이의 거리이다. 그 거리가 동자주 길이다. 그러나 실제는 그보다 작다. 왜냐하면 그 사이에는 동자주만 들어가는 게 아니고 그레먹선 위의 대들보 높이가 있기 때문이다. 대들보 등은 둥글고 자연스런 모습이라 등 높이가 다르다. 따라서 동자주 높이도 다 달라진다. 계산식을 써보면 다음과 같다.

물매산정 및 표시

20-(그레먹선에서 보등까지 거리)+1

여기서 1은 동자주를 대들보에 고정시키기 위한 촉의 크기다. 기타 동자주에 주두가 올라가면 이를 셈해서 빼준다.

③ 먹매김 십반, 중심선을 긋고, 기둥과 같이 사개를 만든다. 평기둥와 귀기둥에 차이가 있는 것도 기둥과 같다. 동자주 사개길이는 장여 5치 도리 5치로 1자가 된다. (도리 8치 중 3치는 동자주 사개 위로 올라간다)

④ 바심질 동자주는 대들보 폭보다 작아야 하므로 사개가 얇다. 따라서 동자주는 종보와 도리 등을 하나씩 맞춰보며 제일 늦게 바심질한다. 동자주 밑면 장부는 쌍갈로 하는 것이 좋다.

⑤ 주의할 일 동자주와 기둥의 차이점은 기둥은 주춧돌 위에 올라가고 동자주는 대들보 위에 올라간다는 점이다. 그 밖에는 아무런 차이가 없다. 동자주는 작아서 꼼꼼하게 신경 써야한다.

○ 동자주 바심질 모습

동자주 도면 설명

물목산정도면 동자주(가)는 평주다. 따라서 장여를 받고 이것과 엇갈리게 종보가 올라오고 여기에 중도리가 올라간다. 동자주(나)는 모서리 기둥

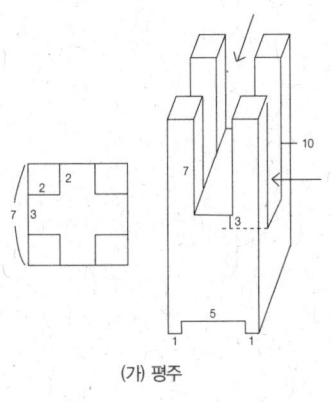
(가) 평주

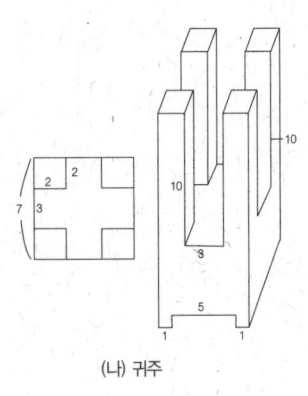
(나) 귀주

○ 물목산정도면

(다)   (라) 합각 동자주

○
응용도면

으로 장여와 도리를 받을장 업힐장으로 받는다.

　응용도면　사진(다)는 종보 목을 5치로 하여 장여를 동자주와 종보에 모두 주먹장으로 맞추는 방법이다. (종보 응용도면 참고) 도리는 보 옆에 주먹장으로 물리고 보 위에서 다시 주먹장으로 만나는 겹주먹장이 된다. 동자주 (라)는 ㄱ자 집에서 꺾이는 합각쪽에 필요하다.

종보(중보)

　종보는 중도리를 받아 지붕 무게를 나누어 대들보에 전달한다. 종보는 대들보 깎는 방법대로 하면 된다. 다만 종보가 측면에 오면 서까래를 받아야 하므로 높이가 서까래에 맞춰져야 한다.

종보 도면 설명

　물목산정도면　종보의 그레먹선은 장여를 잡는 2치와 도리 5치를 셈하여 바닥에서 7치가 된다. 종보는 등에 판대공 자리를 판다. 판대공이 너무 길지 않게 보춤은 10치로 한다.

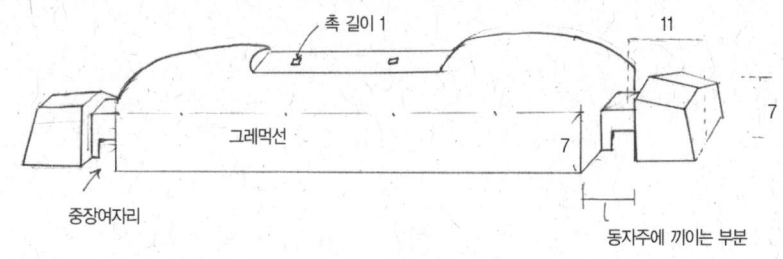

물목산정도면

중장여가 종보 아래 놓이는 경우 종보 모습이다. 위 동자주에 아래 설명하는 중장여를 끼고 종보를 올려보자. 사진 12, 13을 참고한다.

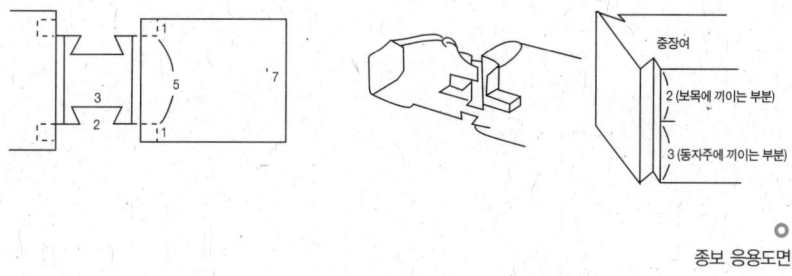

종보 응용도면

<u>응용도면</u> 종보 목을 5치로 하고 양쪽에 주먹장을 만든 모습이다. 오른쪽은 여기에 짜이는 중장여의 주먹장 부분이다. 중장여 5치 중 3치는 동자기둥에 물리고 종보에는 2치만 물린다. 도리는 겹주먹장을 이용한다. (물목산정도면은 사진13, 응용도면은 사진14의 종보이다. 차이를 확인하자)

제11장_ 바심질하다 259

중장여와 중도리

물목산정도면의 중장여다. 다만 중도리 모양은 좀 복잡해진다. 중도리가 동자주에 물리고 사개를 위에서 덮기 때문이다.

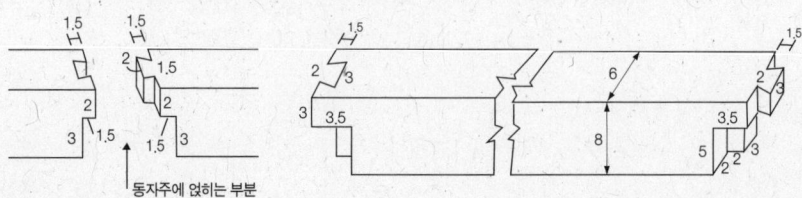

o
물목산정도면(중장여 / 중도리)

판대공을 깎다
— 판대공 · 마루장여 · 마루도리 —

판대공은 보를 받지 않을 뿐 기둥과 크게 다르지 않다. 다만 천장이 드러나기 때문에 예쁘게 보이도록 판대공을 만들어 쓴다. 따라서 동자주를 써도 문제없다. 다만 이때는 판대공 대신 동자대공이라고 부른다. 판대공은 종보 위에 세운다. 합각을 내기 위해 마루도리를 중도리보다 길게 밖으로 낼 때도 동자대공을 쓴다. 정리하면 대들보와 주심도리를 받는 것이 기둥, 종보와 중도리를 받는 것이 동자주, 마루도리를 받는 것이 대공이다.

판대공

판대공은 지붕무게를 받아 종보에 전달한다.

① 나무보기 판대공은 수장폭으로 하나 요즘은 조금씩 넓게 써 4치를 쓰는 경우가 많다. 개인적으로는 기둥이 굵어진 이유처럼 판대공도 4치는 되야 한다고 생각한다. 판대공을 만들 때는 속살과 겉살을 엇갈아 놓는다. 나

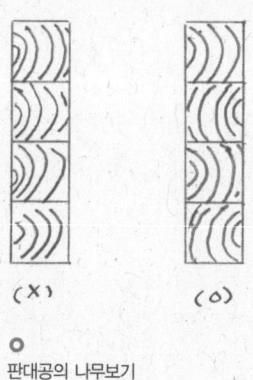
판대공의 나무보기

무가 마르면서 한 쪽으로 휘는 것을 막기 위해서다. 긴 널재를 그냥 세워대기도 하는데 이를 키대공이라고 한다. 장부 파기 등에서 유리한 판대공을 많이 쓴다. 그러나 판대공도 너무 높으면 좋지 않다. 플라스틱 자를 위에서 누르면 휘는 것과 같은 버클링 효과가 있기 때문이다. 이때 판재를 나뭇결 방향으로 눕혀 사용해야지 자란 방향으로 세워놓으면 누르는 힘에 나무가 갈라질 수 있다.

② 판대공 높이 보기 여기서는 지름물매를 6치로 정하고 서까래물매를 4치로 정하는 경우 마루물매는 8치 5푼이 된다. 따라서 동자주 심에서 판대공 심까지 4자이므로 판대공 높이는 3자 4치로 한다. p256사진을 참고한다.

③ 먹매기기 먹매기기는 판대공으로 쓸 부재를 포개어 하나로 묶어 흔들리지 않게 조임 끈으로 꽉 묶은 뒤 좌우에 쫄대를 대고 못을 박아 부재가 움직이지 않게 고정하고 한다. 중심먹을 놓고 위와 아래 폭을 결정하여 사진처럼 먹을 놓는다. 보통 아래 넓이를 도리지름의 3배 정도로 한다. 위쪽은 그 반 정도로 한다. 이는 도리 등 부재 크기를 보고 결정해야 보기 좋다. 판대공 부재가 만들어지면 그 위에 장부를 그린다. 종도리와 종장여를 받을 장부 먹

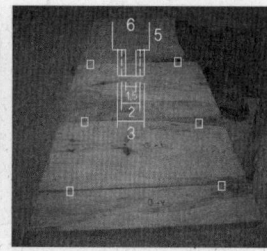
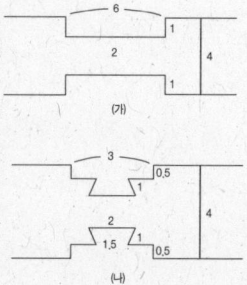
판대공 먹매기기 / 판대공 물목산정도면

매김과 나무를 하나로 잇기 위해 박을 촉 자리도 함께 표시한다. 높이는 동자주 높이 셈법과 같다.

④ <u>바심질</u> 먹매김이 끝나면 부재를 풀어 장부를 판다. 판대공 제일 윗조각은 그림(가)처럼 생겼고, 두 번째 조각은 (나)처럼 생겼다. 장부를 따면서 촉 자리도 판다. 촉은 8푼 이상 두께로 1치 5푼 정도를 만든다. 전체적으로 판대공 작업은 끌을 많이 쓴다. 촉을 써서 고정하는 것 말고도 짤 때는 판대공 좌우에 홈을 파서 쫄대를 박아 고정한다. 나무가 마르면서 틀어지는 것을 막기 위해서다.

○ 완성된 판대공

⑤ <u>주의할 일</u> 판대공은 부재가 여럿 합해져 중심선을 맞추기가 힘들다. 꼼꼼하게 해도 나무 조각 수축률이 달라 틀어져 버린다. 따라서 판대공용으로 가져온 나무만 써야 한다. 판대공 어깨는 서까래가 걸리지 않게 어깨굴림 한다.

마루장여와 마루도리

마루장여는 판대공 도면상(나)에 주먹장을 맞춰 치목해서 짠다. 마루장여는 상량식에 쓰여 상량대라고도 한다. 그래서 특히 깨끗한 것으로 준비한다. 마루도리는 그림(가)에 맞게 치목한다. 판대공에 5푼~1치 정도 통을 파서 끼우고 판대공의 중심에서 주먹장으로 연결한다.

처마를 만들다
― 서까래 · 평고대 · 부연 ―

처마를 이루는 서까래와 부연을 알아본다. 추녀, 사래, 갈모산방, 선자연 역시 처마를 구성하나 박공과 함께 특집에서 다룬다.

서까래

서까래는 처마를 구성하는 장연과 마루도리와 중도리를 잇는 단연이 있다. 단연은 제재목을 쓰나 장연은 대개 깎아 쓴다.

<u>① 나무보기 및 마름질</u> 나무껍질을 완전히 벗겨야 썩지 않는다.

<u>② 먹매기기</u> 배를 하늘로 향하게 놓고 십반먹을 놓고 도랭이로 원을 그린다. 도랭이는 나무가 휘어진 상태를 보아 위치를 잡는다. 그러면 굽은 나무에서도 직선에 가까운 서까래를 얻을 수 있다. 부연이 있는 겹처마 장연은 부연 없는 홑처마 장연보다 5치 정도 짧다. 기둥높이의 1/3 기준으로 처마를 뽑기도 하나 한옥에서 장연은 보통 3자에서 3자 반으로 한다.

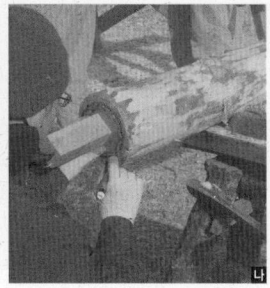

장연 만들기

③ 서까래 나이 매기기 서까래가 휜 정도를 재 두면 지붕 기울기 잡기가 쉬워진다. 휘어진 정도를 표시하는 것을 나이 매기기라고 한다. 이를 위해 쓰는 작업대를 좌판이라고 한다. 나무가 앉는 판이다.

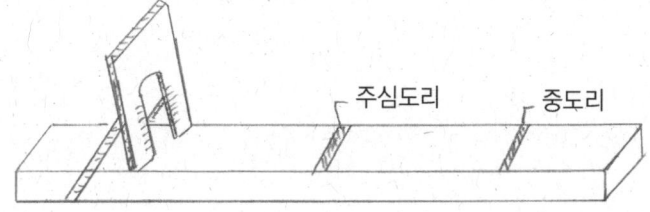

좌판

이 장치는 실제 지붕에서 서까래가 앉을 길이를 그대로 셈해서 만든다. 그러므로 주심도리와 중도리 사이의 수평거리가 아니고 처마 물매를 셈한 거리다. 예를 들면 주심도리와 중도리의 수평거리가 4자고 물매가 4치라면, 작업대 주심도리와 중도리 사이 거리는 4자 3치다.

처마서까래는 배가 위로 가고 등이 아래로 향한다. 좌판머리는 그림처럼 해도 되고 판재로 해도 된다. 이 때 원구가 닫는 판의 기울기는 1/10이다. 사

 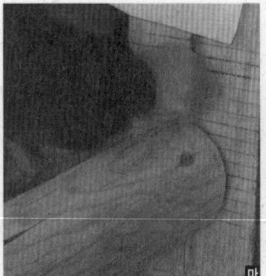 

○
서까래 나이 매기기

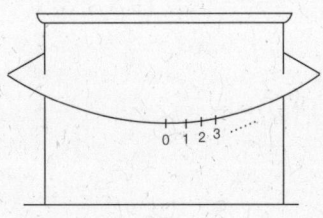

진은 실제 나이 매기는 모습이다. 판재에 보이는 선은 좌판에서부터의 높이다. 서까래가 휘어진 정도를 알 수 있다. 이 휘어진 정도를 숫자로 서까래 머리에 적는다.

　　사진(마)처럼 그레자로 서까래 마구리에 원을 그려 (바)처럼 비껴 자른다. 빗자르기는 많은 연습이 필요하다. 나이는 지붕 가운데를 0으로 시작해서 좌우로 갈수록 숫자가 커진다. 지붕을 바라볼 때 가운데가 가장 밑으로 처지고 추녀쪽이 들리기 때문이다.

　④ 바심질　연장은 홈대패-전기대패-손대패 순서로 쓴다. 눈에 보이는 부분에 신경을 써서 다듬는다. 장연은 처마 끝에서 3자 정도 들어간 곳을 5푼 정도 크게 치목한다. 머릿속에는 한복 소매를 떠올리며 다듬는다. 실제 경험상으로는 2자 반 정도 들여 두툼하게 다듬는 게 보기 좋다. 이는 사람마다 차이가 있다. 서까래 들린 정도는 집 안팎의 기후와 밀접한 관계가 있다는 점을 염두에 두어야 한다. 서까래 윗면은 개판이 자리 잡게 한 번씩 밀어놓으면 좋다. 서까래는 1자 간격으로 놓는 것이 보통이다.

평고대

평고대는 서까래나 부연을 연결하는 부재다. 놓이는 자리에 따라 이름이 다르다. 평고대는 그림처럼 이으면 밀리지 않는다. 그러나 서까래가 작으면 이음새가 보이기 때문에 그냥 반턱으로 빗깎아 잇는다. 초가

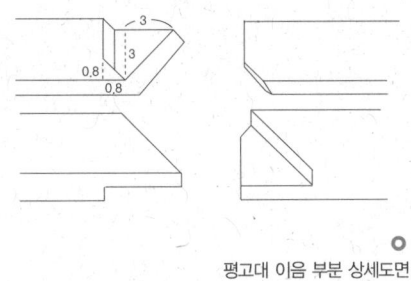

평고대 이음 부분 상세도면

의 평고대는 초평이라고 한다. 초평은 춤이 2치면 될 것이다.

<u>초매기</u> 서까래를 잡는 평고대가 초매기다. 이는 서까래를 위에서 못으로 잡는다. 초매기는 부연을 받아야 하므로 윗면을 비스듬히 깎는다. 평고대 춤이 2~3치인 경우 5~7푼까지 적절하게 깎는다. 서까래 위에 까는 개판은 평고대 끝에 홈을 파

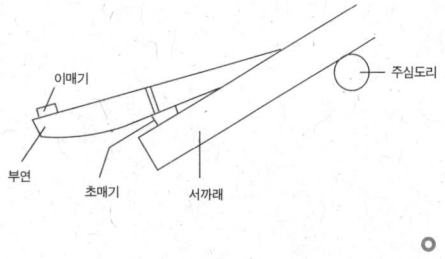

초매기와 이매기

고 끼운다. 홈은 4푼 정도 깊이로 파는데 개판은 5리 정도를 작게 해서 끼운다. 이매기에서도 마찬가지다. 그래야 평고대를 밀지 않는다. 또 기와가 올라가면 눌리므로 홈 밑으로도 5푼에서 5리 정도 뺀다. 현장에서 고링이라고 하는 표현은 5리의 일본식 표현이다. 고링 뜻은 이처럼 정확하게 맞추어야 하는데 약간 덜 하거나 더 한다는 의미로 해석해야 할 때가 적지 않다.

<u>이매기</u> 부연을 잡아주는 평고대. 초매기와 다 같으나 윗면을 5푼 빗깎지 않는다. 평고대를 받지 않기 때문이다.

조로평고대 조로 대신 고대라고 해도 같은 뜻이다. 한옥은 추녀곡을 따라 올라가는 지붕선을 만드는데 이 곡선을 잡는 평고대가 조로평고대이다. 자연스럽게 휘어진 나무가 좋으나 그런 나무가 없어 억지로 휘게 해서 쓴다.

부연

부연은 처마를 깊게 하는 네모난 서까래다. 놓는 자리에 따라 벌부연, 고대부연으로 나눈다. 한옥에서 '벌'이라는 말은 보통이라는 접두어로 쓰인다. 따라서 벌부연은 보통 부연이고, 고대부연은 추녀 쪽에 놓이는 부연이다.

① 나무보기 및 마름질 등배, 원구말구를 구분해 쓰는 게 좋지만 그림처럼 긴 부재를 나누어 쓰기도 한다.

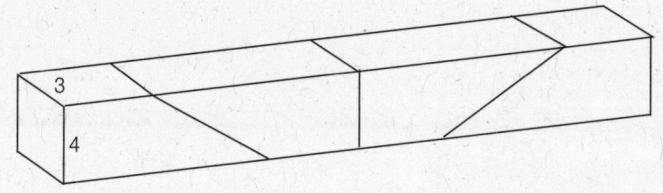

② 먹매김 도안을 이용하여 그리는 것이 제일 정확하다. 부연의 뺄목은 서까래 뺄목의 1/3 정도 잡는다. 부연 뒤초리는 뺄목의 1.5~2.5배다.

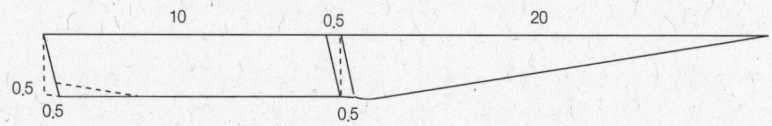

③ 마름질 부연은 1/3지점까지 볼을 경사지게 후린다. 앞부분은 밑을 5푼 들여 경사지게 깎는다. 착고자리는 그림처럼 수직선을 내리고(그림에서 점선), 수직선 중심에서 위는 왼쪽으로 아래는 오른쪽으로 5푼씩 간 점을 연결한다. 깊이는 5푼 정도 하면 된다. 사진을 참고하여 깎는다.

제12장

한옥을 짓다

나무를 짜다

목수는 수평과 수직을 정확히 맞추어 한옥을 지을 수 있을까? 한옥 목수 대부분은 고개를 저을 것이다. 나무가 목수 말을 곧이곧대로 듣지 않기 때문이다. 나무가 말을 잘 듣는다고 해도 눈에 보이는 수직과 수평이 실제와 다르다. 수직과 수평은 그저 하나의 기준일 뿐이다. 추녀는 시간이 지날수록 밑으로 처진다. 그러나 목수는 이를 크게 걱정하지 않는다. 아예 추녀를 위로 올려 곡선을 만들면 되기 때문이다. 눈으로 보이는 안정성을 갖추는 것이 건축에 있어 중요하다. 보이는 것만으로 모든 안정성을 갖추는 건 아니지만 적어도 상당부분 관계있다. 그래서 한옥 짜기는 완성 뒤에 부재가 어떻게 변할지 짐작하는 일이기도 하다.

짜기 전에 살펴둘 일이 있다

<u>심과 심이 이어지다</u> 만약에 주춧돌이 땅에 고정되어 있지 않고 기둥 중심이 주춧돌 중앙을 벗어나면 주춧돌에 휘는 힘이 작용해 주춧돌이 뒤집어질 수 있다. 역학적으로는 중심점에서 주춧돌 길이의 1/6 지름의 1/8을 벗어나면 넘어갈 수 있다. 이는 주춧돌에만 국한되는 것은 아니다. 기둥 위에 올라서는 다른 부재가 정확하게 기둥 중심에 놓이지 않으면 힘이 한 쪽으로 쏠리면서 휘는 힘이 생긴다. 따라서 한옥 짜기의 생명은 중심과 중심을 정확하게 맞추는 것이다. 심과 심을 맞추기 위해 중요한 건 부재의 수직 수평을 맞추는 일이다. 수직 수평이 맞지 않으면 심을 맞추지도 못하고 부재 자체에 휘는 힘이 작용하여 위험하다.

<u>장부 바심질을 살펴보다</u> 주먹장 머리 먹선을 죽인다. 머리 부분이 약한 푼씩 빠지는 것이 좋다. 제 수치가 다 끼워지면 밀어내는 힘이 생기기 때문이다. 장부가 제대로 깎이지 않아 두툼한 것을 '배가 부르다'고 한다. 장부 결합 부분이 그림처럼 배부르면 장부가 깨질 수 있다.

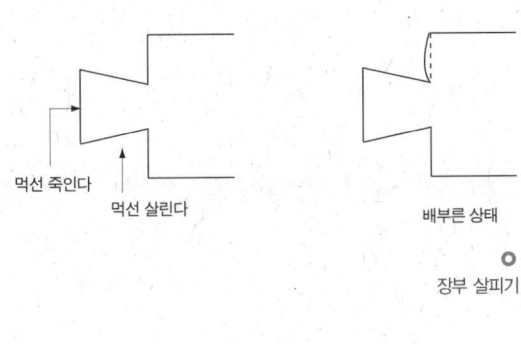

그러므로 배가 부르면 이를 깎아내서 다듬는다. 이 일을 먼저 해 두지 않으면 일이 늦어진다.

<u>문 열다</u> 다음 그림처럼 장부를 위에서 아래로 넣는다고 할 때 먼저 들어가는 부분을 약간 깎아주거나 장부의 모서리를 죽이는 것을 문열기라고 한다. 이는 장부를 보호하기 위한 것이다.

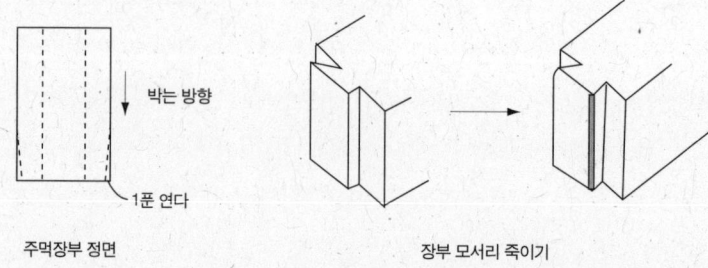

주먹장부 정면 　　　　　　　　장부 모서리 죽이기

○ 장부 문열기

　천막을 준비하다　한옥은 나무집이므로 비 맞으면 안 된다. 따라서 천막과 비닐을 준비한다.

　나무메 치는 요령을 알다　나무메로 부재를 칠 때는 다른 부재를 대고 친다. 창방처럼 힘이 들어가는 부재는 양쪽에서 동시에 메질한다. 부재 위에 올라가 치면 부재가 튀어 오르지 않아 좋다. 반동으로 튀어 오르면 그 힘으로 부재가 상할 수 있다.

　짜기 순서를 알다　기둥 - 익공 - 창방 - 주두 - 소로 - 장여 - 퇴량 - 대들보 - 충량 - 주심도리 - 동자주 - 종량 - 중장여 - 중도리 - 대공 - 종장여 - 종도리 - 추녀 - 서까래(평고대) - 갈모산방 - 선자연 - 개판 - 사래 - 부연(이매기) - 고대부연 - 부연개판 - 집부사(집우사) - 풍판 - 박공 - 목기연개판 - 수장 - 마루 - 대문

　추녀, 갈모산방, 선자연, 박공, 마루 등은 특집에서 보기로 한다.

주춧돌을 놓다

한옥이 처음 만들어질 때는 기둥을 땅 속에 박아 지었다. 물에 약한 나무는 쉽게 썩었다. 그래서 기단과 주춧돌을 만들었다. 한옥이 들어서는 자리는 주위보다 높다. 이곳을 기단이라고 한다. 기단 주위에는 흙이 무너지지 않게 댓돌을 쌓는다. 주택의 기단 높이는 1~3자 정도다. 기후와 주위 사정을 따져 결정한다. 간단한 기단은 주춧돌을 놓고 그 높이까지 흙을 쌓기도 한다. 그러나 주춧돌은 바닥보다 높아야 기둥을 보호하는 데 유리하다. 요즘에는 사진처럼 콘크리트로 줄기초를 놓고 댓돌로 돌려 쌓는 경우가 많다.

콘크리트 기단

주춧돌을 고르다

　기둥을 받치는 돌이 주춧돌이다. 자연석 주춧돌을 덤벙주초라고 한다. 냇가에 있는 돌은 잘 쓰지 않고 산돌을 쓴다. 돌 종류로는 화강석을 많이 쓴다. 금이 가지 않아야 한다. 모양은 둥글넓적하거나 사각형이면 좋다. 기둥 앉을 자리가 도드라지면 좋다. 기둥을 잡는 구실을 하기 때문이다. 가운데가 오목하면 물이 고여 나무가 썩고 벌레가 꼬인다. 넓이는 기둥 한 변 길이의 2배면 된다. 최소한 10cm는 기둥 밖으로 나와야 한다. 나무가 마르면서 틀어지기 때문이다. 주춧돌 높이는 한 자 이상으로 기둥 지름보다 크게 한다. 밑면이든 윗면이든 평평한 것이 좋다. 주춧돌이 반듯하게 놓여야 인방 놓기가 쉽다. 주춧돌 모양을 잘 살펴 놓을 자리와 방향을 정하고 십반을 놓는다. 십반은 건물 앞뒤 방향과 벽선 방향으로 놓아야 한다.

주춧돌을 놓다

　주춧돌을 놓으려면 여러 가지 준비할 것들이 있다. 규준틀로 쓸 각목, 실을 매고 높이를 표시할 나무, 못, 망치, 각목을 땅에 박을 해머, 실, 큰 삼각자, 먹통, 줄자, 먹칼, 곡자, 장척, 호스나 적외선 수평기, 고임목이나 고임돌, 주춧돌을 고정할 배합된 시멘트 등이다. 독립기초를 놓는다면, 지정에 필요한 모래와 달고도 준비한다. 독립기초라고 주춧돌 자리만 다지는 건 아니다. 터 전체를 먼저 다지고 기둥 놓은 곳을 다시 다지는 것이다. 그래서 이를 연립기초라고 하는 이도 있다.

　① 규준틀을 만든다. 말뚝을

주춧돌 수평보기 위한 띠장 설치 모습

기둥 자리 뒤쪽에 박고 실을 띄울 높이를 잡는다. 주춧돌 높이보다 약간 높게 잡는다. 이 기준이 잡히면 말뚝 전체 수평을 본다. 말뚝에 일정한 높이가 표시되면 여기에 띠장을 두른다.

② 규준틀이 설치되면 기둥이 앉을 자리에 실을 띄운다. 이때 수직으로 만나는 두 실의 직각을 보기 위해 큰 직각자를 사용한다. 독립기초 방식이라면 주춧돌 놓을 자리를 표시하고 실을 다 걷어낸다. 지정이 끝난 후 주춧돌을 놓고 다시 실을 띄운다. 건물 전체의 직각도 큰 삼각자로 확인한다.

③ 주춧돌은 실에 달랑 말랑 놓는다. 고임목이나 고임돌을 이용하여 주춧돌 수평을 맞춘다. 주춧돌 수평을 맞출 때 앞뒤를 맞추고 좌우를 맞춘다. 처음 하는 사람은 전후좌우를 동시에 맞추려고 하나 쉽지 않다. 이때 주춧돌 위에 그은 십반이 실과 일치해야 한다.

④ 주춧돌 수평을 맞추고 주춧돌이 고정되면 큰 삼각자와 장척을 이용하여 직각과 기둥간 거리를 정확하게 확인한다.

⑤ 주춧돌을 고정시킨다. 이때 그레발을 주춧돌에 적는 것이 보통이다. 그레발은 그레질할 때 덤을 셈하는 기준이다. 즉 기둥이 실제 닿는 부분 중 제일 낮은 부분과 규준틀에 띄운 선 사이의 높이를 재서 주춧돌에 적어 놓는다.

규준틀 설치 모습 / 주춧돌에 그은 십반

잠깐 상식
낙수받이 돌은 어디에 놓죠?

기와에서 떨어지는 물이 마당에 떨어져 고이므로 처마 밑 기단 아래에 낙수받이 돌을 설치한다. 돌로 물고랑을 만들기도 한다. 민가에서는 처마 밑 흙에 얇은 돌을 깔아 통행에 방해되지 않게 했다. 개량한 옥에서는 낙수받이 홈을 처마 밑에 설치하여 문제를 해결했다.

기둥을 세우다

기둥은 수직으로 곧게 세워야 한다. 기둥이 잘못 서면 집이 안전할 수 없다. 기둥 세우는 방법을 자세하게 보자. 기둥을 세우기 위한 준비물은 다음과 같다. 소금, 숯, 그레자, 먹칼(연필), 줄자, 다림추, 물수평 호스, 다루개, 버팀목용 각목, 엔진톱, 못, 망치, 지렛대, 끌, 둥근끌, 장척, 고임목.

덤 길이를 주다

보통 주춧돌을 놓을 때 덤길이를 정한다. 기둥 길이에 1치 여유를 주고 치목해서 주춧돌에 표시한 그레발을 1치에서 빼면 그 차이가 그레자의 다리벌림 길이다. 이를 그레발 죽인다고 한다. 이 방법은 인방 등 처리에 유리하고 천장 높이가 정확하다. 기둥을 세울 때 덤길이를 재기도 하는데 여기서는 이 방법을 주로 하여 설명한다.

다루개로 기둥을 잡고 있는 모습 / 그레질하는 모습

기준 기둥을 세우다

① 제일 낮은 주춧돌에 제일 짧은 기둥을 얹는다. 여기서 천장 높이가 정해지므로 정확하게 할 필요가 있다. 모서리 기둥에 5푼 정도 귀솟음을 주기도 한다.

② 다림추로 다림 본다. 기둥을 세울 때 십반 네 곳 모두를 맞춰야 한다. 기둥을 세우고 말구 쪽에서 다림추를 내려 각 방향의 중심먹선과 다림추로 내린 실이 일치하도록 한다. 앞뒤 방향을 먼저 맞춘다. 다루개는 기둥을 다루는 각목이다. 기둥에 다루개를 90도로 2개를 박아 한 사람씩 잡는다. 다림추를 보는 사람의 말에 따라서 다루개를 잡은 사람이 기둥을 움직인다. 사진에 다루개가 보인다.

③ 그레질한다. 그레질할 때 그레자는 수직 상태에서 돌아가야 한다. 한쪽은 주춧돌 위의 모양을 따라서 움직여야 하므로 주춧돌에서 떨어지면 안 되고 기둥 밑으로 들어가도 안 된다. 연필이 달린 한 쪽은 기둥에서 떨어지면 안 된다. 주춧돌의 모양이 기둥에 그대로 그려져야 한다. 그레질을 할 때는 그레자를 사진에서처럼 덤 길이만큼 벌려 쓴다.

④ 기둥바닥을 깎는다. 바닥 안쪽을 5푼 정도 더 판다. 기둥 굽은 불규칙

한 주춧돌에 그릇의 굽처럼 기둥을 잘 서 있게 한다. 혹시 물이 들어오면 물도 잘 빠진다. 이 공간은 소금이나 숯을 넣을 공간으로도 쓰인다. 굽 폭은 기둥 폭의 0.15배다. 한 면이 8치인 기둥의 굽은 8×0.15=1.2치이다.

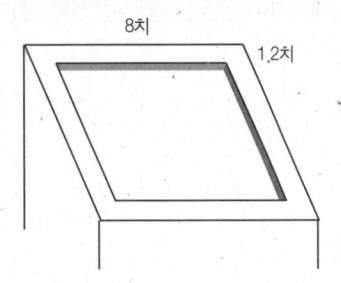
기둥 밑면에 굽 만들기

⑤ 그레질한 면은 엔진톱으로 깎는다. 앞부분을 이용하여 기둥을 돌려가며 깎는다. 이때 나무의 중심에 엔진톱 끝을 고정했다고 생각하고 끝을 움직이지 말고 엔진톱을 돌려 깎는다. 어느 정도 정리가 되면 굽을 만들고 세워서 흔들리지 않을 때까지 바닥을 정리한다. 이때는 역시 끌 작업이 필요하다.

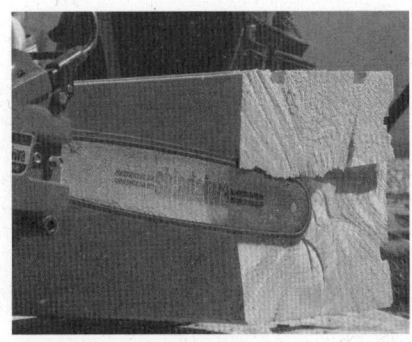
그레질한 기둥 바닥 깎기

⑥ 버팀목을 고정시킨다. 다림추로 확인하여 수직이 맞고 흔들림이 없다면 버팀목으로 고정시킨다.

전체 기둥을 세우다

기준기둥이 섰으면 이 기둥의 기준점에 물수평을 맞추어 다른 기둥을 세운다. 기둥을 세우기 전에 모든 기둥의 말구에서 일정한 수치를 재서 표시한다. 예를 들어 말구 끝에서 4자가 되는 곳을 표시한다. 그리고 기둥을 다음 순서로 세운다.

① 기둥을 수직으로 세운다. 다림추를 보고 다루개를 써서 기둥을 수직으로 세운다.
② 물수평 본다. 물수평 보는 방법은 부록에 설명되어 있다.
③ 같은 방법으로 그레질하고 기둥을 세운다. 기둥을 하나씩 세워가면서 그때마다 기둥 밑에 소금을 넣는다.

보아지와 창방을 끼우다
— 보아지·창방·주두·소로·대들보·충량·도리 —

　보아지를 끼우고 창방을 끼운다. 주두가 잘 맞지 않으면 기둥과 주두를 손대기보다는 보아지와 창방을 깎는 것이 바람직하다. 창방은 기둥을 잡아 주는 것이 첫 번째 구실이기 때문에 주두나 기둥보다 민감하지 않은 부재이다. 창방 끼우는 방법을 차례로 살펴보자.
　① 창방을 끼우기 전에 장척으로 기둥 중심에서 중심까지 길이를 확인하

기둥에 보아지와 창방을 끼운 모습

제12장_ 한옥을 짓다　283

고 창방길이를 확인한다. 이 때 오차가 있으면 주먹장을 따내는 방법으로 오차를 바로잡아 심과 심과의 거리를 정확히 맞춘다.

② 주먹장부의 문을 열어준다.

③ 주먹장 옆면 먹선을 두툼하게 살려 빡빡하게 짠다. 때문에 양끝에서 동시에 나무메로 내리쳐야 한다. 이때 부재가 튀어 오르지 않게 주의한다. 창방에 나무를 대고 쳐야 하는 건 말할 것도 없다. 모든 가로 부재는 원구와 말구가 만나게 짠다.

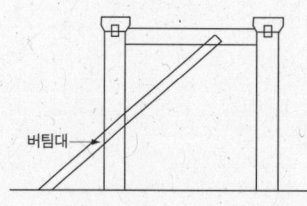

④ 창방이 연결되면 먼저 기둥 수직을 확인한다. 기둥 수직이 확인되면 기둥중심과 기둥중심 간의 거리를 확인한다. 모두가 만족하면 버팀대를 창방과 기둥에 박아 고정한다. 이때 버팀대는 그림처럼 창방 기둥 땅에 모두 닿아야 한다.

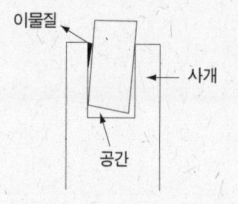

⑤ 어떤 부재를 짜든 부재가 쉽게 들어가지 않으면 원인을 찾아야 한다. 무리하게 끼우면 사개가 부러진다. 모든 부재는 나무메로 쳐서 들어가는 정도여야 한다. 창방을 끼우는데 사개가 수평이 아니

잠깐 상식
창방에 대한 생각 하나

창방은 두 가지 구실을 한다. 하나는 기둥을 잡는 가새 역할이고, 다른 하나는 누르는 힘을 감당하는 보 역할이다. 대개 절집에서 창방은 보 역할도 크다. 공포를 받기 위해 창방 위에 평방을 얹고 공포의 힘을 직접 받기 때문이다. 그러나 일반 민가에서는 첫 번째 역할이 많다. 공포나 평방을 받을 일이 없기 때문이다. 따라서 간사이가 크지 않은 민가에서는 도리를 굵게 쓰고 창방을 수장폭보다 조금 크게 하는 정도로 쓰는 게 뼈대에 좋다. 최근에는 창방의 수장폭이 지나치게 커지므로 사개 면적이 작아지고 자체 무게가 적지 않아 뼈대에 오히려 불리할 수 있다. 따라서 창방을 기둥에 통으로 턱 물릴 것인가 아닌가도 이런 관계에서 살펴야 한다.

면 사개가 깨질 수 있다. 그림처럼 이물질이 끼어도 창방이 수평으로 놓일 수 없어 빈 곳이 생겨 기울면서 사개가 깨진다.

드잡이 하다

창방을 모두 끼운 뒤에 기둥과 기둥 사이의 거리 즉 간사이를 확인해야 한다. 조임 끈을 써서 기둥과 기둥을 하나씩 조여 확인한다. 설계한 치수와 맞지 않으면 바로잡아야 한다. 그렇지 않으면 장여, 대들보, 도리가 모두 맞지 않는다. 기둥과의 거리가 설계보다 넓으면 창방 주먹장을 깎아내고 좁으면 그 틈에 쐐기를 박아 넣는다.

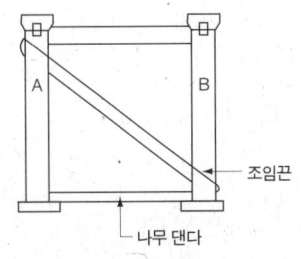

한쪽 기둥의 수직이 맞고 다른 쪽 기둥의 수직이 맞지 않아 한쪽 기둥 위쪽을 당겨야 할 때는 조임 끈을 그림처럼 묶어 이용한다. 이때 밑면이 당겨지면 건물이 무너지므로 기둥의 간사이만한 곧은재를 기둥 사이에 끼워 쓴다. 이렇게 이미 맞춘 한옥을 바로잡는 일을 드잡이라고 한다.

주두를 얹다

주두는 창방과 익공이 만들어내는 기둥 위의 공간에 들어가 보아지와 창방에 의해 안전하게 고정된다. 보아지는 주두의 갈과 높이가 같다. 여기에 보가 얹혀지기 때문이다. 주두를 젖은 나무로 치

목하면 시간이 지나면서 틀어져 짜면서 깨지기도 한다.

주두가 정확하게 들어가지 않으면 주두 전체 치수를 확인한다. 주두 바닥면의 수평을 확인한다. 창방과 사개 그리고 보아지가 만드는 바닥면의 수평을 확인한다. 기둥 사개와 주두 수평이 맞다면 절대 이를 손대지 않는다. 수평이 틀어지면 집 뼈대에 문제가 생기기 때문이다. 주두를 얹을 때 가장 오차가 많은 곳이 보아지와 만나는 곳이다. 이곳은 빗변이어서 정확하게 깎기 힘들다.

소로 및 소로방막이를 얹다

소로는 창방 중심선에 일정한 간격으로 홈을 파고 촉으로 고정시킨다. 이때 소로 사이는 소로크기 3배 정도로 한다. 간사이의 소로 개수를 홀수로 주장하기도 하나 그렇지 않은 경우도 많다.

이곳은 한옥에서 제일 중요한 곳이다. 요즘 벽은 지나치게 두꺼운데도 이런 곳을 제대로 하지 않아 집이 좁다. 소로방막이 대신 사진처럼 흙으로 막는 경우도 있다. 실용과 멋을 모두 만족시키기 위해 쪽소로를 많이 쓴다. 쪽소로는 보통 타카로 박는다.

소로 사이를 흙으로 채운 예

소로 간격은 어떻게 정할까? 예를 들어 설명하자. 기둥 간사이가 10자다. 소로 너비는 5치다. 몇 개의 소로를 놓으면 적당할까? 소로 3배를 간격으로 하면 소로까지 포함해서 4배인 2자마다 하나씩 들어간다. 그러므로 간사이 10자를 2자로 나누면 5가 나온다. 이는 간격수다. 소로는 간격 수보다

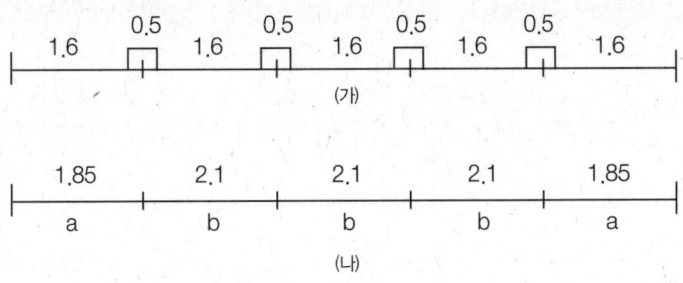

간격나누기 방법

하나 적은 4개가 들어간다. 그림을 보면 쉽게 알 수 있다. 10자 간사이중 소로가 차지하는 면적은 2자(5치×4개)다. 나머지 8자를 간격수로 나누면 소로 사이는 1.6자가 된다.

그림(가)에서 작은 네모는 소로다. 소로를 계산한 간격으로 놓은 것이다. 그림(나)는 소로를 놓기 위해 중심점만 표시한 것이다. a와 b 크기만 알면 정확하게 소로를 끼울 수 있다.

a= 1.6 + 0.25 = 1.85, b= 1.6 + 0.25×2 = 2.1

a는 1.6에다 소로 반쪽만큼을 더한 값이다. b는 소로 반이 두 번 겹치므로 소로 하나를 더한 값이 된다. 이 식은 소로뿐 아니라 모끼연 등 간격을 나누어 설치하는 데는 어디나 쓸 수 있다.

장여를 얹다

장여는 빡빡하게 끼지 않아도 된다. 그렇다고 틈이 벌어져도 좋다는 의미는 아니다. 틈이 있으면 겨울에 견디기 힘들다. 장여는 위에서 누르는 도리를 받고 보가 구르는 것을 막는 부재다. 따라서 위아래 수평이 중요하다.

 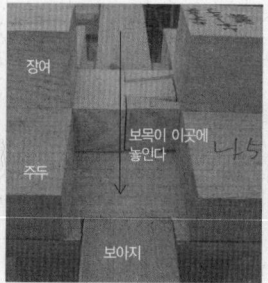 

장여를 끼우는 모습과 끼워진 모습

사진은 기둥, 보아지, 창방, 주두, 장여까지 짜인 모습이다. 오른쪽 사진은 귀주에 놓인 장여다.

대들보를 얹다

보목이 약하므로 보목이 상하지 않게 주의한다. 보를 메로 칠 때도 보머리가 아닌 몸 쪽을 때려야 한다. 보가 다 얹어지면 건물의 수평과 수직을 다시 확인한다. 수평은 그레먹선을 수직은 기둥의 중심먹선을 기준으로 한다. 건물이 한 쪽으로 몰린 경우 그림처럼 각목을 대고 지렛대로 밀면 된다.

 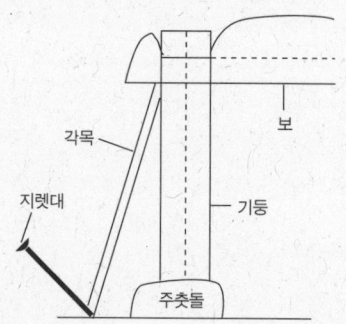

크레인을 이용해 대들보를 얹는 모습 / 대들보 수평잡기

(대들보의 보목을 살펴보다)

대들보는 기둥에 끼워지거나 올려진다. 서양구조물과 달리 한옥의 보목은 아주 작다. 대들보는 가로 한 자가 넘고 세로로 2자가 되기도 하는데 보목은 고작해야 3치다. 처음 한옥 짜는 것을 보면 누구나 황당한 느낌을 받는다. 서넛 먹은 아이가 어른을 들고 있다는 느낌이다. 이를 이해하려면 구조역학의 도움이 필요하다. 여기서 설명하는 힘은 벤딩모멘트 즉 휘는 힘이다.

현대식 성산대교와 전통 다리

두 다리의 교각과 상판이 만나는 부분을 눈여겨보자. 이음 부분이 다르다. 성산대교에서는 교각과 만나는 상판 부분이 엄청 크다. 오른쪽의 전통다리는 그냥 밋밋한 상판이 교각에 올려져 있다. 왜 그럴까? 다리 위로 차나 사람이 다니면 다리의 어떤 부분에 힘이 제일 많이 걸릴까?

다리 모양을 보고 짐작할 수 있을 것이다. 성산대교는 교각의 두꺼운 부분에, 전통다리는 교각 사이 한가운데에 휘는 힘이 제일 많이 걸린다. 얼른 이해가 안 되면 낚싯대를 생각하자. 낚싯대 손잡이가 굵은 것처럼 성산대교 이음 부분이 제일 굵다. 눈으로 보이지 않지만 성산대교의 교각과 상판은 완전히 하나로 결합되어 있다. 전통다리 상판은 교각에 그냥 올려져 있다.

한옥을 보자. 보목은 아주 작다. 성산대교와는 반대다. 힘은 중앙에 가장 크게 쏠린다. 따라서 보목에는 휘는 힘이 거의 작용하지 않는다. 따라서 중앙에 몰리는 힘을 줄이기 위해 사용하는 것이 종보다. 동자주의 위치에 따라서 대들보에 작용하는 힘에 차이가 난다. 사분변작법으로 할 경우 대공 하나만을 세울 때보다 가운데 휘는 힘이 1/2로 줄어든다. 대들보 힘을 분산하기 위해서는 삼분변작법보다 사분변작법이 뼈대에 좋다. 그러나 현장에서 동자주 자리는 지붕 물매에 의해 결정된다.

이는 한편으로 다음과 같은 사실도 알려준다. 보목과 기둥 도리가 하나로 연결되어 꽉 붙으면 보목이 부러진다는 의미이다. 보목 다듬기가 잘못되는 경우 이를 보강하기 위해 성능 좋은 목공본드를 기둥 위 보목에 가져다 붓는 것은 위험하다. 대들보는 성산대교처럼 용접을 해서 기둥과 하나로 만드는 것이 아니고 옛날 다리처럼 그냥 가져다 올려놓는 개념이다.

○
잠깐 상식
그럼 보목은 아무리 작게 해도 안 잘라지나요?

자르는 힘을 전단력이라고 한다. 부재에 힘이 작용하면 반대 방향에서도 힘이 생긴다. 7장에서 배운 작용과 반작용의 법칙 때문이다. 그림은 보에 힘이 실렸을 때를 가정해서 그린 것이다. 보에 누르는 힘이 작용하면 그림 (a)처럼 기둥에서는 같은 크기의 반력이 생긴다. 두 힘 간에 평형이 깨지면 그림처럼 부재를 자르는 힘이 생긴다. 따라서 이는 휘는 힘과 다르다. 보 중간에 휘는 힘이 걸린다면 보목에는 자르는 힘이 걸린다. 이를 견디지 못하면 보목은 부러진다. 그러므로 보목이 작아지는 데에는 한계가 있고 동자주가 너무 밖으로 나와도 안 좋다.

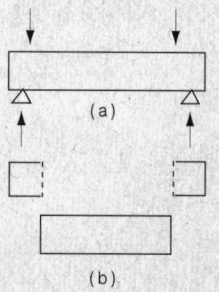

충량을 얹다

충량 주먹장은 부재를 꽉 잡아야 하므로 먹선을 남겨 빡빡하게 조립한다. 이때도 장부에 배부름이 있으면 절대 안 되고 장부머리 부분은 먹선을 죽여야 서로 밀어내지 않는다. 충량 바닥이 그림처럼 기둥이나 보아지에 붙지 않고 뜨면 대들보에 턱이나 암장부가 덜 파인 것이다. 따라서 이를 더 파야한다. 그레먹선이 맞는지도 확인한다. 퇴량이나 대보가 고주에 맞지 않을 때도 마찬가지다. 사진은 충량이 앉을 턱을 다듬는 모습이다.

 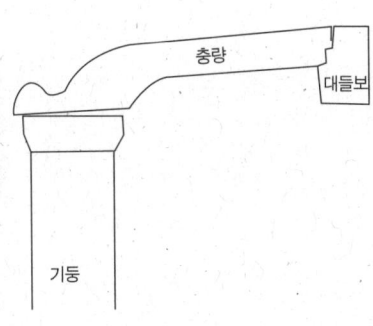

충량 앉을 턱을 다듬는 모습 / 충량 장부 교정

도리를 얹다

도리는 장여와 함께 보가 넘어지지 않게 잡는다. 한편 서까래는 도리를 안으로 쏠리게 한다. 이때 안으로 쏠리는 도리를 잡아주는 게 보다. 결국 보와 도리는 서로를 잡아준다. 이때 도리와 보의 그레먹선이 일치하여야 한다. 이것이 그 집의 수평기준선이 된다. 서까래를 놓으면 주심도리에 못을 박아 당골막이 흙이 고정되도록 하는 게 보통이다.

그림은 민도리집에서 창방과 장여 없이 도리가 쓰인 모습이다. 단장여를 넣어 받쳐주기도 한다. 단장여 폭은 수장재와 같다. 춤은 일반 장여보다 조

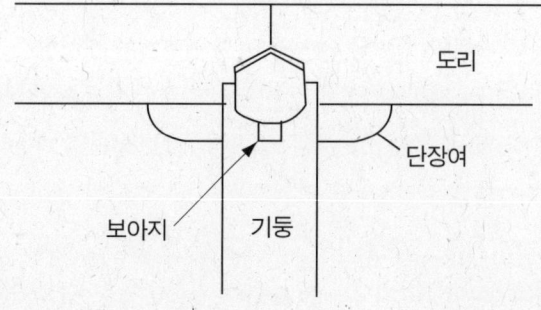
민도리집 기둥머리

금 작게 한다. 이때 보 밑에 보아지가 있으면 장여와 보아지의 밑면 높이를 맞추는 것이 좋다. 춤은 보아지를 1치 정도 적게 해서 보 밑면이 도리 밑으로 오게 한다. 보아지와 단장여는 반턱맞춤으로 만나면 된다. 도리가 기둥에 짜일 때에는 보목인 숭어턱을 두겁주먹장으로 덮고 숭어턱 옆면까지 주먹장으로 내리 맞춘다. 두겁으로 맞닿은 부분은 나비장이나 주먹장으로 연결한다.

(납도리와 보목)

보라고 하면 우리는 대들보만을 생각한다. 그러나 차이는 조금 있지만 도리도 보다. 앞서 말한 것처럼 창방은 기둥을 잡아주는 역할을 한다. 이와 달리 도리는 지붕 무게를 받아 이를 기둥으로 전한다. 따라서 대들보처럼 튼튼한 나무를 쓴다. 납도리의 그레먹선은 위쪽에 치우쳐 있다. 폭보다 춤이 큰 도리를 서까래가 누를 때 넘어지지 않게 하기 위해서다.

민도리집을 지을 때 그림과 사진처럼 도리를 2중 장부로 보목에 끼우기도 한다. 그러나 굳이 2중 장부로 보목을 약화시킬 필요가 없다. 그리고 도리는 서까래와 맞닿아 자르는 힘이 작용하기 때문에 나무를 고를 때 특별히 신경 써야 한다.

옛날 목수는 사진 같은 한 치 보목도 안전하다고 하는데 한편으로 맞는 말이기도 하다. 보목에 자르는 힘만 가해질 때 가능한 말이다. 그러나 실제 보목에 자르는 힘만 작용하는 건 아니다. 실제 땅이 가라앉는 정도가 달라서 오래된 한옥의 기둥 높이가 다른 경우가 많다. 이렇게 되면 보목에 휘는 힘이 작용하고 보목이 부러질 수 있다. 이 부분에 대한 이해가 중요하다. 왜냐하면 2층 귀틀 등 여러 곳에 이 방법이 응용되기 때문이다.

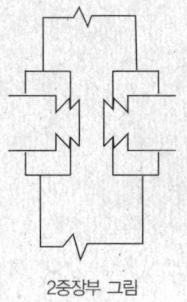
2중장부 그림

2중 장부로 끼워진 보목

동자주와 판대공을 짜다
— 중장여 · 종보 · 중도리 · 마루장여 · 마루도리 —

동자주를 짜다

동자주는 대들보 위에 설치한다. 대들보 윗면은 일정하지 않아 동자주 높이도 다 다르다. 그레먹선부터 대들보 윗면까지 높이를 재 동자주 길이에서 빼고 1치를 더한다. 가끔 이 말을 헷갈려하는 사람이 있다. 그레먹선에서 대들보 윗면까지의 길이를 동자주에서 빼면 동자주가 대들보 위에 올라가 딱 맞다. 그러나 동자주를 아무것도 잡아주지 않아 위험하다. 따라서 동자주를 잡아줄 촉을 만들어야 하므로 1치를 동자주 길이에 더하는 것이다. 그 한 치는 대들보 안에 숨어서 대들보를 잡아줄 것이다.

동자주가 줄맞춰 놓인 모습

중장여 얹기 / 종보 얹기 / 중도리 얹기

중장여 종보 중도리를 얹다

동자주에 중장여 받을장을 짜고 있다. 받을장 위에 얹을 업힐장도 보인다. 두번째 사진에서는 종보를 올리고 있다. 종보를 짤 때는 양쪽에서 동시에 메로 친다. 그 위에 다시 중도리가 올라간 모습이 보인다.

판대공을 얹다

종보의 판대공 앉을 자리에 촉을 박고 판대공 제일 아래짝을 고정한다. 차례로 판대공을 올려 고정시키면서 장여를 짠다. 이때 합각 쪽의 장여는 뺄목길이 만큼 길게 치목하여 조립해야 한다. 마지막으로 마루도리를 짠다. 판대공 좌우에는 5푼 홈을 파 쫄대를 끼워 휘는 것에 대비한다. 휨을 막기 위해 판대공 전체를 꿰뚫는 촉

판대공에 종장여와 종도리가 올라간 모습

을 박기도 하지만 대개 짧은 촉을 박는다.

짜는 방법은 같으므로 덧붙일 설명은 없다. 단지 뜬창방이나 주두를 추가해서 짤 수도 있다.

○
잠깐 상식
상량식 때 쓴 북어는 그냥 매달아둔다고 하던데 왜죠?

사진은 상량식 직후의 종장여 모습이다. 상량식 때 종장여에 매단 북어는 그냥 놔두었다가 미장이가 와서 흙일을 할 때 떼어서 술안주를 하고 상량식에 쌀이 나오면 집을 짓고 1주년이 되는 날 그 쌀로 떡을 해 먹는다. 상량대의 돈은 목수들 차지다. 4량집에서 마룻대 역할을 하는 것은 안 쪽에 있는 중도리다.

참고로 상량문에는 터를 연 날, 상량하는 날, 복을 기원하는 내용, 지은 목수 등을 적는다. 그리고 앞과 뒤에는 거북이와 용을 뜻하는 한자인 구(龜)와 용(龍)을 적는다. 거북과 용은 물의 신이므로 나무로 지은 한옥에 불을 피하기 위한 것이다. 상량문이 길면 장여를 파서 넣고 뚜껑을 해 덮는다.

○
상량대를 걸고 있다

평고대·서까래 그리고 개판을 얹다

평고대와 장연을 얹다

주심도리, 중도리, 평고대에 어간 중심을 기준으로 1자 간격으로 표시한다. 이 표시가 되어 있지 않은 상태로 서까래를 올리면 간격을 맞추기 힘들다. 굳이 1자일 필요는 없지만 지붕에 얹는 재료를 고려해야 한다. 초가집이

(가) 추녀에 평고대 자리파기

(나) 기준 서까래 올리기

(다) 평고대 얹기

평고대 얹는 과정

라면 1자 2치 정도로 한다. 준비물은 실, 조임 끈, 기준자, 나사 있는 못, 못, 연정 등을 준비한다.

추녀 머리에 사진처럼 평고대 얹을 자리를 판다. 추녀머리 중심에서 1치, 옆면을 기준으로 2~3치 정도 들어가서 평고대 반이 들어갈 정도 판다. 밖으로 나오는 반은 사래를 잡아준다. 이때 사진(가)처럼 하기도 하지만 경사지게 하는 것이 자연스럽기 때문에 그렇게 파기도 한다.

사진(나)처럼 지붕 가운데와 좌우에 5개의 서까래를 건다. 그 위에 평고대를 이어 건다. 평고대에 곡을 안 주고 일직선으로 길게 빼면 처마가 울고 좌우 추녀 쪽이 처져 보일 수 있다. 따라서 처마선을 곧게 한다고 해도 가운데 서까래를 1치 내리고 중간 것을 5푼 높게 하여 약간 곡을 주는 것이 좋다. 서까래를 놓았으면 평고대를 얹어 고정한다. 평고대는 사진(다)처럼 서까래 끝에서 1~2치 정도 들인다. 서까래 끝이 못에 깨지지 않도록 하는 조치다. 평고대를 이을 때에는 이음 부분이 서까래 위 중앙에서 딱 맞아야 밑에서 이음새가 보이지 않는다. 지붕선은 사람 눈으로 보는 것이 제일 좋다. 건물에서 멀리 떨어져 곡을 본다. 안허리곡을 잡을 때 평고대에 끈이 직접 닿지 않게 사진처럼 각재를 대고 조임 끈을 쓴다. 평고대가 고정되면 서까래를 끼운다. 서까래는 원구와 등이 밑으로 온다. 서까래 나이가 적은 것을 가운데에 두고 차례로 높은 것을 놓는다. 표시된 1자 선에 맞게 놓는다. 서까래가 평고대 주심도리 중도리에 다 맞으면 서까래를 중도리에 나사못이나 못으로 박는다. 서까래가 다 올라가면 기울기를 보고 완전히 박아야 하기 때문에 임시로 고정시키기 위해서이다. 서까래가 겹치는 곳은 7푼 정도의 구

안허리곡 잡는 모습

멍을 뚫어 연침을 넣는 것이 좋다. 연침은 싸리나무 등으로 한다. 그러나 대부분 연침을 안 한다.

서까래의 처마 길이를 맞추어 놓으면 서까래를 짠 뒤에 자를 필요가 없다. 그러므로 장연 내민 길이를 맞출 자(尺)를 하나 준비한다. 이 기준자는 ㅜ자로 만들어 쓰면 된다. 이때 잊지 말 것은 처마 길이는 주심도리 중심선부터 계산한다는 점이다.

평고대와 서까래가 완전히 놓인 모습

단연을 올리다

단연은 등이 위로 올라가야 한다. 장연과는 가새걸이로 엇갈리게 놓거나, 끝이 만나 이어지게 한다. 단연과 장연도 끝을 이어지게 하기도 한다. 합각에는 단연보다 긴 부재인 집부사를 추녀 뒤초리 위에 올려 짠다. 이는 추녀가 들리는 것을 막고 합각을 받기 위해서다. 집부사는 합각할 때 짠다.

장연과 단연이 놓인 모습

(서까래와 트러스)

서까래를 걸 때 원구가 밑으로 가고 말구가 지붕 위로 올라간다. 무거운 원구가 밑으로 내려가면 뒤가 더 쉽게 들려 구조적으로 불안정하다. 그러나 이는 어쩔 수 없다. 원구는 비중이 크고 송진도 많아 바깥 기후와 벌레에 강해 잘  썩지 않는다. 따라서 여린 말구가 지붕 안으로 들어가야 건물이 오래간다.

한옥에서 서까래는 트러스 역할을 한다. 즉 지붕틀이 옆에서 오는 힘에 흔들리지 않게 한다. 단연이 종도리에서 ×자로 만나면 트러스 구조가 된다. 우리나라 건물에 하앙이 없는 까닭도 서까래로 건물 흔드는 힘을 버티기에 충분하기 때문이다. 그리고 서까래에 지나친 휨이 생기는 것을 막기 위해 나눈 것이 장연과 단연이다. 실제 미루나무를 기둥으로는 써도 서까래로는 쓰지 않는다. 서까래는 기둥보다 자르는 힘에 잘 대응해야 하기 때문이다. 옛날 목수들은 미루나무가 자르는 힘에 약하다는 것을 경험상 알았던 것이다.

○
잠깐 상식
트러스가 뭔데 자꾸 트러스 트러스 합니까?

사각형 뼈대 윗부분을 누르면 그림처럼 옆으로 찌그러진다. 그러나 삼각형을 누르면 찌그러지지 않는다. 이 삼각형 뼈대를 트러스라고 한다. 트러스는 누르는 힘과 당기는 힘만 작용하고 휘는 힘이 없다. 옆에서 밀어도 똑같은 현상이 일어난다. 따라서 사각형 구조보다 삼각형 구조가 안전하고 능률적이다. 오른쪽 사진은 트러스 구조를 이용해 짓는 조립식 집의 뼈대이다.

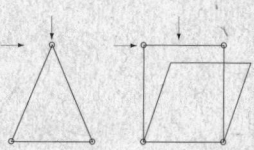

개판을 깔다

개판 폭을 서까래 간격과 같이 하면 작업하기가 어렵고 실제 줄고 늘어나면서 일어날 수가 있다. 따라서 서까래 간격이 1자이면 개판 폭이 1자에서 조금 빠지는 게 좋다. 개판은 서까래 방향으로 길게 붙인다. 마루도리 밑에서 개판 끝이 보이면 좋지 않다. 개판 못질은 사진처럼 서까래에 못을 박고 이를 구부려 개판을 잡게 한다. 옛날에는 비용 때문에 개판보다 산자를 엮고 흙을 발랐다.

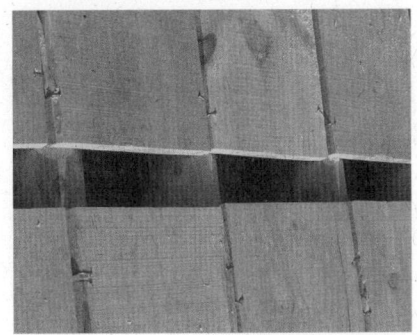
개판에 못치는 방법

이매기와 부연을 올리다

이매기는 사진처럼 부연을 이어주는 평고대다. 부연은 초매기와 이매기 그리고 뒷면의 개판에 딱 맞아야 한다. 따라서 짜기가 쉽지 않다. 이매기를 먼저 잡고 초매기를 잡는 게 쉽다. 착고판은 부연과 높이가 같아야 한다. 움직이지 않게 못으로 고정한다. 부연개판은 착고판과 부연이 닿는 부분까지 모두 덮어야 한다. 지붕에 산자

이매기와 부연

를 엮고 흙을 바를 것이면 먼저 산자를 엮고 부연을 달아야 한다. 모든 작업이 끝나면 초매기와 이매기가 당연히 평행상태가 되어야 한다. 고대 부연은 초매기 휨이 아주 커서 하나하나 그레질 같은 다듬질이 필요하다. 부연은 2치 정도 물매가 되므로 부연끝이 조금 처진다.

적심을 얹다

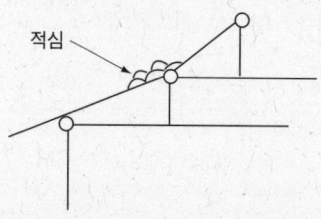

적심은 6치 통나무를 반으로 켠 것이 좋다. 기와를 얹지 않는다면 지붕 무게를 위해 적심을 꼭 깔아야 하지만 기와를 얹는다면 적심을 줄이는 것이 좋다. 그림처럼 적심은 단연과 장연이 만나는 지점에 가장 많이 놓는데 적심이 흘러내리지 않도록 중간 중간 연정으로 고정한다. 부연 뒷초리에도 적심을 조금씩 얹어 앞으로 쏠리지 않게 잡아준다. 지붕 무게를 줄이기 위해서 적심을 넣는 대신 덧집을 짓는 것이 새로운 방법으로 제시되고 있다.

용마루에 올리는 적심도리는 서까래를 고정하고 용마루를 높인다. 둥근 것보다는 12각으로 만들어 쓰면 움직임이 제일 적다고 한다.

수장을 들이다

 수장재는 인방 중방 하방 등 벽선을 만드는 부재다. 기둥 같은 뼈대는 굵어서 옹이가 좀 있어도 괜찮지만 내장에 옹이가 있으면 보기 안 좋다. 수장재는 충분히 말려 몸체 짜기가 끝난 뒤 설비 공사와 기와 공사를 하는 동안 다듬어 쓴다. 기와 무게에 수장이 틀어지는 것을 막기 위해서다.

수장재
 ① 나무보기 수장재를 만들 때는 나무를 좀더 세심하게 다뤄야 한다. 속살은 강하므로 안보다는 바깥 쪽으로 하고, 수축되는 면을 잘 골라야 한다. 문얼굴 즉 문틀을 잘 때는 바닥에 놓이는 문지방은 등이 밑으로 가게 한다. 속살과 겉살을 구분하여 쓸 때에는 속살이 바닥으로 가면 나무가 마르면서 휠 때 덜 휜다. 거꾸로 위로 가는 가로재는 등, 속살이 위로 향한다. 그리고 좌우의 기둥은 벽 쪽으로 등이나 속살이 가게 한다. 문선이나 홈대는 되먹임

으로 짜는 게 보통이지만 문틀을 만들 때는 연귀나 반턱으로 하여 세로재가 가로재를, 가로재가 세로재를 서로 밀도록 한다. 문선 기둥은 5치 정도로 굵게 잡아 휨에 대비한다.

② 먹매기기 심반, 중심선 긋고 양쪽에 먹줄을 놓아서 양쪽의 장부가 중심에 맞도록 놓는다. 쌍갈장부를 만든다. 한쪽 장부길이는 2치로 하고 다른 쪽 장부길이는 1치로 하여 되먹임으로 끼운다. 봉정사 극락전은 쌍갈장부를 주먹장으로 만들어 끼웠다. 창방 구실도 하므로 더 튼튼하겠지만, 현실적으로 그렇게 하는 경우는 없다. 다만 장여 없이 짓는 민도리집이라면 고려할 수 있을 것이다.

③ 바심질 그림에서 먹선을 죽이는 곳과 살리는 곳을 잘 보아둔다.

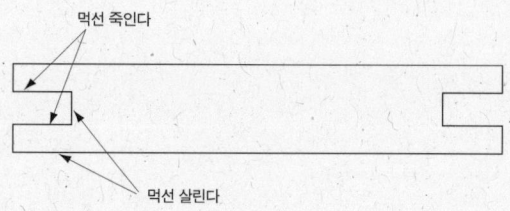

수장자리를 파다

수장자리는 되먹일 수 있게 한 쪽은 깊게 한 쪽은 얕게 파는데, 기둥을 치목할 때 판다. 사람이 건물 중앙에서 보아 깊은 곳이 한 방향을 향하게 한다. 그림(나)에서는 화살표 쪽이 1치이다. 인방과 중방 사이(a)보다 중방과 하방 사이가 1치 5푼 정도 크게 하는 게 안정감 있다. 마루를 설치하는 경우 굳이 차이를 두지 않는다. 인방자리는 벽선이므로 이것이 비뚤어지면 안 된다. 그림처럼 인방 두께만큼 기둥에 먹선을 놓아야 한다. 하인방 도내기 춤은 맨 밑까지 다 따내고 상 중인방은 1치 이상 여유를 둔다. 흙벽돌을 쌓는 경우 하인방은 안 넣는 게 보통이다. 수장자리는 기둥 치목 때 판다. 목공용 드릴로 일정한 깊이를 파내고 끌로 정리한다. 수평 수직에 특히 신경 쓴다.

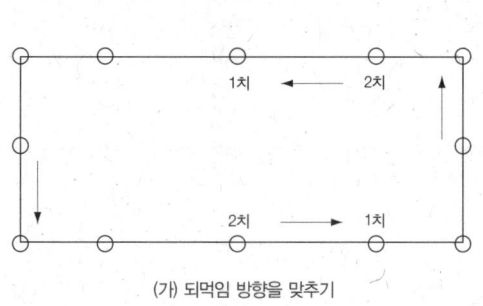

(가) 되먹임 방향을 맞추기

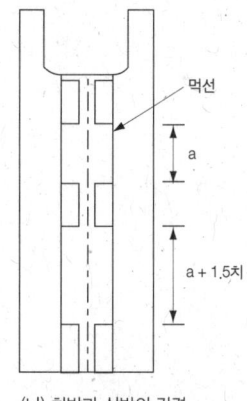

(나) 하방과 상방의 간격

○
수장자리 파는 요령

수장재를 짜다

수장재를 짤 때 기둥이 수직으로 서 있는지 다시 확인할 필요가 있다. 수장은 아래부터 만든다. 주춧돌 사이에 끼우는 돌을 고맥이라고 한다. 되먹임하여 끼울 때 지렛대로 기둥을 타고 내려오면서 끼워 넣는다. 나온 부분에는 메움목을 넣는다. 쉽게 하려고 쌍갈로 하지 않고 통으로 집어넣으면 나무가

○
인방재가 끼워진 모습

틀어질 때 견디는 힘이 약하다.

하방이 결정되면, 보통 하방 윗면에서 2치 정도 낮춘 높이가 방바닥 높이가 된다. 문선은 문 등을 달기 위한 세로재다. 이름은 여러 가지가 있으나 그 기능에는 사실 별 차이가 없다. 보통 문선은 짜기가 마무리 된 상태에서 하기 때문에 위쪽에 쌍갈장부를 만들고 밑으로는 곧은장을 굵게 만들어 위로 먼저 끼워 되먹임으로 밑으로 끼운다. 문선이 문의 세로재라면 가로재는 홈대다.

◯
잠깐 상식
문선이 틀어져 바닥이 떴어요.

수장재는 기둥보다 작고 통나무 하나를 통째로 쓰는 게 아니어서 많이 휜다. 문선은 보통 그림처럼 넣는데 휘면서 한쪽이 들려 올라가 틈이 생긴다. 이때는 들린 쪽 반대편에 벌어진 틈만큼 톱질하면 된다. 보통 톱날 두께 정도이므로 톱질을 정교하게 하면 문선이 내려 앉는다.

문홈을 파다

문을 다는 문홈은 인방에 직접 팔 수도 있고, 홈대를 따로 댈 수도 있다. 인방을 끼우듯 기둥과 문선에 끼워대거나 문선과 반턱물림으로 한다. 문이 둘 이상이면 문과 문 틈 사이에 턱을 두는데 폭은 3~4푼 정도로 한다. 문 두께가 한 치라면 문홈에 끼이는 부분을 7푼 정도로 잡는다. 이때 홈과 문 사이에는 5리 정도 틈을 주어 잘 움직이게 한다. 위틀의 홈은 4~5푼 정도 파서 되먹김 하여 끼우게 한다. 아래틀 홈은 2푼이면 되는데, 홈을 팔 때 아예 4푼 정도 파고 여기에 썰대를 끼워넣는 게 좋다. 썰대는 문틀이 닳지 않게 단단한 박달나무 등으로 만들어 댄다. 소목이 가구를 만드는 경우 아교를 써서 붙이나 문틀 같은 경우 주먹장 머리처럼 만들어 길게 끼운다.

문의 너비가 좁고 높으면 여닫이문이 좋다. 그러나 나무가 뒤틀릴 수 있다. 여닫을 때는 전통적으로 밖에서 안으로 닫는다. 여닫이문은 문을 열었을 때 기둥과 문선 사이에 문이 들어가도록 해야 보기 편하고 문이 상하지 않는다. 너비가 넓으면 여닫을 때 문이 깨질 염려가 있으므로 미닫이문이 더 낫다. 참고로 세탁기 등 가전제품이 들어가려면 문 너비는 90cm, 휠체어가 들어가려면 1m가 필요하다. 사람이 드나드는 문은 60cm 이상으로 한다.

머름을 놓다

머름은 좌식생활을 하는 한옥에서 문과 창을 구분하는 기준이다. 머름이 있는 곳은 문이 커도 창이다. 사진은 처음부터 머름동자, 머름대에 짜인 어미동자, 머름대에 짜인 머름동자와 그 사이에 끼인 머름착고, 머름중방의 밑면과 거기에 끼인 어미동자, 마지막 사진은 머름중방을 끼우는 모습이다.

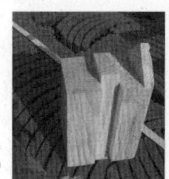    

○ 머름을 설치하는 과정

벽을 쌓다

서양집처럼 벽에 기둥이 보이지 않고 평평한 벽을 평벽이라고 하고, 한옥처럼 뼈대 사이에 벽이 있는 것을 심벽이라고 한다. 한옥은 귀틀집이나 흙으로만 지은 집이 아닌 한 뼈대집이어서 벽이 힘을 받지 않는다. 따라서 수장

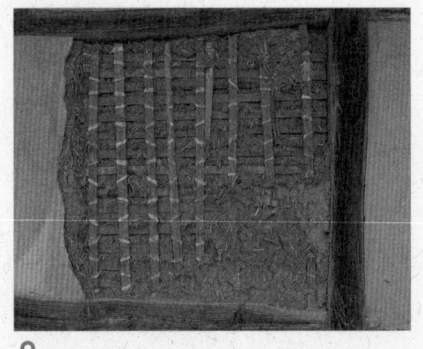
약식으로 만든 중깃과 가시새

재에 홈을 파고 한 변이 1치나 1치 반 정도 되는 나무로 중깃을 해 박고 여기에 가시새를 엮어 흙을 바르면 된다. 중깃에 엮는 재료는 싸리나무 대나무 또는 튼튼한 밧줄 등으로 하면 된다. 다만 중깃이 얇으면 벽이 울릴 수 있다. 그리고 흙을 바를 때는 중깃을 사이에 두고 건물 안쪽의 벽을 먼저 발라야 한다. 바른 흙이 마른 후 바깥쪽 벽을 발라야 한다. 꼭 그렇게 해야 흙이 모두 말라 나무가 썩지 않는다. 바닥에서 2자 정도는 돌을 쌓는 것이 좋다. 흙이 물에 젖지 않게 하기 위해서다. 불이 붙지 않도록 벽을 돌로 쌓기도 하는데 이를 화방벽이라고 한다.

반자를 놓다

반자는 천장을 가려 평평하게 하는 것으로 좌식 공간에 주로 만든다. 보통 우물반자를 많이 놓는다. 이는 우물 정(井)자를 닮아 지어진 이름이다. 옛

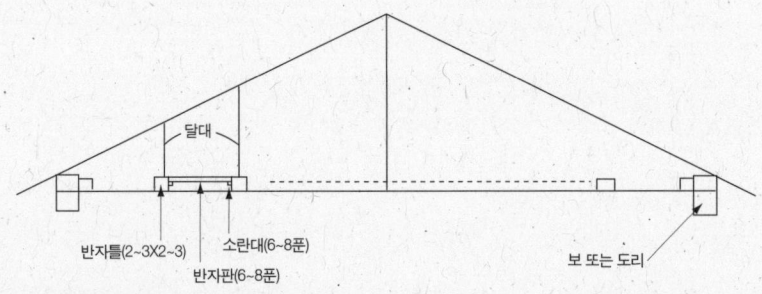
우물 반자 도면 및 설치 모습

식으로 제대로 하는 것은 품이 많이 들어가 간단
하게 많이 한다. 격자로 반자틀(2~3치 각재)을 만
들고 여기에 소란대(1치 정도)를 짜고 그 위에 반
자판을 얹는다. 반자틀 충간중간 달대를 걸어 처
지지 않게 한다. 달대는 대들보 등에 의지한 달대
받이에 댄다. 반자 높이는 그레먹선이 되는 경우
가 많다. 기타 철사 등을 이용한 종이 반자도 많이
썼다.

연암을 놓다

연암은 기와를 받치는 부재로 잘 보이지 않는다. 평고대 위에 1~2푼 들여
놓는데 보통 기와장이가 깎아 설치한다. 기와가 얹어지므로 기와모양으로
깎아준다.

기와 밑에 연암이 보인다

특강

한옥의 고급 기술

특강의 취지

중국에서는 이미 오래 전에 《영조법식》이라는 책이 나와 그들의 기술이 전수되어 왔다. 그러나 우리나라에는 한옥을 체계적으로 접근할 만한 책이 없다. 설령 한옥에 대하여 책이 나와 있다고 해도 실제 현장에서 쓸 만한 기술은 전혀 제시되지 않고, 원리를 다루는 책 또한 보이지 않는다. 그래서 한옥을 체계적으로 접근할 수 있도록 본문을 설정하고, 특집에는 쉽게 배우기 힘든 기술을 적었다.

한옥의 특징은 다양성이다. 그건 《영조법식》과 같은 교과서가 없었기 때문에 가능한 일인지도 모른다. 자유분방한 우리 민족에게 그런 책은 구속이 될 지도 모른다. 그러나 좀더 명확하고 안전한 이론이 바탕이 되어 우리 민족의 자유분방한 상상력과 근성이 꽃피웠으면 한다. 그리고 회첨처럼 안전에 관계되는 중요한 기술들은 모든 사람들이 공유하는 넓은 마음을 가졌으면 한다.

특강_ 01
추녀 만들기

보통 지붕은 고정된 트러스 뼈대다. 따라서 지붕곡선이 하나밖에 나올 수 없다. 그러나 한옥은 중도리 높낮이에 따라 다양한 지붕선이 나온다. 그림 (나)에서 중도리가 들리면 추녀 기울기가 커지고 지붕선도 달라질 것이다.

한옥을 하늘에서 내려다본 모습이 그림(가)다. 제일 밖의 선은 평고대 다음 굵은 사각형이 주심도리, 그 안의 작은 사각형이 중도리다. 추녀는 모서

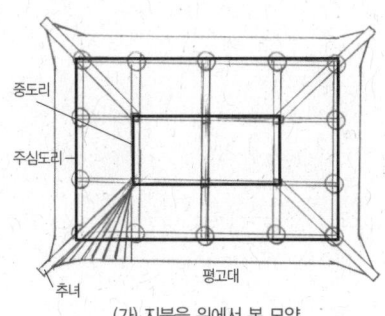

(가) 지붕을 위에서 본 모양

(나) 주심도리와 중도리에 올려진 추녀

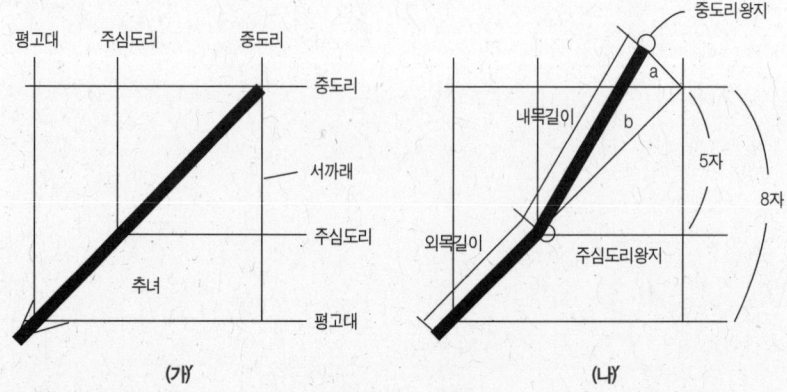

리의 주심도리와 중도리의 왕지부분에 올라간다. 추녀 길이는 평고대에서 중도리까지다.

그림(가)와 사진(나)의 추녀 부분은 (가)′ (나)′처럼 간단하게 그릴 수 있다. 중도리와 주심도리의 수평거리를 5자로 하고, 중도리와 평고대의 거리를 8자로 하면 한변이 5자인 정사각형과 8자인 정사각형이 만들어진다. 추녀는 이 사각형의 대각선으로 그려진다.

추녀길이는 외목길이와 내목길이를 더해서 구한다. 외목길이는 주심도리왕지를 기준으로 밖의 부분, 내목길이는 주심도리왕지에서 중도리왕지까지 길이로 약속하자. 그림과 사진을 비교하면서 추녀를 만들어보자.

먼저 내목길이를 구한다. 지붕은 평면이 아니므로 사진(나) 그림(나)′처럼 추녀는 비스듬하다. 즉 중도리는 주심도리보다 높이 있다. 따라서 중도리 높이 a를 먼저 구한다. 서까래물매가 4치라고 하면 a는 2자다.

추녀 내목길이는 a를 높이로 하고 b를 밑변으로 하는 직각삼각형의 빗변 길이이다. b는 5자인 정사각형의 대각선 길이인 $50 \times \sqrt{2}$치다. 그러므로 내목길이는 $\sqrt{\{20^2 + (50 \times \sqrt{2})^2\}} = 73.5$치다. (구고현법과 피타고라스 정리는 부록에 있다.)

외목길이는 서까래 뺄목길이와 안허리 곡을 합한 것이다. 안허리는 서까래 뺄목길이의 1/4이 보통이다. 따라서 (서까래 길이 + 서까래 길이 × 1/4) × $\sqrt{2}$이다. 목수마다 차이가 있지만 여기에 평고대 3치와 추녀머리 1치를 더하여 안허리를 키운다. 다만 초가집에서는 안허리를 주지 않는다. 오히려 서까래보다 길이가 짧아지기도 한다. 위 식에 숫자를 넣어보자.

$$(3 + 0.75) \times \sqrt{2} + 0.3 + 0.1 = 5.7$$

추녀의 외목길이는 5자 7치가 된다. 이제 추녀에 대하여 어느 정도 이해가 되었다면 치목에 들어가자. 추녀 내목물매는 3치 이하다.

① 나무보기 및 추녀곡 정하기 추녀는 휘어진 부재가 제일 좋다. 가로부재임에도 배가 위로 올라가기 때문이다. 다만 초가집이라면 등이 위로 가야 모양이 나올 것이다. 추녀곡은 추녀의 휘어진 정도를 나타낸다. 주심도리에서 '추녀 끝과 내목 왕지도리를 이은 직선'에 내린 수선의 길이가 된다. (아래 그림 참조) 1자 2치에서 1자 6치 정도로 한다. 대개 20평 정도 집은 한 자 3~4치, 30~40평 집은 1자 5~6치 정도로 한다. 다만 추녀곡을 잡을 때 건물 정면을 기준으로 하면 정면보다 좁은 옆면이 너무 휘어져 보기 안 좋다. 따라서 추녀곡은 폭이 좁은 쪽을 기준으로 한다.

② 먹매기기 먹매기기를 하기 전에 실물을 줄여 그려본다. 이를 견승 뜬다고 한다. 여기서는 많이 쓰는 3가지 방법을 소개한다. 선자연이나 추녀처럼 큰 부재는 1/10로 그린다.

방법 1
부재의 끝점에서 추녀등이 되는 직선을 그어 AB로 한다. BC는 뒷초리 높이로 6치 정도로 한다. 집 규모에 따라 더 커지기도 한다. 그리고 E점에서 추녀곡만큼 수선을 내려 F점을 만든다. F점은 주심도리의 왕지다. 그러나 F점을 알 수 없으므로 A점에서부터 외목길이를 재면서 동시에 수선이 내려져야 한다. 그리고 F점에서 내목길이만큼 가 AB선과 만나는 점이 D다.

추녀곡의 1/2이나 좀더 큰 정도로 추녀머리를 AG를 정하고 F와 G를 이어 추녀를 만든다. 추녀머리는 1/20~1/10정도로 빗자른다. ab는 사래를 고정하여야 하므로 3치 이상 턱을 만든다. BD는 뒷초리 길이로 1자 정도를 남긴다.

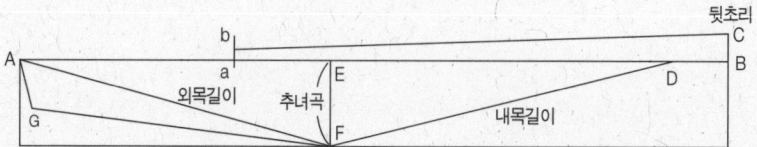

방법 2

부재 윗선에서 뒷초리 높이만큼 내린다. 이 선이 PP′다. 부재의 끝 점인 A에서 외목길이를 반지름으로 하는 원을 그린다. 이 원이 부재 밑면과 만나는 점이 B다. 이 B점에서 내목길이를 반지름으로 하는 원을 그리고, 이 원과 PP′선이 만나는 점이 C다. A점과 C점을 이어 선을 긋는다. 이 선을 추녀곡만큼 수평으로 밑으로 내린다. 그 선이 A′C′다. 이 선과 외목길이를 반지름으로 하여 처음 그린 원과 만나는 점이 D다. 마지막으로 추녀머리는 1/20~1/10 기울기로 하면 된다. 추녀곡의 1/2이나 좀더 큰 정도로 AE를 결정한다. E와 점 D를 연결하면 추녀 모양이 만들어진다. ACDE가 추녀다. 이때 뒷초리는 여유가 있어야 한다. BC와 DC의 오차는 뒷초리로 조정한다. 사래 고정턱을 만든다.

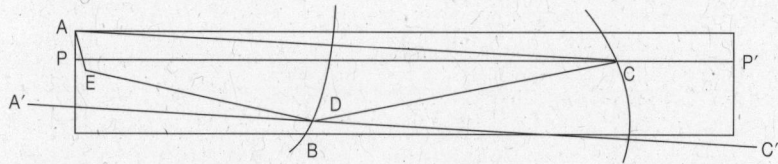

방법 3

굽은재로 추녀를 만드는 경우다. 추녀곡이 같아야 하므로 굽은 정도가 제일 작은 것에 다른 부재를 맞춘다. 추녀부재의 굽은 정도를 맞추었으면 내목(CD)과 외목(AC)길이를 표시하여 먹선을 놓는다. 추녀머리의 윗부분에서 중도리왕지까지 먹선(AD)을 놓는다. 이때 추녀 뒷초리를 셈에 넣어야 한다. 추녀 등에 사래를 잡아줄 턱이 없으므로 홈을 만들어 촉을 박고 산지를 써서 고정한다. 뒷초리 쪽은 대부분 살린다. 그러나 최근에 휜 나무를 구하기 힘들어 이대로 하는 경우는 거의 없다.

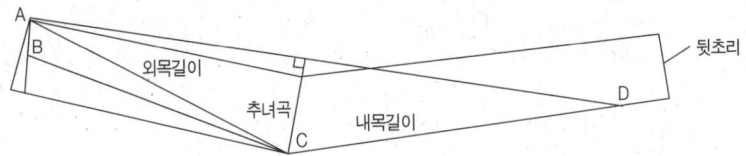

③ 추녀짜기 추녀는 주심도리와 중도리의 왕지 부분에 얹힌다. 사진(가)처럼 고임목을 대 수평을 맞추고 왕지 부분에 닿는 부분을 그레질해 틈 없이 맞춘다. 많은 경우 그레자로 끝을 쓴다. 중도리 부분은 1치 끌로 주심도리 부분은 5푼끌로 따낸다. 5푼 정도 뒤가 내려가 추녀에 안정감을 주고 끝을 들어주는 효과가 난다. 모든 추녀 높이를 맞춰야 하므로 수평을 본다. 추녀 바깥쪽은 안쪽보다 3배 정도의 힘이 걸린다고 한다. 따라서 추녀가 밖으로 쏠리지 않게 중도리 왕지에 추녀정을 박는다. 요즘은 추녀정 대신 볼트를 많이 쓴다. 볼트는 지름 15~20mm 정도를 쓴다. 추녀 뒷초리에 관통시킨 볼트를

(가) 그레질하기

(나) 볼트 자리 만들기

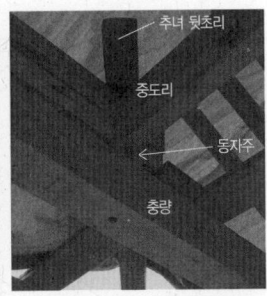

(다) 충량 밑까지 구멍이 뚫린 모습

○ 추녀 짜는 과정

중도리 밑에서 너트로 묶는다. 이때 중도리 왕지 폭이 3치 정도 밖에 안 되므로 주의해야 한다. 여기에다 감잡이 쇠로 추녀와 도리를 끈으로 묶듯 단단히 하나로 묶기도 하지만 대개 볼트만 박는다.

○
잠깐 상식
알추녀와 골추녀는 뭐죠?

알추녀는 추녀를 들어주는 역할을 하는 보조 추녀다. 그러나 효과가 크지 않아 거의 쓰지 않는다. 추녀 뒷초리는 알추녀 구실도 한다. 추녀를 만들 때 뒷초리만큼 사선을 긋는 것도 이와 관계있다. 골추녀는 회첨부위에 놓이는 회첨추녀다. 힘을 받는 뼈대가 아니어서 골추녀를 쓰지 않고 서까래만으로 처리하기도 한다.

사래

사래는 부연의 추녀라고 할 수 있다.

① **나무보기** 추녀처럼 등이 밑으로 오게 쓴다.

② **먹매기기** 사래는 기본적으로 추녀를 그리는 방법대로 한다. 다만 사래머리 춤은 추녀머리와 거의 같게 되기도 하므로 사래곡의 1/2까지 적어지지 않는다. 따라서 외목부분이 비교적 평평하다. 외목길이는 처마 부연의 길이에 √2배를 한다. 1/4을 더 내기도 한다. 사래는 추녀 위에 그대로 올라가므로 폭이 추녀 폭과 같다.

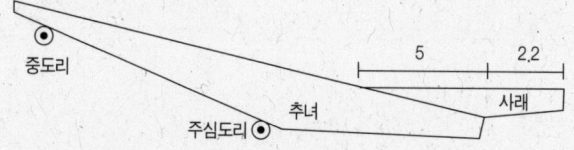

사래의 내목길이와 사래곡은 보통 5자와 1자를 쓴다. 2.2이라는 숫자는 다음 식에 의해서 나왔다.

추녀에 평고대를 건 모습

추녀 위에 사래가 앉은 모습

사래길이 = 부연내민길이 × $\sqrt{2}$ + 서까래내민 길이 × 1/4

 부연 내민 길이 1 서까래 내민 길이 3을 넣으면 약 2.2가 나온다. 숫자는 임의로 쓴 것이므로 얽매일 필요가 없다. 두번째 항은 $\sqrt{2}$배로 할 수 있다. 또 추녀에서처럼 평고대 폭을 더할 수도 있다.

 ③ 바심질 추녀 위에 얹어져야 하므로 추녀에 닿는 부분은 수평으로 다듬질 한다. 뒷초리는 추녀에 맞춘다. 초매기 평고대에 닿는 부분은 평고대에 맞게 따낸다. 초매기 평고대는 반만 추녀에 들어가고 반은 사래를 잡는다.

 ④ 사래 추녀처럼 모두 수평을 본다. 추녀와 사래가 딱 붙어야 하므로 사래 밑면과 추녀 윗면은 수평이어야 한다. 아니면 그레질한다. 사래는 땅과 수평이 되게 맞춘다. 수평에서 1치를 내리기도 하고 올리기도 한다. 개인적으로는 시간이 지나면서 처질 수 있으므로, 1치를 올리는 것이 나을 것 같다. 뒷초리에 사래정을 박아 고정한다. 사래정은 1자 이상을 쓴다. 초매기와 이매기가 만나는 모습은 그림처럼 차이가 있다. 부연이 없다면 추녀가 사래처럼 될 것이다.

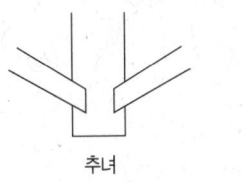

잠깐 상식
추녀와 다이빙대는 어떻게 다른가요?

다이빙대처럼 생긴 보를 외팔보라고 한다. 다이빙대를 잡고 있는 팔이 하나이기 때문에 붙여진 이름이다. 추녀는 중도리와 주심도리에서 잡아준다. 추녀처럼 중간에 팔 하나를 더 내밀어 잡아주는 경우를 내민보라고 한다. 서까래도 그런 의미에서 일종의 내민보다. 외팔보와 내민보는 뒤집힐 수 있다. 실제 긴 자를 책상 위에 반만 걸치면 살짝 건드려도 바닥으로 떨어진다. 이를 막기 위해서 처마서까래나 추녀 뒷초리에는 많은 힘이 걸리게 한다. 적심이 많이 쌓이는 곳은 다름 아닌 처마서까래 뒷부분이고 추녀 뒷초리도 1m 가까운 정을 박고, 누리개를 걸어 많은 힘이 걸리게 한다.

특강_ 02
왕지맞춤 이해하기

　업힐장과 받을장의 특수한 경우로 왕지맞춤이 있다. 왕지맞춤은 서로가 잡아주기 때문에 매우 강하다. 깎을 때에는 먹선을 살려 두 부재가 꽉 짜이게 한다.

1. 90도 왕지 만들기

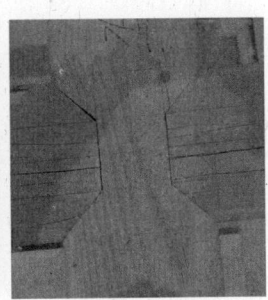

(가) 받을 왕지　　　　　(나) 업힐 왕지　　　　　(다) 왕지 맞춤된 모습

(라) 왕지틀

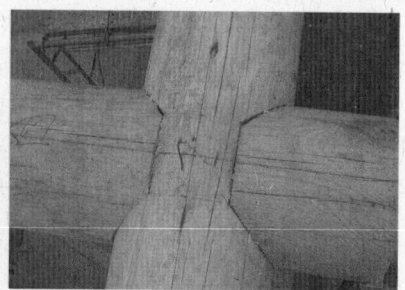
(마) 굴도리 왕지 모습

<u>납도리 왕지 만들기</u> 도면은 부재를 위에서 본 모습으로 작은 사각형은 수장 폭으로 남긴 부분이다. 빗금 부분을 깎아내고 반씩 턱을 치면 사진(가)(나)처럼 된다. 도면처럼 부재를 두 개 만들어서 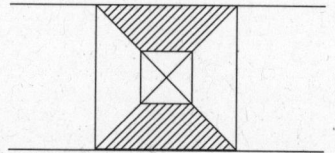 하나는 위를 하나는 아래를 따면 된다. 똑같이 만드는데 엎힐장과 받을장을 구분하는 까닭은 등배를 보고 나무를 써야 하기 때문이다. 1자 폭의 두 부재가 만나면 한 변이 1자인 정사각형이 만들어진다. 도면처럼 맞춤면 꼭지점을 연결하는 대각선은 정확하게 중앙에서 만난다.

<u>굴도리 왕지 만들기</u> 둥근 왕지를 만들기 위해서는 사진(라)와 같은 왕지틀이 필요하다. 왕지틀은 오른쪽 그림처럼 도리와 같은 지름으로 반원을 그리고 지름 크기로 길게 잘라내 만든다.

왕지틀이 만들어졌다면 기본적으로는 사각왕지와 같다. 납도리처럼 등과 배에 그림(바)처럼 수장폭을 표시한다.

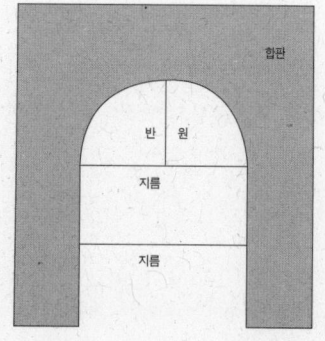

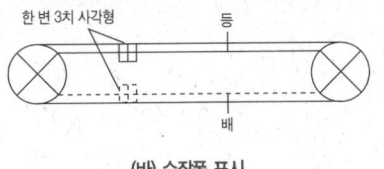

(바) 수장폭 표시   (사) 왕지틀로 먹매기기

빼목을 셈에 넣어야 한다.

    등과 배에 그린 수장폭 사각형이 좌우로 가게 놓고 그림(사)처럼 왕지틀을 끼운다. 도리가 한 자라면 중심에서 양쪽으로 5치씩 가서 왕지틀을 댄다. 이 때 왕지틀은 등배에 표시한 사각형의 대각선을 지나게 잡는다. 사각형은 잘리면 안 되므로 그 윗부분만 따내서 짜면 사진(마)처럼 된다. 언뜻 이해가 안 되면 둔각왕지를 보면 알 수 있다.

2. 둔각 왕지 만들기

    직각이 아닌 왕지를 만들려면 부재가 만나는 각도를 알아야 한다. 간단한 공식 하나를 외워두자.

    $\{(N-2) \times 180\}/N$

    단) N은 각의 수다.

둔각 왕지 맞춤과 이를 이용한 육각정 모습

6각정을 만든다면 N은 6이다. 각도는 {(6-2)×180}/6 = 120도가 나온다. 8각정이라면 N에 8을 대입하여 만나는 각을 구하면 135도이다.

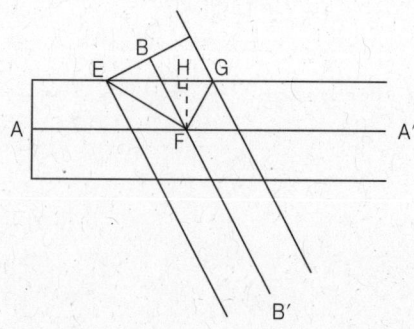

이제 둔각 왕지 만드는 방법을 알아보자. 켄트지를 가져다가 120로 교차하는 통나무를 실제 크기로 그린다. 두 부재가 만나는 끝 부분을 E와 G라고 하자. 두 부재의 중심선을 각각 AA′ BB′라고 하고, 두 중심선이 만나는 점을 F라고 한다. F점에서 EG에 수선을 내리면 EH와 HG의 길이를 구할 수 있다. 이 길이만큼 왕지틀을 중심에서 떼어 그리면 된다. 이때 반대쪽에 왕지틀을 놓을 때는 선분HF를 기준으로 좌우가 바뀐다. 사진을 보면 이해할 수 있다. 이때 90도 왕지는 왕지틀이 HF를 기준으로 딱 반씩 나가서 놓인다. 반턱을 따서 맞추면 된다.

○
왕지틀을 이용하여 왕지를 만든 모습

> **잠깐 상식**
> 이를 좀더 수학적으로 구하면 아래처럼 그릴 수 있다.

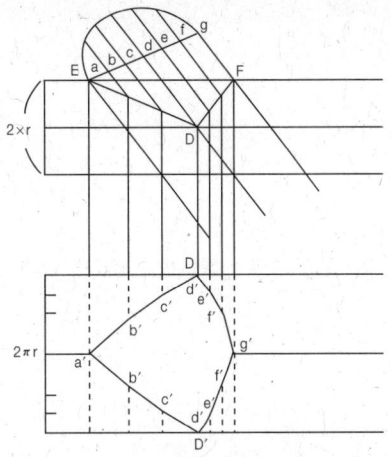

두 부재의 중심먹선이 만나는 점과 두 부재가 만나는 점을 연결하면 EDF가 된다. 부재 지름을 일정한 크기로 자른 점들을 abcdefg라고 하자. 이 점들과 EDF가 만나는 점을 아래로 내려 만나는 선을 a´ b´ … g´라고 하고 이를 연결하여 그림 같은 도형을 만든다. 도형을 오려서 부재에 붙이고 깎으면 된다. 이때 중심점 DD´를 기준으로 반대편은 거꾸로 붙여야 할 것이다. 그러나 원을 만들려면 32개 이상의 점을 나눠야 할 것이다.

특강_ 03
선자연 놓기

선자연은 추녀 좌우의 서까래로 외목부분이 휘어 오른다. 이는 처마 내밀기와 함께 지붕을 입체적으로 만든다. 따라서 이를 평면에 정확하게 그리기는 힘들다. 그러나 어느 정도는 그릴 수 있으며, 이를 통해서 실제 선자연을 치목할 수 있다. 1/10로 견승 뜬다.

1. 견승 뜨기
방법 1

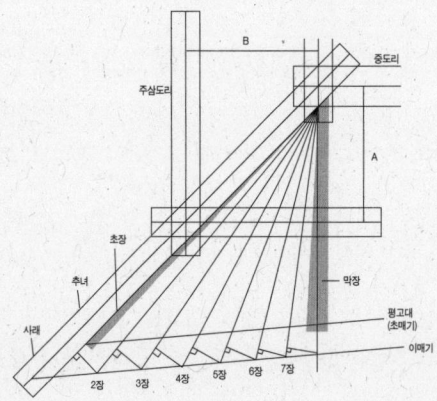

① 선자연을 견승 뜨려면 내목길이를 구하여야 한다. 그림에서 A를 구해보자. 이 거리는 서까래가 실제 놓이는 길이로 물매를 고려한 길이다. 주심도리와 중도리의 수평거리가 5자이고 물매가 4치라면 A는 5자 4치이다. 그런데 이때 선자연 마구리 방향B는 5자로 한다. 몸통 크기를 맞추기 위해서다. 정리하면 견승 뜨기 위한 사각형의 가로 세로 길이가 다르다. 즉 A ≠ B.

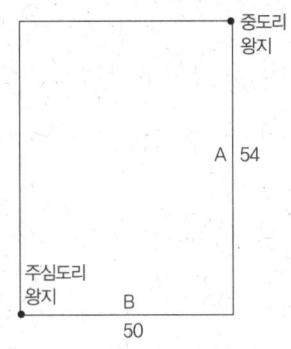

② 선자연 나누기 기준점은 왕지 중심에서 내려온 점이다.

③ 한 자 크기로 이매기에서 전장서까래에 수선을 내린다. 부연 없는 선자연이라면 초매기에서 수선을 내려야 한다. 외목 길이는 서까래 내밀기로 결정한다.

④ 초장 서까래 위치를 그림처럼 하면 초장의 알통이 작게 된다. 알통은 갈모산방에 얹히는 부분이다. 따라서 초장을 굵게 잡고 사래까지 끌어올려 그릴 수도 있다. 다양한 변화가 가능하다.

⑤ 내목길이와 몸통길이는 그대로 맞추면 정확하게 맞는다. 그러나 외목길이는 초매기에서 주심도리까지의 길이에 4~5치를 더한다. 서까래가 휘어 올라가는 것과 오차를 감안해야 하기 때문이다. 막장은 내목에 3~5치를 더해 중도리 위에 완전히 앉게 한다.

방법 2 다음의 선자연 치목표를 보자. 크기가 많이 다르다. 목수마다 하는 방식에 차이가 있기 때문이다. 컴퓨터를 이용해서 작업하면 좀더 정교한 작업이 가능하다. 그림처럼 간격을 동일하게 하여 선자연을 구할 수 있어 선자연 개수를 마음대로 정할 수 있게 된다. 중도리와 주심도리의 수평거리를

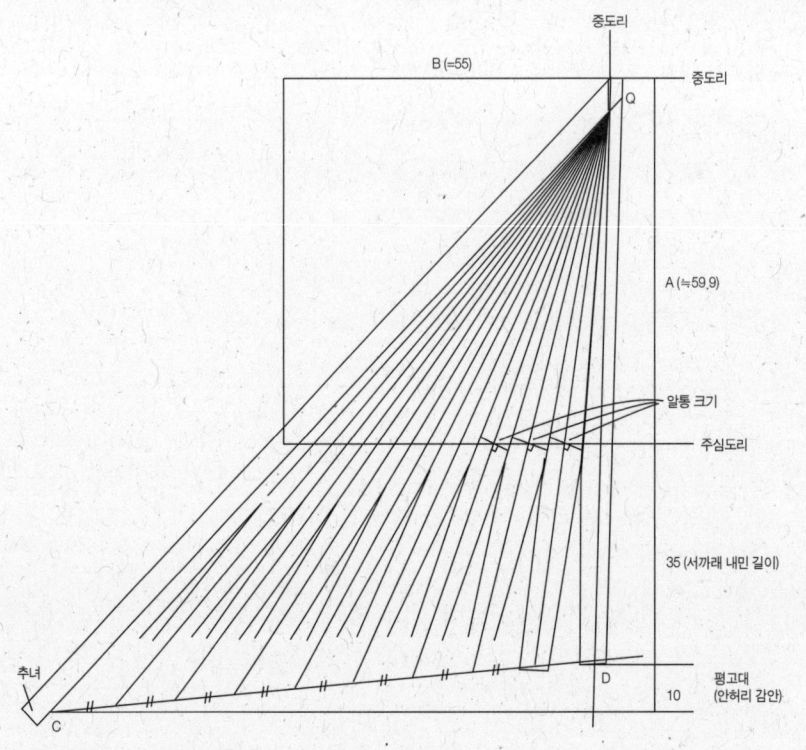

5.5자로 하고 물매를 4.3치로 하여 캐드작업을 하면 대략 아래 표의 수치로 나온다. 표에는 붙임혀가 빠져 있음에 유의한다. 좀 상세하게 설명하면 $\overline{CD}$ 선을 9로 나누어 나누어진 각점과 Q점을 잇는다. 이 선이 서까래의 중심선이 된다. 그림의 오른쪽에는 이를 기준으로 2개의 선자연을 그려보았다. 외목길이에는 오차 수정을 위해 5치를 일률적으로 더했다. 막장은 중도리에 올라가야 하므로 내목에 5치를 더했다. 알통 크기는 그림처럼 서까래의 중심선에 수직이 된다.

	알통	내목	외목	전장
1	40	71	65	136
2	42	68	60	128
3	45	65	56	121
4	48	62	51	113
5	51	60	48	108
6	54	58	45	103
7	57	56	43	99
8	57	55	41	96
막장	60	60	41	101

	알통	내목	외목	전장
초장	19	45	60	105
2	30	43	55	98
3	41	40	50	90
4	44	38	44	82
5	45	37	38	75
6	46	37	36	73
7	47	36	35	71
막장	47	40	33	77

2. 치목

① 나무보기 및 마름질 : 선자연은 처마서까래보다 굵고 길어야 한다. 처마서까래가 4~5치이면 선자연은 훨씬 크다. 서까래는 배가 위로 간다. 선자연은 휜 나무가 좋으나 곧은재라도 그림처럼 다듬으면 된다.

선자연을 만드는 원목이 일반 서까래보다 훨씬 크기 때문에 서까래 도랭이로 선자연 원목에 그림처럼 원을 그릴 수 있다. 그림에서 A는 추녀 쪽의 선자연 즉 초장이고 B는 막장이다. 초장에서 막장까지 도랭이를 조금씩 옮기면서 그림을 그리면 오른쪽 그림처럼 곡이 진 서까래를 얻을 수 있다. 막장은 중앙에 도랭이를 대고 그려 평평하게 깎는다. 그러나 실제는 모든 선자연을 곧게 치목해 내목 춤으로 조정하는 경우가 많다.

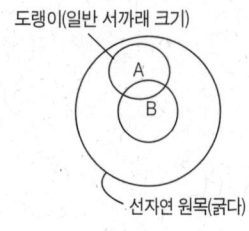
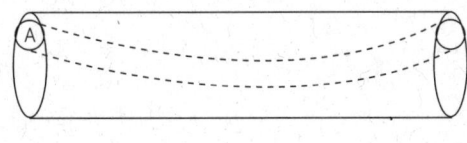

② 먹매기기 : 서까래 굵기가 40이면 중심먹에서 좌우로 20씩 간다. 알통과 내목길이는 정확하므로 여유를 두지 말고 먹선을 놓는다. 다만 알통에서 갈모산방에 올라갈 크기를 중심에서 2치씩 표시해야 한다. 갈모산방에 놓을 자리다.

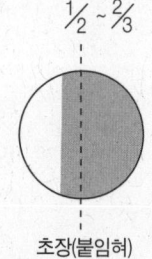
초장(붙임혀)

③ 바심질 : 초장은 통나무를 1/2로 잘라서 붙이거나 마구리 면적의 3/5~2/3정도로 하는 게 좋다. 따라서 견승 뜰 때 이를 생각한다. 그러나 이것도 목수마다 차이가 있다. 초장은 13자를 넘는 경우도 있어 갈모산방에서 이어 쓰기도 한다. 2장부터는 먹선대로 양볼을 쳐내고 뒷초리를 그림처럼 쳐낸다. 가운데 몸통부분은 갈모산방에 올려져야 하므로 4~5치 여유를 둔다. 윗부분은 개판이 놓일 자리므로 평평하게 한다. 여기까지만 하고 현장에서 짜면서 치목을 마친다.

치목된 선자연

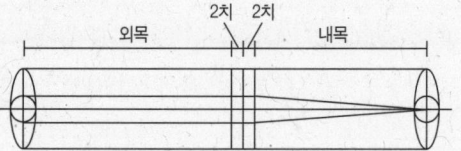

갈모산방 만들기

갈모산방은 추녀 밑 도리 위에 끼워진다. 추녀와 도리의 왕지 사이에는 1치 5푼 정도의 틈이 생기는데 갈모산방이 이 빈틈을 메워야 한다. 갈모산방 폭은 수장폭으로 한다. 높이는 추녀곡의 1/2정도다. 그러나 대개 서까래 곡이나 굵기 등을 생각해서 현장에서 결정한다. 갈모산방은 마름질하기 어렵

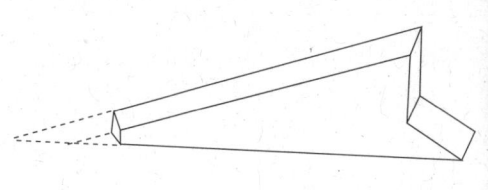 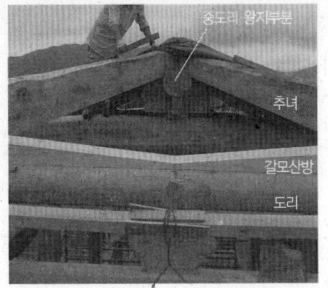

조립된 갈모산방

다. 추녀에 끼이는 곳을 개별적으로 작업해야 하기 때문이다. 갈모산방은 지붕 물매로 빗각 쳐서 만든다. 즉 부재를 삼각형 모양으로 자르고, 여기에 작은 직각삼각형을 그려 빗자르면 된다. 그림은 실제 갈모산방을 그린 것이다. 오른쪽 튀어나온 곳은 추녀 밑을 메우는 부분이다. 갈모산방 끝은 그 연장선이 막장 다음의 평서까래 밑쪽 중심에 가 닿도록 한다.

3. 짜기

짜기 전에 선자연 뒷초리가 앉을 중도리를 사진처럼 깎아줘야 한다. 빗각은 처마와 갈모산방의 기울기가 될 것이다. 준비가 되면 치목한 대로 올려 짠다.

① 초장 부치기 : 초장 뒤쪽은 중도리에 올리고 중간은 갈모산방에 얹고 앞부분은 평고대 밑에 딱 붙게 하여 추녀에 붙인다. 평서까래처럼 평고대 밖으로 한 치 정도 뺀다. 갈모산방과 추녀가 맞닿는 부분에 연귀자로 휘어진 정도를 재서 초장에 표시하고 다듬는다. 다듬어서 갈모산방에 놓아서 초장 앞쪽이 평고대 아래로 처지면 뒷초리를 깎아서 앞을 든다. 초장 앞쪽이 들리면 몸통을 깎아서 앞을 맞춘다. 초장 바닥은 갈모산방과 중도리에 다 닿아야 한다. 2장을 붙여야 하므로 내목은 수직으로 잘 다듬는다. 여러 번 반복하더

중도리 부분의 빗 깎은 모습

라도 정확하게 한다. 이를 기준으로 막장까지 붙이기 때문이다. 선자연 밑면은 중도리와 갈모산방에 윗면은 평고대에 붙어야 한다. 갈모산방에 닿는 부분은 반깎이 해 높이 오차를 감추지만 초장의 추녀 쪽은 반깎이 없이 딱 맞아야 한다. 추녀에 못을 박을 때에는 밑에서 위로 박는다. 들리는 방향을 생각한 것이다. 선자연의 수직 수평 맞추는 방법은 ②에서 자세하게 살피자.

② 2장 붙이기

서까래 좌우를 맞추다

그림(가)처럼 연귀자를 이용하여 앞 선자연과 갈모산방의 기울기를 재서 그림(나)처럼 새 선자연 밑면에 표시하여 전기대패로 깎는다. 이렇게 하면 전장과 갈모산방 기울기가 자연스럽게 만들어진다. 이 기울기대로 먹줄을 놓아 선자연 밑면을 다듬는다.

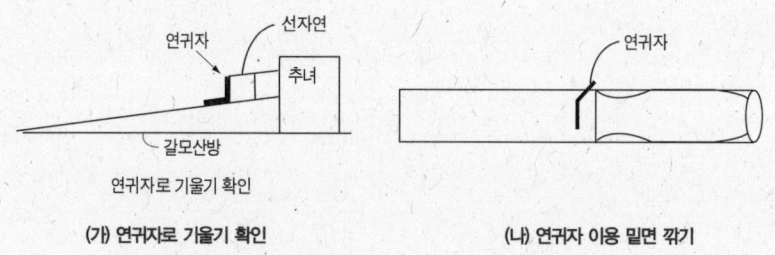

(가) 연귀자로 기울기 확인   (나) 연귀자 이용 밑면 깎기

이 선자연을 갈모산방에 올려놓고, 갈모산방을 자로 하여 선자연에 선을 긋는다. 그림(다)는 갈모산방 위에 나란히 놓인 선자연이다. 갈모산방 부근만 확대하면 그림(라)가 된다. 점선은 갈모산방을 뜻한다. AB와 A′B′는 선

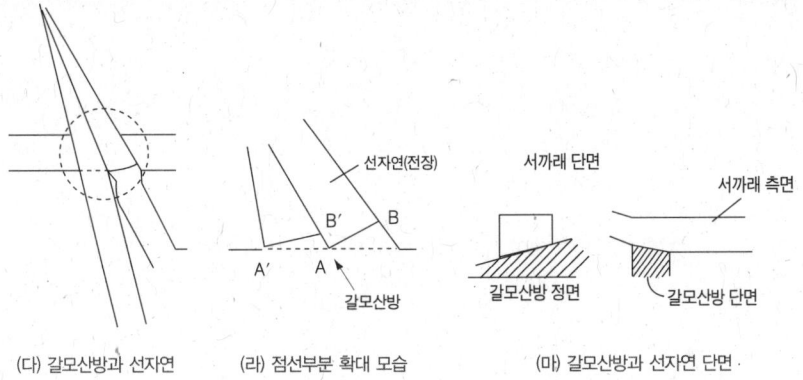

(다) 갈모산방과 선자연   (라) 점선부분 확대 모습   (마) 갈모산방과 선자연 단면

자연 전장과 후장 각각의 중심선이다. 전장의 중심선 끝인 A가 후장에 표시되어 후장에 AA′ 선이 만들어진다. 점선은 갈모산방이 선자연에 닿는 곳이다. 이 모양대로 선을 그어 이 선을 AA′ 선과 연결하면 깎아서 정리할 사각이 만들어진다.

갈모산방에 얹히는 부분의 단면을 그린 그림이 그림(마)다. 몸통의 사각선보다 5푼에서 1치 정도 앞에서 대패질을 한다. 이 부분을 그림(바)처럼 아로지게 다듬는다. 이는 단청 등 칠을 할 때 그 안까지 작업이 가능하도록 선자연 앞 쪽이 붙지 않게 하는 것이다. 그러나 갈모산방 위의 몸통은 모두 붙

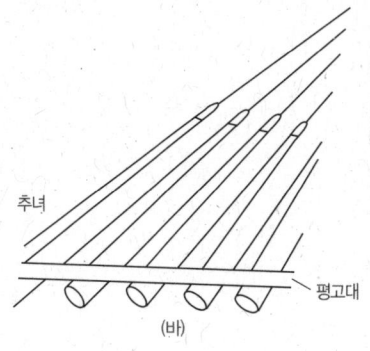

선자연 밑면 다듬는 모습

어야 한다.

서까래 앞뒤를 맞추다

선자연을 깎아 갈모산방에 얹는다. 이때 끝, 중간, 선자연 머리 세 부분이 정확하게 맞지 않는다. 이 경우 조정하는 방법은 뒷부분이 10cm 차이가 나면 뒷부분 10cm를 자르던가 중간 알통을 5cm 대패로 민다. 물론 앞부분이 10cm 차이나면 중간 알통을 5cm 대패로 민다. 이 때 먹줄을 놓아 정확하게 잘라야 한다. 선자연의 밑면은 바닥에서 보이기 때문에 다듬질을 잘 해야 한다. 먹줄을 놓을 때는 이미 기준이 된 점에서 자를 만큼 내려서 끝점을 동일한 점에 연결하여 먹줄을 놓는다.

평고대 앞부분의 남는 부분은 그림과 같이 자른다. 자르는 기준은 평고대가 아니고 서까래다. 서까래에 5푼 정도 빗자른다. 같은 방법으로 2장에서 막장 전까지 붙인다.

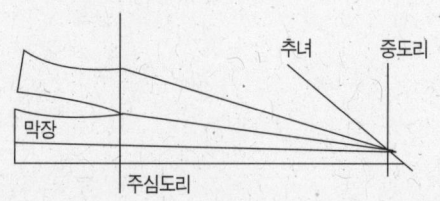

③ 막장 붙이기 : 막장의 뒷부분은 역시 같은 방법으로 하나 막장은 평서까래인 평연과 평행하게 걸려야 한다. 따라서 반은 평연이고 반은 선자연이다. 그림은 막장을 조립했을 때의 모습이다. 평연 쪽은 평연과 수평이 되어야 하므로 평서까래처럼 다듬는다. 선자연 쪽은 틈 없이 붙어야 하므로 전장

처럼 처리하면 된다. 이때에도 내민 부분은 둥글게 되어야 함은 물론이다.

④ 선자연을 걸 때 서까래 매장마다 수직으로 놓여야 한다. 그러나 부재를 정확하게 수직으로 만들기 힘들어 바닥을 사진처럼 보기 좋게 맞추고 윗부분의 선자연 사이의 틈을 톱밥으로 다져가면서 하기도 한다. 그래야 선자연이 눕지 않는다.

완성된 선자연 밑모습

4. 기타 귀서까래 짜기

귀서까래에 가장 많이 쓰는 방법이 말굽서까래다. 추녀 밖의 한 점을 소실점으로 해서 먹선을 놓아 설치한다. 두 번째 사진은 점점 작게 잘라 나란히 거는 나란히 서까래다. 한옥에서는 거의 쓰지 않는다.

 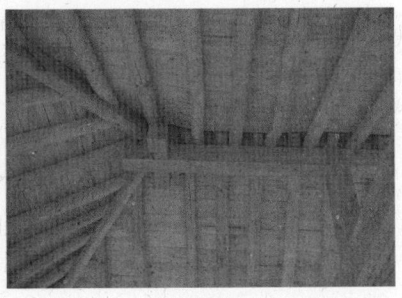

말굽 서까래 / 나란히 서까래

특강_한옥의 고급 기술 335

5. 선자부연 걸기

서까래를 다 걸면 부연을 올린다. 선자부연도 이매기 초매기 뒤초리가 다 붙어야 한다. 고대부연 길이는 추녀 쪽으로 갈수록 길어진다. 조립할 때 평고대 선에 맞추어 부연 착고자리를 경사지게 따 내는데 하나씩 맞춰보면서 따기 때문에 시간이 많이 걸린다. 부연 바닥은 초매기에 틈 없이 붙어야 한다. 그래서 일일이 그랭이질 한다. 정 뒷초리가 뜨면 쐐기를 받치고 못을 박는다. 착고자리는 평고대에서 5푼 들어와 만든다. 초장과 이장 사이에 공간이 많이 뜨는 경우 그 사이에는 새발부연을 달아 조정하기도 한다. 부연 곡은 초장에서 제일 작고 막장에서 제일 크다. 초장은 이미 선자연이 휘어져 올라왔지만 막장은 곡이 없기 때문이다.

특강_ 04
합각 만들기

지붕은 원시시대 모임지붕에서 출발해서 맞배지붕 우진각 팔작지붕으로 변화되어 왔다. 팔작지붕을 만들기 위해서는 합각 처리가 중요하다. 이곳에 문을 해 달아 지붕에 드나들거나, 구멍을 뚫어 지붕 속 환기를 담당하게 한다. 이곳을 잘못 처리하면 누수 등의 문제가 생긴다. 설사 집에 물이 들어오지 않는다 해도 추녀가 물에 노출되어 위험하다. 추녀는 힘을 많이 받기 때문에 나무가 상하면 집 뼈대에 문제가 생긴다. 아래에서는 이 합각을 처리하는 방법을 검토한다. 합각의 위치는 중도리 부근이 되는 것이 힘 관계상 유리하다.

1. 종도리 내밀기

합각이나 박공에 오는 마루도리는 하늘로 휘어 올라간 것이 좋다. 지붕마루곡을 잡는 데 유리하고 서까래 옆면을 감추기도 좋다. 그리고 무엇보다도 힘을 받는 데 유리하다. 3~4치 정도 올라가면 적당하다. 이때 마루도리는 2~3자 정도 내민다. 너무 길어지면 뼈대가 약해진다.

2. 대공 놓기

설명한 것처럼 합각 쪽의 종도리는 길게 내민다. 이 도리를 받을 대공의 받침을 방석이라고 부른다. 대공을 놓는 위치는 장여 끝에서 안으로 1자 정도 들어간 곳이다. 이렇게 해야만 합각을 처리할 수 있다. 대공을 설치하는 순서를 살피자.

서까래 위의 방석

① 방석을 옆의 사진처럼 댄다. 지붕의 무게를 견디고 서까래를 눌러주어야 하므로 방석은 크고 튼튼해야 한다.

② 방석 아래 쐐기를 박아 넣는다. 이때 촘촘하게 박아 넣어야 눌리지 않는다.

③ 방석이 결정되면 대공 길이를 셈하여 만들어 댄다. 대공을 따로 만들지 않고 굵은 서까래 부재로 쓰기도 한다.

집우새 설치 모습

3. 집우새 걸기

합각을 만들기 위해서 종도리 뺄목 끝선에 맞추어 집우새 서까래를 건다. 박공이 붙을 자리를 평평하게 대패질한다. 용마루 위에서 딱 만나게 잘라서 연결한다. 맞배지붕에서 집우새는 풍판 받는 틀과 버팀대 띳장을 포함한 말로도 쓰인다. 팔작지붕이라면 집우새는 추녀를 누르기 위해 밑에 멍에를 대야 한다.

맞배지붕을 만들 때에는 중도리와 주심도리 모두 종도리만큼 나와서 박공을 붙일 집우새를 받고 여기에 방풍널을 붙인다. 팔작지붕에서는 방풍널보다는 벽돌을 쌓거나 흙을 쌓아 장식을 넣는다. 따라서 방풍널은 맞배지붕에 더 많다.

4. 방풍널 달기

방풍널은 박공을 달기 전에 단다. 방풍널 아랫단은 박공에서 현수선을 내려 곡을 잡는다. 팔작지붕이라면 밑면에서 1자 5치 정도 띄워야 기와를 올릴 수 있다. 솟을대문처럼 아래 지붕의 용마루까지 감안하면 2자 이상 띄워야 한다. 방풍널에는 띳장을 건너질러서 고정한다. 방풍널은 못으로 박기 때문에 어려울 것이 없다.

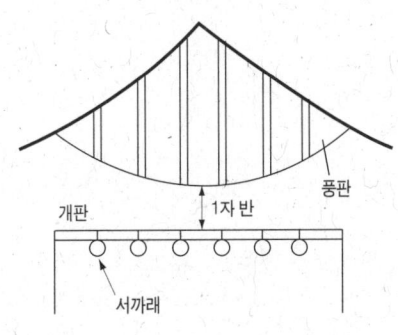

5. 박공대기

박공치목 ① 나무보기 : 박공은 건물의 옆면에 삼각형 모양으로 붙인 널이다. 바람을 많이 맞는 곳이어서 박풍이라고 했다고 한다. 박공은 비바람에 노출되므로 이어서 쓰지 않고 하나의 부재로 쓴다. 나무크기는 서까래를 모두 가릴 수 있어야 한다. 두께는 1.5치를 주로 사용한다. 2치 두께의 넓은 박

○ 풍판을 단 합각 모습

공을 쓰고 대신 풍판을 안다는 목수도 있다. 옛날에는 원구가 위로 올라갔으나 이제는 굳이 그럴 필요가 없다. 오히려 비바람에 노출이 많은 곳은 아랫부분이므로 원리에도 맞다.

② 먹매기기 : 박공은 지붕 물매를 염두에 두고 작업한다. 위쪽은 모끼연 도리 장여를 생각해서 1자 3치 안팎 아래는 모끼연 서까래 등을 고려해서 1자 정도로 결정한다. 길이와 폭은 지붕에 따라 달라진다. 그림의 곡은 자당 2푼에서 2푼 5리를 계산하여 후려매기기를 해야 곡선이 나온다. 때문에 장척 같이 긴 부재를 써서 곡을 잡는다. 박공을 붙였는데 중도리가 보이면 안 되므로 이 점도 신경 쓴다.

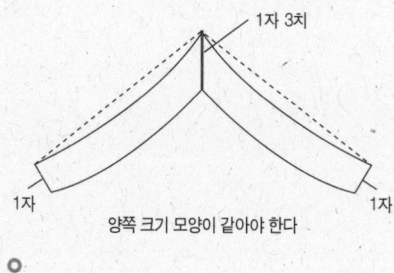
○ 박공 모습

③ 바심질 : 박공은 양쪽이 똑같아야 한다. 그러므로 두 판재에 못을 박아서 움직이지 않게 하고 한꺼번에 깎아야 한다. 밑에서 보이는 두께 부분은 산을 만들어 비가 들이쳐도 아래로 빨리 배수가 되게 한다.

잠깐 상식
박공과 기와 얹기

팔작지붕을 만들 때 박공을 잘못 얹으면 기와 얹기 힘들다. 박공을 너무 세우면 적심을 채울 수 없기 때문이다. 따라서 박공 제일 위의 점과 평고대에 실을 매서, 박공 아래 끝과 실과의 사이가 7치 미만이 되게 하는 게 좋다.

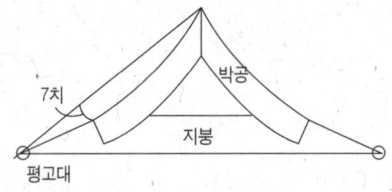

박공 짜기 박공은 양쪽의 높이가 같아야 하므로 물수평을 봐야 한다. 바닥에서 1치 5푼 이상 띄어야 한다. 그래야만 그 사이에 흙이 들어가서 박공을 타고 들어온 물이 추녀나 서까래를 적시는 것을 막을 수 있다. 박공을 대칭으로 박은 다음 용마루 쪽에서 수직을 내려서 연결한다.

박공 연결하기

박공은 종도리 상단에 6인치 못으로 사진처럼 5푼 정도 빗깎아 빗면으로 고정한다. 맞배 지붕에서 박공 밑쪽은 서까래 끝보다 3치 정도 더 나오게 한다. 박공을 붙이고 박공과 지붕표면 높이를 확인하고 모끼연을 건다. 박공이음 부분에 지네철이나 방환을 박든가 아니면 현어를 설치한다. 물고기인 현어는 나무인 집에 불이 나지 말라는 기원이 숨어있다.

6. 모끼연 설치

모끼연은 기와를 올리기 위해서 필요한 부재다. 따라서 등이 위로 가도록 한다. 박공 앞으로 1자가 나오고 박공의 두께만큼(예 1치 5푼) 박공판에 끼워진다. 뒷면은 1자 5치 정도로 하면 된다.

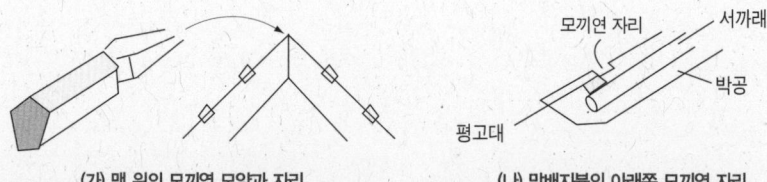

(가) 맨 위의 모끼연 모양과 자리   (나) 맞배지붕의 아래쪽 모끼연 자리

모끼연 자리 따기 / 모끼연이 끼워진 모습

　　모끼연을 짜기 전에 서까래가 보이는 지 박공 물매가 사는지 등을 살핀다. 박공에 문제가 없으면 여기에 모끼연을 끼울 자리를 만든다. 박공에 모끼연을 끼울 때는 끼울 자리를 일일이 재서 정확히 깎아 끼운다. 끼울 자리는 손톱을 써서 잘라내고 사진처럼 끌로 다듬는다. 평고대에 붙여서 하나를 걸고 맨 윗부분에 하나를 건다. 그 사이의 간격을 나누어서 나머지 모끼연을 건다. 간격 나누기는 소로를 설치할 때 살폈다. 가장 보편적인 모끼연의 수치를 적었다. 사진과 함께 보면 충분히 이해할 수 있다.

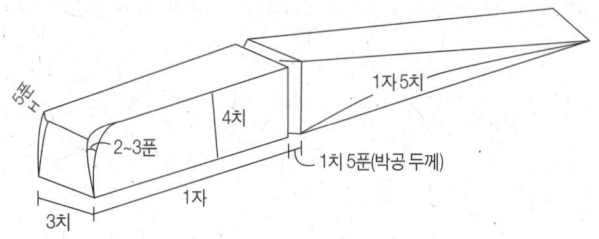

7. 너새 깔기

박공위에 설치하는 개판을 너새라고 한다. 모끼연 끝에서 1치 못 미치게 먹을 친다. 거기서부터 박공을 덮을 수 있는 폭을 재서 개판을 만든다. 개판과 같은 두께로 사용하면 된다. 모끼연 개판의 길이가 짧은 경우 모끼연 위에서 연결한다. 밑 부분을 1치 정도 들여서 빗깎기도 한다.

너새 깐 모습

완성된 합각

합각 안쪽 모습

특강_05
마루 놓기

한옥에는 동바리마루 우물마루 툇마루 쪽마루 누마루 등 다양한 마루가 있다. 여기서는 대표적인 우물마루만을 다룬다. 툇마루와 쪽마루 만들기는 우물마루를 이해하면 큰 문제가 없다. 용어문제는 귀틀이라는 단어가 어렵게 느껴질 수 있으나 이는 그냥 '틀' 이라고 생각하면 된다. 그래서 장귀틀은 기둥 사이를 연결하는 긴 틀, 동귀틀은 장귀틀 사이에 짜서 마루널을 끼는 틀이다. 여모귀틀은 마루에 오를 때 제일 먼저 만나는 기둥 사이의 가로부재

잠깐 상식
쪽마루와 툇마루가 다른가요?

툇마루는 퇴칸에 만들어진 마루이다. 쪽마루는 툇마루보다 작게 만들어지고 한 쪽에 동발이 기둥을 만들어 댄다. 뒤곁으로 연결되는 문에 설치하는 경우가 많다. 참고로 누마루는 대청마루보다 높게 만든 것으로 전망 등을 많이 고려한다. 장마루는 긴 마루널을 놓는 것인데 장선과 멍에를 놓고 그 위에 놓는다.

이다. 즉 문을 달지 않는 마당 쪽 귀틀이 여모귀틀이다. 그리고 장귀틀이 동귀틀보다 짧을 수도 있다. 기둥과 기둥 사이에 끼인다고 늘 길지는 않을 것이기 때문이다. 인방이 대청 쪽에 있으면 이것을 청방이라고 하고 귀틀의 촉이나 장부가 이곳에 연결되면 이를 꿸중방이라고 한다.

장귀틀 만들기

① 기둥과의 관계 : 장귀틀이 기둥에 무리를 주면 안 된다. 기둥이 작다면 기둥에 조금 걸치고 차라리 주춧돌이나 굄목에 의지하는 것도 방법이다. 장귀틀을 고정하기 위해서 기둥을 무리하게 파면 전체 한옥의 안전에 무리가 생긴다. 사진은 기둥을 너무 따서 휘어져 내린 기둥이다. 따라서 장귀틀을 기둥에 고정하기 위한 턱은 1치 정도로 한다. 두리기둥의 경우 기둥 안에 정사각형을 그렸을 때 생기는 선까지 판다. 그림 (b)

기둥을 너무 파서 휘어졌다

의 빗금부분까지만 파고 장귀틀을 짠다. 빗금친 부분을 구해보자. 피타고라스 정리에서 본 것처럼 한 변이 1인 정사각형의 대각선 길이는 $\sqrt{2}$다. 그림에

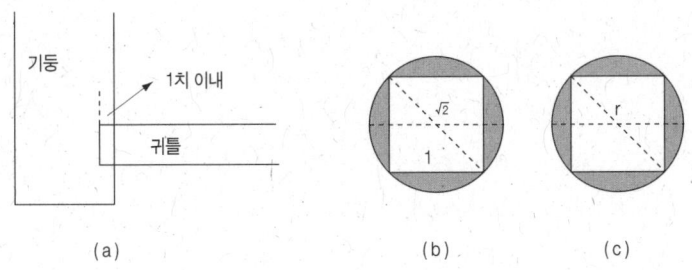

 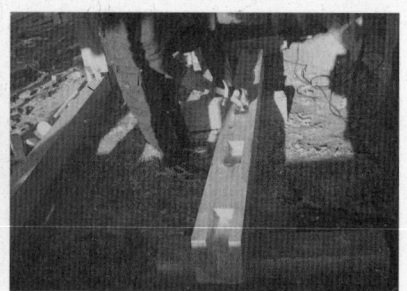

장퀴틀을 만드는 모습

서는 √2에서 1을 빼고 이를 둘로 나누면 한 쪽의 빗금 크기가 나온다는 의미다. 계산방법을 식으로 나타내면 $(r-r/\sqrt{2})/2$이다. 기둥지름이 8치면 1치 1푼 정도 나온다.

② 부재의 크기 및 나무보기 : 부재는 춤보다 너비를 크게 쓴다. 동귀틀의 도내기 자리를 만들고, 안전하게 하기 위해서다. 부재 춤은 동귀틀이 물려도 2~3치 정도 여유 있는 게 좋다. 그렇지 않으면 걸을 때 마루가 울린다. 장귀틀의 폭은 8~10치 정도를 쓴다. 그러나 귀틀은 어느 정도 기둥 굵기와 널폭에 제약을 받기 때문에 폭은 더 적어지거나 커질 수 있다. 춤은 5~8치를 쓴다. 동바리 기둥이 귀틀 밑에 없다면 춤을 크게 하는 것이 좋다. 그때는 일종의 보가 되기 때문이다.

귀틀의 나무쓰기는 좀 특별하다. 여모귀틀 청방 등 대청을 감싸고 있는 부재는 등이 마루 안쪽으로 들어가는 게 좋다. 등으로 굽는 성질로 널을 잡아준다. 하지만 장귀틀은 등이 위로 가야 버티는 힘이 커진다. 중간에 동바리를 대면 등을 밑으로 가게 해야 힘을 받는다. 따라서 상황에 따라 결정한다.

③ 먹매기기 : 장귀틀에는 동귀틀 장귀틀 여모귀틀이 들어갈 암장부를 만들어야 한다. 이때 중요한 건 마루판이 깔렸을 때 요철이 없어야 한다는 점이다. 따라서 윗면에서 암장부까지 일정하게 맞추어야 한다. 이 기준을 4치로 잡는다면 이것은 중심선이 아닌 장귀틀 윗면에서 4치를 재야 한다. 따라

서 윗면이 수평으로 깎여 있어야 한다.

④ 바심질 : 사진처럼 목공용 드릴로 깊이를 맞추어 파내고 끌로 정리한다. 양 끝 암장부는 다른 장귀틀이나 여모귀틀을 위한 것이고, 안쪽은 동귀틀이 들어갈 자리다. 한쪽은 1.5~2치 정도로 하고 다른 편은 그 두 배로 깊이 구멍을 낸다. 기둥에 닿는 귀틀은 그림처럼 빗각으로 잘라서 기둥에 무리가 가지 않게 한다.

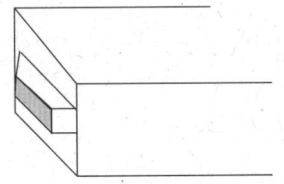

동귀틀 만들기

① 나무보기 : 동귀틀은 장귀틀보다 약간 좁게 쓴다. 너비는 6치 정도를 쓴다. 이도 일률적인 건 아니어서 장귀틀이 작아지면 장귀틀과 같은 크기로 쓰는 경우가 많다. 춤은 너비와 같거나 조금 작게 쓴다.

② 먹매김 및 바심질 : 동귀틀의 원구와 말구는 장귀틀에 끼워져야 하므로 숫장부를 만든다. 장부는 되먹여서 끼워야 하므로 그림처럼 한쪽을 2배 정도로 하는데 밑 부분을 그림처럼 하여서 고임목을 괼 수 있도록 한다. 이때 기준면은 부재의 중심이 아니라 윗면이므로 윗면은 수평으로 깎아져 있

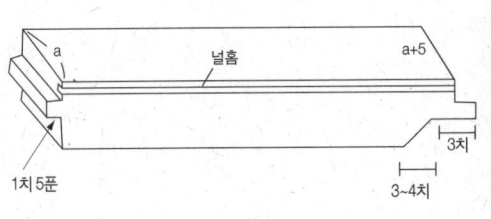 

동귀틀 도면 / 동귀틀의 모습

어야 한다. 또 동귀틀은 한쪽을 3~5푼 크게 만든다.

③ 홈 파기 : 동귀틀에는 마루널을 끼울 홈을 파야한다. 이때 홈은 홈대패를 이용하여 깎는다. 홈 깊이는 5푼 정도 홈 높이는 5~8푼 정도로 한다.

마루깔기

① 마루를 깔기 위해 동바리 기둥을 놓는 경우 땅을 골라야 한다. 그리고 기초를 놓을 때처럼 생땅이 나올 때까지 파서 동발이돌을 놓고 그 위에 동발이 기둥을 세운다. 마루 밑의 습기를 제거하기 위하여 숯을 항아리에 담아 묻기도 한다. 〈사진 1, 2〉

② 장귀틀을 설치한다. 기둥에서 1치 정도를 깎아내고 장귀틀을 설치한다. 기둥이 작고 마르지 않은 나무라면 1치에서 빠지게 깎아내고 장귀틀 밑에 굄목이나 돌을 고인다. 틀을 설치하고 틈이 남으면 꽉 끼도록 고임목을 박는다. 귀틀이 긴 곳에는 동바리를 대서 중간이 쳐져 내리지 않게 해야 한다. 여모귀틀도 같이 끼우는데 여모귀틀 폭은 동귀틀보다 작게 하는 게 보통이다. 〈사진 3, 4〉

③ 장귀틀이 완성되면 동귀틀을 끼운다. 되먹임을 하여 끼우고 움직이지 않게 쐐기를 꽉 끼운다. 이때 중요한 건 귀틀의 수평을 맞추는 것이다. 〈사진 5〉

⑤ 마루널을 일정한 크기(폭은 5~10치, 길이는 10~20치)로 잘라서 동귀틀 사이에 놓는다. 이때 처음 마루널 위에 동귀틀의 끝점을 표시하고 못을 살짝 박아 고정한다. 마지막 널까지 늘어놓는다. 이때 마루널은 틈없이 딱 맞아야 한다. 안 맞으면 다시 다듬어 놓아야 한다. 마지막 널에도 못을 박아 고정하고 동귀틀의 끝을 표시한다. 〈사진 6〉

⑥ 마루널이 놓이면 여기에 번호를 순서대로 매겨서 제 자리에 들어올 수 있도록 한다. 여기에 먹선을 놓는다. 홈의 폭인 5~8푼 정도를 남기고 잘라낸

다. 이때 5리 정도 짧게 한다. 〈사진 6, 7〉

⑦ 청판 입구를 잘라낸다. 마루널을 순서에 따라서 끼운다. 막장까지 놓으면 된다. 여기까지 끝났으면 다른 공사가 끝날 때쯤까지 내버려 두었다가 틈이 벌어지거나 요철이 있는 곳을 찾아 손대패로 깎아낸다. 이때 전기대패는 좋지 않다. 벌어진 틈은 샌딩기에서 나오는 고운 입자의 나무가루와 목공본드를 섞어서 메우면 된다. 〈사진 8, 9〉

⑧ 한 해를 보내고 청판이 줄어들면 이를 밀어 넣고 마지막 장을 다시 만

들어 끼운다. 동귀틀 한 쪽이 3~5푼 큰 이유는 이 때문이다. 마루널 크기가 처음 것과 마지막 것이 0.5~1치 정도 차이가 난다.

◦
잠깐 상식
누하주에 기둥 세울 때 주의할 점

누마루를 만들 때 쉽게 잊는 점 하나를 적는다. 사진은 누마루 기둥을 한쪽은 건물 기둥에 턱물리고 한쪽은 누하주와 누상주를 나누어 짠 경우다. 누상주는 귀틀 위에 올라가는데 이 때 귀틀이 마르지 않은 나무라면 나중에 내려앉아 집이 기울 수 있다.

특강_ 06
필요한 부재 셈하기(물목뽑기)

한옥을 짓기 위한 나무 목록을 물목이라고 한다. 필요한 부재를 뽑을 때 기준이 되는 것은 수장재와 간사이다. 수장은 벽체를 구성하는 뼈대로 인방 중방 하방을 통칭하여 수장재라고 한다.

수장폭을 정하다

수장폭은 수장재의 폭이다. 3치를 많이 쓰나 초가나 규모가 작은 집은 2.5치 안팎을 쓴다. 수장폭을 정하면 춤은 구고현법에 따른다. 그러나 최근에는 수장폭이 점점 커져 기준성이 떨어지고 있다.

기둥을 결정하다

관련 자료를 종합하면 한옥의 기둥 길이는 간사이와 같거나 좀 커서 기둥

특강_ 한옥의 고급 기술 351

지름의 13배 정도다. 평주와 고주의 비는 1:1.3 정도이다. 그러나 사찰의 기둥 길이는 굵기의 8~9배 정도로 기둥이 아주 굵다. 기둥이 가지는 장식성과 권위 때문이다.

    요즘은 한식기와 한옥이라면 1/10 정도를 쓴다. 옛날에 지은 집으로 기둥 굵기가 기둥 길이의 1/14에 못 미치는 것도 있지만 이는 주로 초가 함석 시멘트기와집이다. 과거 반가는 높이가 7~8자지만 대개 한 변 6치 이상의 네모기둥을 썼다는 점에 주의해야 한다. 요즘은 나무질도 떨어지고 지붕 무게도 더 나가므로 네모기둥에서 한 변을 7치, 두리기둥에서 8치 이상을 쓰는 게 보통이다. 익공집은 이것보다 1치 이상 크게 쓰는 경향이 있다. 고주는 이보다 낮은 비율인 1/11~1/13까지도 낮추지만 역시 7치 이하로 쓰기 힘들다. 초가는 한 변 4~4치 반 정도를 많이 썼다. 요즘 초가를 짓는다면 5치면 될 것이다. 그러나 기둥 굵기가 기둥 높이로만 결정되는 건 아니고 지붕재료 간사이가 모두 관계된다. 간사이가 커져 부재가 커지면 기둥도 커져야 한다.

창방을 결정하다

    창방은 수장폭을 기준으로 1~1.5배로 썼다. 최근에는 창방이 지나치게 커지고 모양도 정사각형에 가깝게 되고 있다. 창방이 기둥을 잡아주는 구실만 하면 수장폭보다 크게 할 까닭이 없다.

보를 결정하다

    보 춤은 간사이의 1/12~1/8로 한다고 하나 기와집에서는 간사이가 작아도 툇간이 아닌 한 7치 이하로 쓰는 경우는 없다. 거의 8치 이상을 쓴다. 종보 역시 아무리 작아도 춤이 6치 밑으로 잘 내려가지 않는다. 그리고 초가집은 대부분 1/15 이상으로 도리보다 1치 정도 크게 썼고, 굽은 재를 쓴 것이 많으므로 이를 감안해야 한다. 따라서 기와집에서 1/11 이상을 쓰고, 초가집처럼 지붕이 가벼우면 1/15이상을 쓴다. 보 폭은 춤과 비교해서 역학적으로는 1/√2배 정도가 합리적이다. 다만 충량이 들어가면 대들보 허리를 따고 끼우므로 이를 감안한다.

도리를 결정하다

굴도리는 고건축의 실측자료를 보면 기둥의 2/3~3/4 정도다. 그러나 이는 주로 사찰의 기록이어서 기둥이 민가보다 훨씬 굵은 경우다. 도리는 지름 6치를 최소한으로 본다. 보통 8치 이상 쓴다. 자 2치를 넘는 도리는 사찰에서도 거의 보이지 않는다. 도리가 이보다 커지면 맞추기가 힘들고 보기도 안 좋다. 한옥에서는 한 자 이상을 잘 쓰지 않는데 간사이가 12자를 넘으면 처져 내릴 수 있다. 따라서 도리 간사이는 12자를 넘지 않아야 한다. 납도리는 4×6, 5×7, 6×8을 많이 쓴다. 도리도 보 구실을 하지만 간사이가 크지 않으므로 간 사이를 기준으로 1/12~1/11 정도로 한다. 다만 보와 작용하는 힘에 차이가 있다는 점은 늘 생각해야 한다. 기둥과 도리 굵기를 같게 쓰기도 한다는 데 초가를 보면 기둥의 크기 변화는 많지만 도리 춤은 4.5치 정도로 안정적이다. 이때 서까래 원구 굵기가 2.5치 안팎이다. 따라서 도리도 간사이와 지붕재료를 기준으로 하는 게 안전하다. 보통 주심도리 중도리 종도리 굵기를 똑같이 쓰나, 기와집의 경우 중도리나 종도리를 주심도리보다 1치 정도 적게 쓰기도 한다. 민도리집이라면 간사이가 10자를 넘지 않는 것이 좋다. 도리를 크게 쓰기 힘들고, 도리를 받아줄 창방이 없기 때문이다.

기타 부재를 결정하다

① 충량(측량)은 보와 같이 산정한다. 다만 3치를 바데떼기 해야 하므로

이를 셈한다.

② 주두 춤은 5치 폭은 기둥 굵기에 2~3치를 더하면 된다.

③ 소로는 춤을 수장폭으로 하거나 조금 크게 쓴다. 너비는 수장의 1.5~2배를 쓴다. 그러나 소로는 장여와 함께 결정할 수밖에 없다. 갈폭과 장여폭이 같아야 하기 때문이다.

④ 장여는 수장폭으로 한다. 장여 높이는 보목, 도리 높이와 같이 결정한다. 3×5, 3×7치를 많이 쓴다.

⑤ 서까래는 최고 굵은 부분을 보통 3~5치 정도 쓴다. 봉정사 극락전 서까래도 5치 정도 되는 것을 감안하면 한옥에서 5치를 넘을 필요는 없을 것이다. 옛날에 지은 한옥의 서까래 굵기는 기둥과 도리 굵기에 따라 달라진다. 네모기둥이 6치가 안 되면 서까래는 원구 기준 4치를 넘지 않는다. 기둥이 4.5치 밑으로 내려가면 서까래도 3치 밑으로 내려간다. 물론 이는 앞에서 본 것처럼 도리 굵기와도 관계있다. 선자 서까래는 6치 이상을 쓴다.

⑥ 부연은 서까래 위에 온전히 앉아야 한다. 따라서 서까래가 3치면 2×3치, 서까래가 5치면 3×4치 또는 3×5치를 쓴다. 부연 단면은 가로세로비를 2:3정도로 잡는다.

⑦ 개판은 서까래 간격에 따르나 보통 0.7~1×9~9.5치를 쓴다. 초가집에는 개판 없이 산자를 엮어 초가를 덮은 경우가 많다. 목기연과 선자연 개판은 2~3치 더 크게 쓴다.

⑧ 판대공은 수장폭으로 한다. 따라서 이는 보통 3~3.5로 했으나 최근에는 4치를 많이 쓴다. 지붕이 무거워지고 나무질이 떨어지기 때문이다.

⑨ 동자주는 대들보 폭에서 2치를 빼 정한다. 그러나 대들보는 윗면에 곡을 주는 경우가 많아 그보다 작아지는 일이 많다. 옛날 한옥에서는 5치까지 내리기도 하지만 지금은 6×6치 이상을 쓴다. 초가집은 3×3 이상을 썼다.

⑩ 기타 부재는 거의 고정된 수치를 쓴다. 평고대는 2×3 또는 3×4치, 초평은 2×2치, 연암은 2.5×3 또는 3×3.5치, 풍판은 1×10치, 풍판띠장은 3×

5치, 풍판 쫄대는 1×2, 2×3치를 쓰면 무난하다. 문선은 인방과 함께 결정하면 된다. 너무 얇으면 휠 수 있으므로 가로는 수장폭으로 하고 세로를 5치 정도는 써야 한다. 착고판은 0.5×5치(부연 춤 고려)이다. 박공 두께도 1.5치를 제일 많이 쓴다.

⑪ 마지막으로 대들보만큼 중요한 부재가 추녀다. 실제로 그 크기도 대들보에 버금간다. 추녀곡은 1자 3치~6치에서 결정한다. 추녀곡보다 3~5치 정도 큰 부재를 쓴다. 폭은 기둥 굵기를 고려한다. 최근에는 폭을 6~8치를 많이 쓴다. 초가에는 3×3치나 좀더 크게 쓰는 정도다. 사래 폭은 추녀와 같아야 한다. 적심은 와공이 넣는 경우가 많아 먼저 상의하는 게 좋다.

⑫ 모든 부재 길이는 간사이와 물매를 결정하면 나온다. 귀주에서 만나는 창방 장여 도리는 뺄목을 셈에 넣어야 한다. 뺄목길이는 1자 5치 정도 셈에 넣는다. 초가집의 뺄목은 그 반을 잡는다. 도리는 도리 지름을 기준으로 1.5배 정도 잡기도 한다.

○
잠깐 상식
쥐와 사람의 뼈와 살의 비율은 비슷할까요?

쥐 몸무게에서 뼈가 차지하는 비중은 8% 정도다. 이에 비해서 인간은 18%이다. 뼈대는 부피가 커지면 비례해서 커지는 게 아니라 훨씬 높은 비율로 커진다. 나무도 부피가 증가하면 굵기가 훨씬 크게 증가한다. 길이와 굵기 비율이 밀은 500배, 단풍나무는 36배다. 그러므로 대들보를 간사이의 1/11~1/8로 쓰라고 할 때 간사이가 클수록 1/8에 가깝게 써야 한다. 초가에서도 마찬가지다.

물목을 산정하다

다음 그림은 남서향 동사택 집의 간이설계도다. 오른쪽 그림은 물목산정을 위해 뼈대를 그린 것이다. '제11장 바심질하다'에서 '물목산정도면'의 기준이 된다. 간이설계도에 따라서 간사이가 결정되면 기둥 수가 산출된다. 기둥 높이는 9자로 홑처마 익공집인 한식기와집이다. 숫자는 간사이를 의미한다. 수장폭은 관례에 따라서 3치 폭으로 하여 물목을 산정해 보자. 표시는 가로×세로로 한다. 귀주에 놓이는 부재에는 귀주라는 말을 붙인다. (예 : 귀주장여)

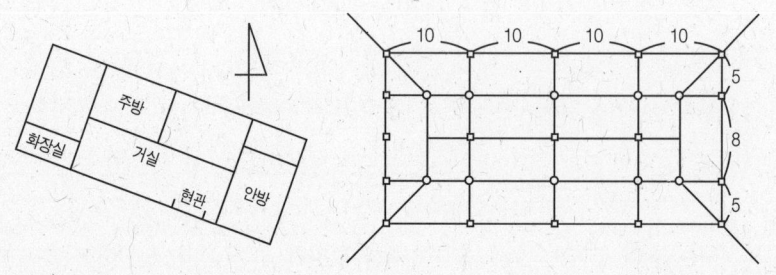

실무를 위한 간이설계도

① 수장재는 3×5로 한다. 벽에 흙 대신 벽돌을 쌓는 경우 7×5를 쓰기도 한다. 길이는 간사이 10자에 되먹임장부 3치를 더한 10.3자다.

② 창방은 수장폭보다 조금 크게 5×7치로 한다. 길이는 간사이에서 보아지폭을 뺀 9.8자다. 귀주 창방은 간사이에서 보아지 반폭인 1치를 빼고 뺄목 길이 1.1를 더하여 11자다.

③ 장여는 보목 춤과 도리 춤을 셈한다. 주두높이를 감안하여 주심장여는 3×7로 한다. 주두가 없는 중장여 종장여는 3×5로 한다. 길이는 간사이보다 주먹장 하나만큼 크게 쓴다. 따라서 10.15자다. 귀주장여는 뺄목 1.2를 더해서 11.35자다.

④ 소로 춤은 수장폭으로 하고, 폭은 장여 좌우에 한 치씩 더해 5치로 한다.

⑤ 판대공은 4×4를 쓴다.

⑥ 보아지는 사개높이에 주두높이를 고려하면 된다. 3×9를 쓴다.

⑦ 기둥굵기는 기둥높이의 1/10로 한다. 지름 9치로 한다. 네모기둥으로 하면 7~8치로 한다. 익공집이므로 8치로 한다.

⑧ 대들보는 간사이 9자의 1/10인 9치로 한다. 다만 대청에 놓는 대들보 바데떼기를 위해 1~2치를 크게 하여 보 춤은 1자 1치로 한다. 보 폭은 보 춤을 $\sqrt{2}$로 나눈다. 동주자와 충량 받는 것을 생각해서 9치로 한다. 보 길이는 간사이 9자 + 뺄목 1.2자 + (주먹장부2치)=10.4자다.

⑨ 종보는 판대공이 너무 길면 안전에도 안 좋고 미울 수 있으므로 조금 높게 10치로 한다.

⑩ 충량은 10자 간사이로 대들보와 만나는 밑면 3치를 잘라내므로 1자 3치가 나온다. 폭은 9치로 한다. 길이는 간사이 10자 + 뺄목 1.2 - (대들보 중심에서 주먹장부까지 거리인 0.2)=11자다.

⑪ 도리는 간사이의 1/12로 한다. 6치 폭에 8치 춤을 쓴다. 길이는 주먹장 길이를 셈해서 10.15자다. 귀주도리는 뺄목을 더해 11.35자다. 중도리 종도리도 같은 방법으로 셈한다.

⑫ 추녀는 0.7×1.7로 한다. 사래가 있다면 2자 가까이 되야 한다. 길이는 14자다. 박공은 1.5×13치로 10자로 한다. 여기서는 간단히 단연길이에 3자를 더했다. 기타 부재는 고정된 수치를 사용한다.

⑬ 필요한 부재수를 셈한다. 기둥 17(귀주4, 안기둥3) 개, 창방 16(귀주8, 안기둥2)개, 주심도리 14(8)개, 주심장여 14(8)개, 대보 6개, 충량 4개, 주두 14개, 보아지 10개, 동자주 10개, 중도리 10(6)개, 중장여 10(6)개, 종량 3개, 판대공 3개, 동자대공 2개, 종도리 4(합각2)개, 종장여 4(합각2)개, 추녀 4개, 총도리와 종장여 2개는 합각 지점이 있으므로 2~3자 여유 있고 휜 것을 쓴다. 박공4개. 위 도면을 보면서 일일이 확인해 보자. 괄호 안의 수는 귀주에 쓰이는 부재 수량이다.

⑭ 서까래는 한 자 간격으로 놓는다. 귀서까래를 제외하면 앞뒤로 30개씩 좌우로 8개씩이다. 따라서 장연 76개, 단연 60개다. 길이는 장연이 10자 단

연이 7자다. 선자연은 계산하여 나온 갯수로 한다. 3량집이면 장연 하나만 놓고 합각부분에 나가는 4개를 더해야 한다. 장연 길이는 처마 물매를 셈하고 거기에 내민 길이를 더하여 구하고, 단연은 마루물매로 구한다. 계산 값에 한 자 정도 여유를 주면 된다. 다만 용마루 처리 등을 감안해야 한다. 개판은 물매길이에 맞춘다. 다만 집부사로 쓸 서까래는 선자연처럼 굵은 것을 쓴다.

수장폭이 3치면 실제 나무는 3.5~4치를 주문한다. 대문 같은 판재는 1.5치가 필요하면 3치 이상 주문해야 한다. 마르면서 부재가 뒤틀리기 때문이다. 물목산정이 끝났으면 다듬으며 손실되는 부분을 더해 사이로 환산하여 6, 9, 12자로 구분하고, 13자부터는 특수 부재이므로 자 단위로 주문한다. m법 시행으로 m법으로 환산해야 한다. 약 300 사이가 $1m^3$이다.

○
잠깐 상식
안기둥 설계 상식

안기둥이 동자주 자리에 오면 고주를 세우는 것이 좋다. 동자주와 기둥과 같이 쓰면 그만큼 튼튼하다. 그러나 물목산정 예에서 보는 것처럼 안기둥이 동자주 자리에 오지 않을 경우 안기둥으로 거실이나 주방 크기를 자유롭게 조절할 수 있다. 이때 장부를 잇는 방법도 같이 고민해야 한다. 사진은 윤증고택

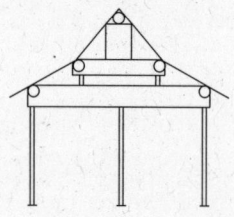 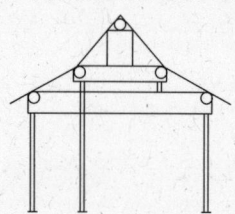 

의 대청마루 부근이다. 세 개의 보가 대청 쪽에서 만나고 있다.

특강_ 07
내가 살 집을 짓는데 얼마나 들까?

집을 짓는 목적이 다르면 재료가 다르다. 독자가 조합해서 예산을 잡을 수 있도록 자료를 준비했다. 2007년 3월 말을 기준으로 조사한 자재비다. 그렇지만 자재비에 인건비만 계산해서 업자에게 집을 지어달라면 곤란하다. 업자는 전체 공정을 책임져야 하고, 완공 후에 하자가 나면 이를 보수해야 한다. 따라서 아주 큰 공사가 아닌 한 정상적인 부재 값과 인건비의 20%를 위험에 대한 댓가로 챙겨줄 생각을 해야 한다. 아니면 하자 등의 위험부담을 집주인이 져야 한다. 소요 재료의 5~10%는 손실분으로 염두에 두어야 한다.

나무가격

나무가격은 금값처럼 국제적인 시세에 따라 오르락내리락한다. 한국목재신문 사이트에 가면 개략적인 수입목 가격을 알 수 있다. 원목은 수입가격의 1.5배, 제재목은 2.5배 정도면 살 수 있다. 여기에 운임과 세금을 합하면 된다. 수입목이 제일 많이 유통되고 값도 싼 곳은 부산이다.

실제 목재상에 가면 수많은 종류의 나무가 있다. 그러나 한옥 목재로 검증된 나무는 그다지 없다. 한옥의 맥이 끊겼었고, 수입목으로 지은 집에 대한 통계가 제대로 나와 있지도 않다. 드물게는 값싸게 지어달라는 소비자에게 뉴질랜드 산으로 지어주기도 하는데 뉴질랜드 산은 집 짓는 데 쓰지 않는다. 따라서 사람이 살지 않는 작은 헛간에 적당하다. 러시아 산인 소송이나 햄록에 대한 평가도 그리 좋지 않다. 따라서 점차 쓰지 않는 분위기다. 수입목으로 가장 평이 좋은 것은 북미산 더글라스다. 보통 수입목보다 육송이 많이 비싸지만 지름이 5치 이하인 것은 육송이 더 싸다. 그래서 서까래나 수장재는 육송을 쓰는 경우가 많다. 나무가격은 규격에 따라 다르다. 길이가 6자를 넘지 않으면 싸지만 이보다 긴 것은 길수록 비싸진다. 굵기도 5치, 1자를 기준으로 차이가 나기도 하나, 수입목은 40~50cm를 기준으로 값 차이가 많이 난다. 물목산정도면에서 거실에 우물마루를 만들고, 고미반자 없이 방에만 우물반자를 해 단다고 할 때 필요한 나무는 15,000사이 정도다. 2007년 1월 기준 국내 원목의 사이당 대략 가격은 다음과 같다. 나무가격은 규격에 따라 다르므로 하나의 가격으로 나타낼 수 없지만, 느낌상 비교치를 적는다.

뉴송 - 460, 소송 - 560, 햄록 - 650, 더글라스 - 800, 육송 - 1,400

집을 짓기 위해 소량 쓰는 것이라면 1.3배, 제재목은 이 가격의 2~2.5배 정도 하면 될 것이다. m법 시행으로 m^3를 거래하게 되었다. 환산 기준은 "m^3=300사이"다.

기와가격
한옥의 지붕 재료로는 초가 너와 굴피 등 여러 가지가 있지만 기와가 대표적이다. 한식기와는 특별한 경우가 아니면 평당 45~50만 원 정도다. 여기에는 적심비용과 강회다짐 비용이 들어간 것이다. 시멘트기와는 색을 안 입힌 경우 8~9만 원 선이고, 색을 입히는 경우 12~14만 원 선이다. 기와에서 평은 건축에서 평보다 작다. 건평이 20평이면 기와평수는 1.8배인 36평 정도를 본다. 용마루를 높게 한다면 별도의 비용이 들어간다. 여기에 제시된 비용은 평균치로 인건비가 포함된 것이다. 기와 값은 시멘트와 한식기와가 모두 1500선이나 한식기와는 암수기와를 구별하고 다른 부재가 많이 들어가 비용이 4~5배에 이른다. 물목산정 도면을 한식기와로 하면 50만원×36 = 18,000,000원, 무색 시멘트기와로 하면 9만원×36 = 3,240,000원이다. 너와는 나무를 시키면서 피죽을 얻어서 얹으면 된다. 이것 대신 아스팔트 싱글 등을 쓸 수 있다.

흙(벽돌)가격

삼국시대부터 조선후기까지 한옥에는 거의 벽돌을 쓰지 않았다. 그러나 최근에는 흙벽돌을 많이 쓴다. 흙벽돌은 1자×6치×4치 기준 한 장에 1,500원 정도 한다. 이를 쌓는 인건비는 장당 1,000원이면 된다. 벽돌은 찹쌀로 풀을 쑤어 바르기도 하는데, 줄눈을 사서 쌓는 경우가 많다. 줄눈은 6000원/40kg 정도이다. 이것으로 30개 정도를 바른다. 빗물에 흘러내리지 않게 밖에 세라믹황토를 두르는 경우도 있는데 이는 7,000~8,000원/25kg 정도 한다. 거칠게 예산을 잡을 때에는 벽돌값의 두 배를 잡으면 흙벽돌과 인건비 기타 비용이 된다. 20평집을 지을 때 밖의 벽은 두 줄 안벽은 한줄로 쌓는 경우 4,500 ~ 5,500장 정도가 소요된다. 물목산정 도면을 벽돌로 쌓는다면 5000×1500×2 = 15,000,000원이다.

흙은 80,000원/톤 정도다. 20평을 5치 정도로 쌓으면 25톤 정도 들어간다. 물목산정 도면을 흙으로 쌓는다면 80,000×25 = 2,000,000원이다. 흙으로 쌓는다면 개인이 직접 하는 게 좋다. 가끔씩 손을 볼 줄도 알아야 하기 때문이다.

지을 집과 비용 계산하기

한옥을 100년 이상 가는 집이라고 하나, 나무 집은 100년 이상 가기 힘들다. 넉넉하게 양보해도 150년 가기 힘들다. 이 점을 명확히 할 필요가 있다. 지금 150년 이상 유지되는 문화재에는 많은 관리비용이 들어가고 있다. 게다가 요즘은 나무를 말려 짓는 경우가 거의 없다는 점을 감안하면 4대 이상 대물림하면서 살 만한 집을 한옥으로 짓기는 힘들다.

요람에서 무덤까지 한 집에서 생활하고 싶다면 육송을 쓰면 된다. 춘양목을 구할 수 있다면 물론 더 좋을 것이다. 훨씬 더 오래 갈 수 있을 것이다. 이제 중년인데 마지막 날까지 살 집이라면 더글라스면 될 것이다. 이보다 짧은 기간 이용할 집이라면 햄록이나 소송 등을 쓰면 될 것이다. 하지만 한옥은 수공예품이므로 나무 관리와 짓는 이의 정성에 따라서 수명 차이가 많이 날 수 있다. 나무 종류가 정해졌으면 어떤 집을 지을 것인가 결정한다. 원목으로 집을 짓는다면 목재값이 제재목의 반 정도면 된다. 기와집이 아니라 초가집 규모의 집을 짓는다면 역시 기와집의 1/3 밑으로 내려갈 것이다. 아스팔트 싱글을 덮는다면 초가집 규모 집으로 충분하다.

부록

한옥 연장 및 사용방법을 알다

한옥 연장 및 사용방법을 알다

목수의 연장은 거의 전동공구로 바뀌었다. 국가에서 보물급으로 관리하는 전통건축을 고칠 때도 전동공구를 쓴다. 문화재만이라도 전통 연장과 기술을 써서 고쳐야 한다고 주장하는 분도 있다. 하지만 한옥을 새로이 짓는 사람에게야 전동공구가 훨씬 낫다. 여기서는 현재 쓰는 도구 위주로 설명한다.

자를 알다

곡자 곡자는 ㄱ자 모양인데 한 쪽이 길다. 곡자를 잡을 때는 긴 쪽의 1/3 지점을 잡는다. 이곳이 무게 중심이다. 부재에 수직 수평선을 긋거나 장부를 그릴 때 꼭 필요한 물건이다. 부재에 수직선을 그을 때는 긴 쪽을 잡아 부재에 고정시킨 상태에서 짧은 쪽을 써서 긋는 게 정확하다. 곡자를 사진처럼 부재에 걸쳐

 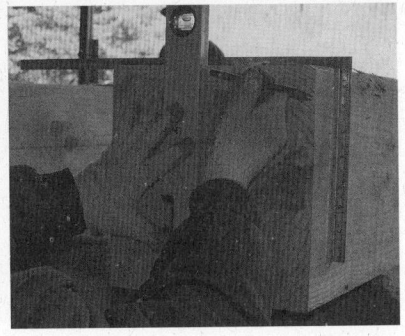

곡자를 이용해 수직선 긋기 / 곡자와 부재 사이에 틈이 없으면 수직·수평이 된다

놓고 부재의 수평이나 수직을 보는데도 쓴다.

장척(긴자) 장척은 바심질에 참여한 목수들이 공동으로 쓰는 '나무로 만든 긴 자'다. 목수마다 쓰는 자가 달라 집 전체 치수가 틀어질 수 있는데 이를 막기 위해 사용한다. 양끝에 5푼을 남기고, 좁은 면에 자와 치 단위를 표시하고 넓은 면에 기둥 도리 등 길이를 표시한다. 따라서 누가 부재를 재도 길이가 같게 된다. 나무는 마른 것을 써야 오차가 생기지 않는다.

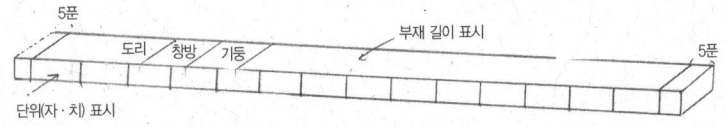

자유자 부재에 직각 아닌 각도를 잴 때 편하다. 한쪽 팔이 자유스럽게 움직이기 때문에 부재의 모양에 맞추어 대면 그 각도가 나온다. 연귀자라고도 한다. 그래서 부재가

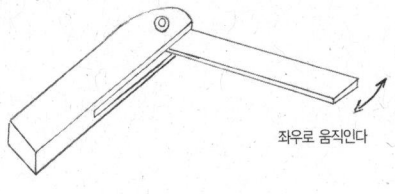

좌우로 움직인다

직각으로 만날 때 양쪽 부재를 45도씩 다듬어 연결하는 것을 연귀맞춤이라고 한다.

필기도구를 알다

먹통 먹통은 먹줄과 먹물이 함께 있는 통으로 먹매김할 때 쓴다. 목수가 만들어 쓰기도 하나 요즘은 공장에서 만든 것을 많이 쓴다. 파는 먹통은 자동과 수동이 있다. 자동은 바늘이 튈 염려가 있어 주로 수동을 쓴다.

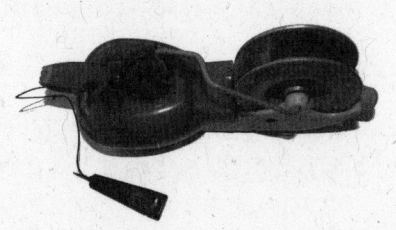

먹칼 먹칼은 대나무로 만든 목수연필이라고 생각하면 된다. 둥근 기둥이나 울퉁불퉁한 나무에는 연필로 선을 그을 수 없기 때문에 먹칼을 쓴다. 먹칼 양끝은 그림처럼 모양이 다르다. 선을 그을 때에는 아래쪽을 쓰고 글씨를 쓸 때는 위쪽을 쓴다. 먹칼은 대나무로 만드는데 살이 두툼한 것이 좋다. 이를 30cm 정도 길이로 잘라 잡기 쉬운 폭(2~3cm)으로 쪼갠다. 그리고 물속에 하루 담가 나긋나긋하게 만든다. 아랫면은 빗면으로 잘라 대패나 숫돌을 이용하여 날을 세운다. 그리고 칼자국을 내서 붓털처럼 만든다. 이때 단단한 대나무 껍질 쪽을 평평하게 한다. 자에 대고 그어야 하기 때문이다. 이곳을 등이라고 하고 반대편을 배라고 한다. 먹은 배 쪽에 묻혀서 써야 곡자에 먹이 묻지 않는다. 위쪽은 연필처럼 둥글게 만들어서 망치로 으깨어 쓴다.

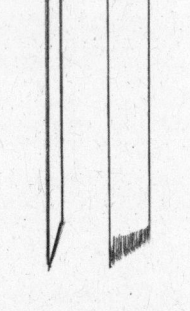

먹매김 통 현장에서는 매직박스, 블랙박스 등 여러 가지 이름으로 부른다. 두리기둥처럼 선을 긋기 힘든 부재에 선을 긋기 위해 쓴다. 사진처럼 양쪽이 뚫린 사각형 통을 만든다. 통 중심에 먹선을 놓고 그림처럼 사각구멍을 뚫는다. 이렇게 하면 먹매김 통이 완성된다.

이제 먹매김 통을 써서 먹매김을 해보자. 뚫린 구멍에 기둥의 중심먹선이 오게 하여 이를 먹매김 통에 있는 선과 일치시켜 통을 흔들리지 않게 잡는다. 통 끝을 먹놓을 자리에 맞춘다. 그리고 먹줄을 통에 딱 붙여서 한 바퀴를 돌려 친다. 두리기둥에 정확한 선이 생긴다.

장판 방바닥에 까는 장판을 가지고 원 기둥을 잘라보자. 아래 그림은 장판으로 두리기둥에 선을 긋는 그림이다. 장판을 적당한 크기로 길게 자른다. 부재의 중심선과 맞추기 위해 장판 중심에 위 아래로 삼각형이 만들어져 있다. 이를 부재의 중심선에 대고 부재에 장판을 감고 장판을 자로 하여 연필로 그으면 정확하게 원을 그릴 수 있다.

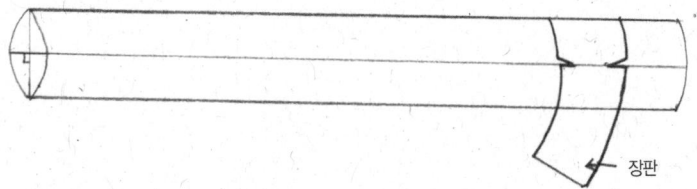

장판

그레자(그렝이) 그레질을 위해 필요한 일종의 컴퍼스다. 그림처럼 그레자를 써서 선을 긋는 것을 그레질(그렝이질)이라고 한다. 다리 하나는 바닥의 굴

곡을 따라 움직이고 연필이 달린 다른 하나
는 기둥에 그 굴곡을 그대로 그린다.

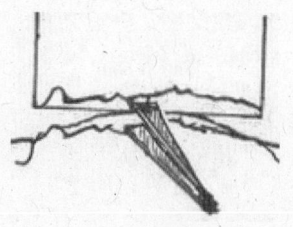

2B 연필   최근에는 먹칼에 익숙하지 않
은 목수들이 많이 쓴다. 다만 4B는 너무 물
러 잘 부러지므로 2B를 쓰는 게 좋다.

수평과 수직을 확인하다

수준기   수평을 보는 막대다. 긴 막대에 물이 담긴 유리관이 있어서 이 물
에 생기는 기포로 수평과 수직을 확인한다. 유리관은 카메라 삼각대에 있는
것과 똑같다. 요즘은 레이저 수평기도 많이 쓴다.

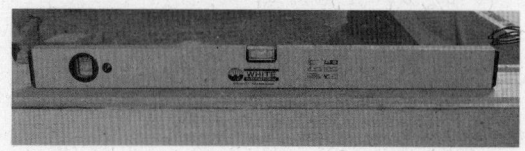

호스   호스에 물을 담아 양쪽의 물 높이를 재면 첫 번째 그림처럼 물 높이
가 똑같다. 가운데 그림처럼 호스 양끝을 멀리 떨어뜨려 놓고 비교해도 물 높
이는 늘 같다. 이런 물의 성질을 이용한 것이 물수평이다. 투명한 호스에 물을
담는다. 이때 물에 공기가 들어가면 안 된다.

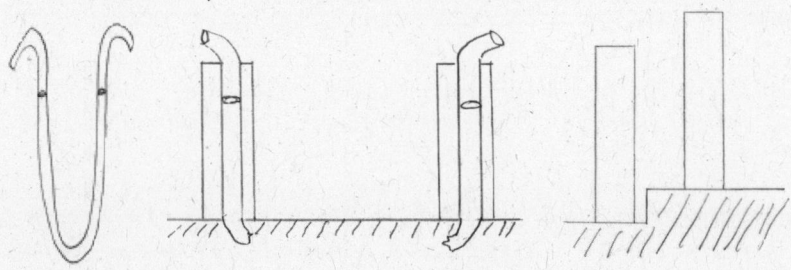

사용방법을 보자. 위에서 세 번째 그림 같이 땅 높이가 차이 나는 곳에 같은 10자 높이 기둥을 세우고 지붕을 올리려 한다. 이해를 돕기 위해 땅을 평평하게 그렸으나 땅은 일반적으로 평평하지 않다. 세우는 방법을 보자.

먼저 기준점을 긋는다. 두 기둥의 키를 같게 하려면 높은 것을 잘라 낮게 해야 한다. 그러므로 낮은 기둥이 기준이 된다. 이때 재는 기준은 부재 끝인 위다. 기준을 바닥으로 하면 바닥 높이가 다 달라, 바닥에서 10자 하면 두 기둥 높이는 늘 다를 수밖에 없다. 물수평 높이는 첫 번째 그림처럼 똑같기 때문에 거기에 같은 높이를 더해도 그 높이는 같다. 차분하게 다시 보자.

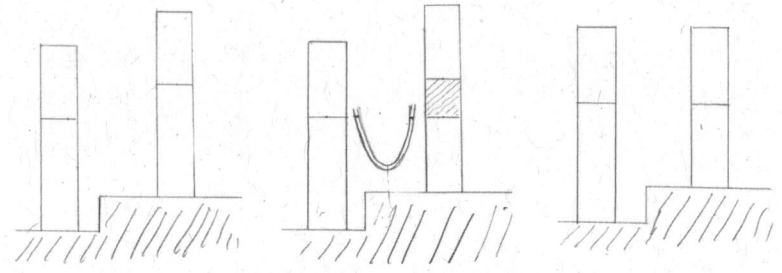

첫째 그림은 기준이 되는 낮은 기둥과 잘라내야 할 기둥에 위에서부터 4자를 재서 표시한 것이다. 둘째 그림은 낮은 기둥을 기준으로 물이 담긴 호스로 수평을 보는 것이다. 낮은 기둥에 표시한 선과 수평이 되는 곳을 오른쪽 기둥에 표시한다. 이 표시와 처음 잰 4자 사이에 빗금 부분을 잘라내면 두 기둥의 높이는 같아진다. 셋째 그림은 중간을 자르면 기둥이 두 동강이 나므로 그 크기만큼 밑동을 자르고 세운 것이다. 이 밑동을 자르는 것이 그레질이다. 현장에서 하는 순서대로 적으면 다음과 같다.

① 기둥 꼭대기에서부터 일정한 높이를 재서 표시한다.
② 수평을 보는 사람은 기준 높이에 호스를 댄다.
③ 수평 잡을 곳이 멀면 다른 사람이 호스 한쪽 끝을 가지고 가서 대고 움직이지 않는다.
④ 기준 호스의 물 높이를 기준점에 맞춘다. 이때 다른 쪽에 있는 사람은 움

직이면 안 된다.

⑤ 기준높이에 맞춘 뒤 양쪽 호스의 물이 더 이상 움직이지 않으면 수평이 맞는 것이다. 이때 마음 쓸 점은 호스가 꼬이거나 밟히면 안 된다. 물론 호스에 공기가 들어가도 안 된다.

다림추 무거운 물건에 실을 매달아 늘어뜨리면 이 늘어진 선이 수직이 된다. 이때 실을 맨 무거운 물건이 다림추다. 보통 다림추는 쇠로 만들어 판다. 실제 병에 흙을 담아 쓰기도 한다. 다림추는 무거워야 바람에 덜 흔들리고 정확하다. 다림추로 기둥을 세우고 있다.

다듬기 도구를 알다

모탕 현장에서 흔히 볼 수 있는 작업대를 모탕이라고 부른다. 모탕 높이가 너무 높으면 팔에 무리가 가고 높이가 너무 낮으면 허리에 무리가 간다. 엉덩이보다 조금 낮게 하는 게 좋다. 왜냐하면 모탕에 부재가 올라가면 그 만큼 높아지기 때문이다. 모탕 다리는 위쪽이 약간 안쪽으로 쏠리는 게 좋다. 모탕 위에는 부재를 고정시킬 수 있게 부재를 대거나 조금 판다. 위판이 3~5치 정도 다리 밖으로 나오면 일을 할 때 작업대 다리가 거치적거리지 않는다. 무거운 부재를 굴릴 때는 작업대 안쪽으로 굴려야 안전하다. 모탕은 늘 수평을 유지해야 한다.

끌 대목이 쓰는 조각도라고 보면 된다. 나무를 다듬을 때 쓴다. 날 크기와 모양에 따라 5푼끌, 한치끌, 둥근끌 등이 있다. 쓰는 방법에 따라 미는끌과 치는끌을 구분한다. 미는끌은 밀 때 힘을 줄 수 있게 자루가 길다. 치는끌은 망치로 치면서 써야 하므로 자루가 짧고 자루 보호용 링이 끼워져 있다. 끌 자체는 차이가 없다. 다만 조선끌은 나무자루 없이 손잡이까지 쇠였다.

끌 가는 방법을 알아보자. 옛날에는 끌 가는 것만 몇 달을 배웠다고 한다. 그만큼 중요하다. 끌날은 수평으로 갈아야 한다. 따라서 갈 때 힘을 고르게 나누어 주어야 한다. 한쪽으로 힘이 쏠리면 그 쪽이 많이 갈려서 날이 기운다. 끌은 앞뒤로 왕복하면서 간다. 끌날의 양 모서리는 날카롭게 각이 져야 한다. 끌은 양끝을 이용하여 작업하기 때문에 모서리에 꼭 각이 져야 한다. 날 각도는 25~30도 정도가 괜찮다. 이 때 날은 배가 부르면 안 된다. 이는 모든 연장에 있어 공통점이다. 물론 날 가운데가 파여도 안 된다.

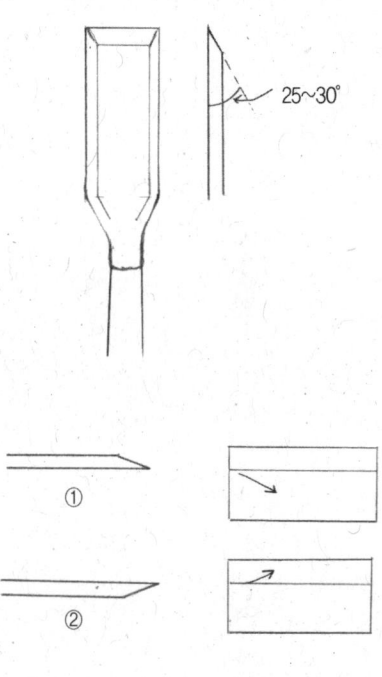

그림①처럼 날 밑면이 아래로 가면 화살표 방향대로 나무를 밑으로 파고 들어가 부재가 상한다. 그림②는 밑면을 위로 한 것으로 잘라 버릴 부분으로 파고들기 때문에 나무가 상하지 않는다. 대패는 다듬기에서 주로 쓰지만 끌은 다듬기와 짜기 모두에 쓴다.

손대패 전기 대패를 주로 쓰므로 손대패의 사용 횟수는 많이 줄었다. 하지만 세심하게 다듬으려면 손대패를 쓴다. 우리 전통대

부록_ 한옥 연장 및 사용방법을 알다 371

패는 나뭇결의 직각으로 밀어낸다. 그러나 일본대패는 나뭇결대로 민다. 일본대패는 처음 당길 때 힘이 많이 들어가 나무에 굴곡이 생기기 쉽다. 이와 달리 전통대패는 힘이 골고루 흩어져 힘도 덜 들고 고르게 깎이는 잇점도 있으나, 날이 하나여서 잘 찢어진다. 여기에서는 일본대패를 기준으로 설명한다. 그림처럼 생긴 훑이기대패도 하나 준비해야 한다. 대팻날이나 전기 대팻날을 써서 만든다.

처음 산 대패 입은 너무 작아 대팻밥이 잘 빠지지 않는 경우가 있다. 따라서 대패 입을 1푼 정도 잘라내야 톱밥이 걸리지 않는다. 1푼을 재 끌
을 대고 망치로 쳐내면 나뭇결과 직각이어서 1푼만 딱 떨어진다.

대팻날을 뺄 때에는 대패의 긴 쪽을 잡고 잡은 손의 엄지로 대팻날을 민다. 동시에 대패 머리를 망치로 친다. 이때 대패의 중앙을 때리면 대팻집이 깨질 수 있다. 그러므로 대패 머리의 좌우를 두드린다. 거꾸로 밑쪽을 때리면 대팻날이 들어간다.

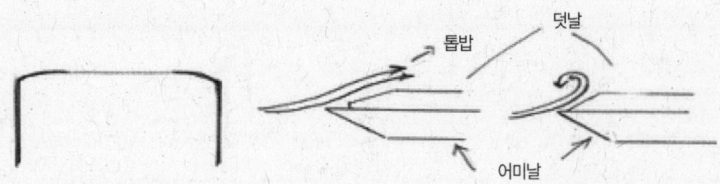

대팻날을 가는 방법은 끌과 다르다. 대패는 그림처럼 양귀를 접어 둥글게 해야 한다. 날카로운 날 끝이 부재를 긁지 않게 하고 톱밥이 빠져나갈 틈을 만들기 위해서다. 대패는 사진처럼 날이 두 개다. 본날 위에 있는 덧날도 함께 갈아야 한다. 덧날은 그림처럼 약간(1mm이내) 끝을 깎아주는 것이 날카로운 것보다 유리하다. 톱밥이 잘 빠지기 때문이다. 이 때 덧날과 어미날을 겹칠 때에는 머리카락 하나 정도의 사이를 띄고 놓아야 한다. 대팻밥 때문이다. 그러나 아예 1cm 이상을 띄어 사용하기도 한다.

대패질은 목수마다 차이가 나지만 보통 다음처럼 한다. 오른손잡이를 기준으로 설명한다. 대패머리를 왼손으로 감싸듯 잡는다. 이때 손이 대팻밥 나오는 것을 막지 않도록 한다. 오른손은 몸통을 잡는다. 대패는 수직으로 힘을 주지 말고 잡아당

겨 깎는다. 대패질은 대패길이 방향과 부재 길이 방향이 일치해야 면이 고르다. 비스듬히 깎으면 나뭇결에 따라 깎이는 정도가 틀려져 굴곡이 진다. 보통 원구에서 말구 방향으로 앞으로 나가면서 깎는다. 이때 뒤로 간 대패가 들리지 않게 해야 한다. 들렸던 대패가 떨어지면서 부재에 닿을 때 자국이 남기 때문이다. 익숙해지면 뒤가 들리지 않고도 대패질을 할 수 있다. 뒷걸음질 치면서 대패질을 하면 주위를 보지 못해 위험하고 깎은 자리에 대팻날을 대야 하므로 자국이 생긴다.

○
잠깐 상식
날을 가는 숫돌이 궁금해요.

숫돌 종류는 고운 정도에 따라 여러 가지가 있다. 보통 쓰는 것은 800~3,000까지이다. 숫자가 클수록 곱게 갈린다. 숫돌이 수평이 아니면 막숫돌로 수평이 될 때까지 다듬는다. 이제 숫돌 표면이 그림 (a)처럼 수평으로 잡히면 숫돌 자체를 수평으로 놓아야 한다. 그리고 날을 갈 때는 숫돌 전체를 이용하여 갈아야 그림 (b)처럼 푹 파이지 않는다. 거친 숫돌에 먼저 갈고 나중에 고운 숫돌로 간다. 전통공구든 전동공구든 시간이 날 때마다 날을 갈아야 한다. 날이 안 들면 힘이 훨씬 많이 들고 일도 더디고 나무도 상한다.

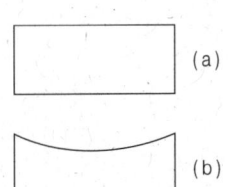

톱 톱은 자르는 톱과 켜는 톱이 있다. 나무를 댕강 자를 때 쓰는 게 자르는 톱이고 나무를 길이 방향으로 길게 자를 때 쓰는 게 켜는 톱이다. 전통톱인 탕

개톱과 달리 우리가 보통 쓰는 붕어톱은 당길 때 잘린다는 것을 마음에 새겨둔다. 톱질할 때는 톱을 당기기만 해야지 힘을 주면 틀어진다. 제대로 깎인 단면은 곱다. 그렇지 않다면 수직으로 잘린 것이 아니다. 나무를 수직으로 제대로 자르는 건 상당한 경험이 있어야 한다. 대패질과 톱질을 해보면 옛날 목수가 대우받은 까닭을 알게 된다.

뿔망치 한옥목수가 쓰는 망치가 뿔망치다. 못 빼는 장치가 있는 노루발 망치와 달리 위가 뿔처럼 생겨 그렇게 불린다. 뿔망치로 나무를 칠 때에는 다른 부재를 대고 쳐야 나무가 상하지 않는다.

전동공구를 알다

전동공구는 능률성이 높으나 사람이 다치면 치명적이다. 때문에 전동공구를 쓸 때에는 옷이 너덜거리지 않게 단정하게 입는다. 신체 균형을 유지하고 천천히 움직인다. 빨리 움직이면 엔진톱이든 홈대패든 전기대패든 모두 부재가 거칠어진다. 따라서 전동공구는 천천히 써야 안전하고 능률도 오르고 부재도 좋게 나온다. 전동공구를 사면 주는 사용설명서를 꼭 읽고 써야 한다. 사용 방법은 거기에 잘 나온다.

엔진톱 엔진톱은 말 그대로 엔진이 달린 톱이다. 다듬기에서 엔진톱이 가장 쓸모 있다. 전기톱은 속도가 느리고 세공작업이 어려워서 잘 사용하지 않는다. 엔진톱을 잘 만지면 거의 모든 일을 할 수 있다. 목수일은 산에서 나무를 베는 일이 아니므로 세밀하게 작업해야 한다. 그래서 앞부분을 주로 사용한다. 구멍을 팔 때는 엔진톱

을 수직으로 세우면 톱이 튄다. 사선으로 뉘어서 시작하여 자리가 잡히면 세워서 뚫는다. 이때 주의할 것은 사진처럼 부재를 직접 발로 밟는 것은 좋지 않다. 나무가 더러워지고 엔진톱에 흙이 끼어 망가질 수 있다. 그리고 장부를 만들 때에는 한꺼번에 구멍 뚫으려 해선 안 된다. 반대편이 보이지 않기 때문이다. 반만 뚫고 부재를 거꾸로 돌려 뚫는다. 아무리 능숙한 목수도 이렇게 한다. 물론 장부를 만드는 게 아니고 댕강 자를 때에는 반씩 자르지 않고 한 번에 자른다.

엔진톱으로 아주 섬세한 작업도 할 수 있다. 나무를 약간만 깎아낼 때 엔진톱을 세워 긁어낼 수 있다. 보머리나 난간의 곡선도 엔진톱으로 작업하고 마무리만 끌이나 사포로 하기도 한다. 이때 날이 돌아가는 방향과 나뭇결의 방향을 보고 써야한다. 만약 나뭇결과 톱의 회전방향이 잘못되면 보머리가 흉하게 된다. 따라서 섬세한 작업을 하는 사람은 엔진톱을 거꾸로 들고 쓸 수 있을 정도로 엔진톱에 익숙해져야 한다. 엔진톱은 그 쓰임새가 아주 많다.

전기대패 대패질을 할 때 대패가 처음 부재에 닿을 때는 전기대패 앞부분을 눌러 날이 튀지 않게 하고, 부재의 끝부분에 가서는 뒷부분을 누른 상태에서 대팻날이 부재에서 벗어나야 부재가 안 파인다. 전기대패는 손대패와 달리 자체 무게로 깎이므로 힘을 줄 필요가 전혀 없다. 대패질 하는 속도가 빠르면 나

무에 굴곡이 생기므로 천천히 깎는다. 대패질은 좌우로 움직이지 말고 앞으로 곧게 나가야 한다. 옆 부분이 높아보여도 대패 방향을 바꾸지 말고 앞으로 일직선으로 대패질을 하고 나간다. 약간의 굴곡이 있어도 마무리할 때 처리하면 된다. 대패질이 끝나면 날을 약간만 빼서 전체 면에 한 번씩 지나가게 천천히 마무리를 한다. 대패를 땅에 놓을 때는 사진처럼 앞이 땅에 닿게 놓는다. 대패질은 대패 바닥면이 기준이다. 바닥은 대팻날을 기준으로 앞과 뒤가 나뉘어져 있는데 뒷면 바닥이 대패질의 기준면이 되기 때문이다.

홈대패 홈대패는 문선이나 벽선 등 홈을 팔 때 쓴다. 이때는 고정대를 부재에 밀착시키고 천천히 밀고 나가면 된다. 홈대패는 자귀를 대신해서 전기대패를 쓰기 전 많은 양을 깎아내야 할 때도 쓴다. 깎을 양이 많아 홈대패를 쓸 때는 사진처럼 옆으로 비껴 깎아야 부재 중간 부분이 파이지 않는다. 홈대패는 일정한 높이로 깎는 장부 따기에도 쓴다.

기타 둥근톱, 루터기, 전기 손대패, 드릴, 샌딩기 등도 필요하다. 둥근톱은 각도조절이 가능한 톱이다. 루터기는 여러 가지 모양으로 부재를 깎는 도구다. 주로 소목들이 많이 쓰나 요즘은 대목도 많이 쓴다. 전기 손대패는 손대패만한 전기대패를 말한다. 드릴은 구멍을 뚫는 연장으로 나무용이 따로 나와 있다. 샌딩기는 사포질을 전기를 써서 하는 도구다.

> **잠깐 상식**
> 도구의 역사가 알고 싶어요
>
> 집을 짓는데 처음 쓰인 연장은 끈이다. 끈으로 나무를 묶기 시작하면서 사람은 처음으로 무언가 들어가 살만한 것을 만들었다. 신석기시대에 자루 달린 도끼가 개발되어 도끼로 자른 나무를 끌개라는 돌로 다듬었다. 뼈로 만든 바늘도 천막집을 짓는 데는 꽤나 쓸모 있는 연장이었다. 기원전 7세기경에는 청동으로 만든 도끼와 끌이 나타났다. 기원 전후에는 철로 만든 도끼, 끌, 자귀 톱이 나타난다. 고구려시대에는 고려자가 있어서 고구려뿐만 아니라 백제, 신라, 일본에서도 썼다. 뒤에 중국자가 들어왔다. 현재 목수가 쓰는 자는 일제 강점기에 강요된 일본자다. 6세기에는 대패의 초기형태인 자루대패가 나타난다. 현재 쓰는 대패는 일본에서 16세기에 나타난다. 따라서 적어도 그 시기에는 우리나라에도 비슷한 대패가 있었을 것이다. 그 밖에 건설도구에 대한 여러 가지 추측이 있지만 16세기까지 목수가 쓰던 도구로 알려진 건 거의 없다. 앞으로 고고학에 의존해야 할 것이다. 문헌상으로는 17세기가 되어야 30여종이 나타나고, 19세기가 되면 100여 가지에 이른다. 공구는 보통 남쪽보다 북쪽이 거칠다. 자귀도 남쪽지방은 볼이 얇고, 북쪽은 두껍다.

짜기 도구를 알다

큰 직각자 직각삼각형의 비율대로 그림처럼 빗변이 5인 삼각자를 만든다. 직각자에 중심먹을 놓아두면 주춧돌을 놓을 때 중심먹에 규준틀의 줄을 정확하게 맞출 수 있다. 직각을 이루는 부재(그림에서 3과 4)를 이을 때는 반턱으로 이어야 층이 안 생겨 오차가 없다.

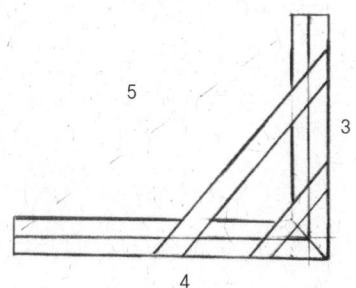

잠깐 상식
구고현법(피타고라스 정리)

직각삼각형의 두 변의 길이를 알면 나머지 한 변의 길이를 알 수 있다. 이것을 피타고라스 정리라고 한다. 식으로 나타내면 $a^2 + b^2 = c^2$ 이다. 숫자를 대입해 보자. 높이가 3 밑변이 4인 직각삼각형의 빗변 값을 알고 싶다. $3^2 + 4^2 = 5^2$ 이다. 그러므로 빗변은 5다.
이번에는 정사각형의 반을 나눠보자. 한 변이 1인 정사각형을 나누니 한변이 1인 이등변 삼각형이 나왔다. 그 밑변은 √2다. 이 공식은 단순하지만 추녀나 선자연을 구할 때 꼭 알아야 하는 원리다.

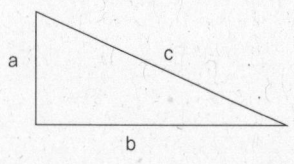
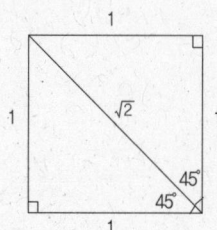

나무메(나무망치) 바심질된 나무는 빡빡하게 들어가야 좋다. 특히 창방이나 왕지는 부재끼리 으스러지면서 짜이는 게 좋다. 따라서 부재를 짤 때 나무메는 꼭 있어야 한다. 아무리 나무로 만든 것이지만 세게 칠 때는 꼭 두꺼운 나무를 대고 친다. 나무를 내리칠 때 튀지 않게 하여야 한다. 나무가 튀면 충격에 장부가 깨질 수 있으므로 나무 위에 사람이 올라가 앉거나 올라서서 나무를 쳐야 맞는 나무가 치는 힘에 저항하지 않고 자연스럽게 짜인다.

지렛대 이미 짠 나무를 들어 올릴 때, 짜인 나무가 빠지지 않을 때 부재를 들기 위해 쓴다. 현장에서는 빠루라고도 한다. 6인치 이상 못은 잘 빠지지 않는데 뒤쪽의 못뽑기를 요긴하게 쓸 수 있다. 지렛대 밑에 부재를 대면 더욱 큰 힘을 발휘한다.

조임 끈 현장에서는 깔깔이 바라고 한다. 조임 끈은 리셋장치를 앞뒤로 움직여 쉽게 힘을 가할 수 있다. 나무는 살아 있는 것이어서 바심질이 잘 되어도 휘거나 돌아가므로 짤 때는 조임 끈을 많이 쓴다. 기둥과 창방을 모두 연결하고 자리를 잡는 드잡이 할 때 특히 중요하다. 조임 끈이 없으면 그림처럼 행주틀기를 이용한다. 양쪽 부재를 감싸게 철사나 끈으로 묶고 사이에 각목을 넣어 돌리면 끈이 꼬이면서 양쪽을 잡아당긴다.

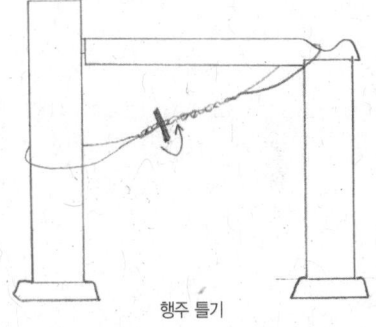

행주 틀기

용어정리

■ 마루

대청	구들과 구들을 연결하는 큰 마루방으로 규모가 있는 한옥에는 대부분 놓는다.
누마루	대청보다 높은 누각에 만드는 마루다.
툇마루	퇴칸에 만드는 마루다. 안과 밖의 공간을 잇는 구실을 한다.
쪽마루	처마 밑에 내서 덧달아 댄 마루다.
들마루	뜰마루. 들어서 움직일 수 있는 마루다.
우물마루	한자의 우물정자(井)처럼 생긴 마루다. 한옥의 대청은 대부분 우물마루다.
장마루	마루널을 길게 까는 방법으로 중국이나 일본식 마루에 많다.
장귀틀	기둥과 기둥을 잇는 마루 틀이다.
동귀틀	장귀틀 사이에서 마루판을 받는 틀이다.
여모귀틀	마루의 제일 바깥쪽의 틀이다.

■ 구들

구들	한옥에서만 보이는 난방방식으로 바닥난방이다.
머릿돌	함실 위의 구들로 두껍고 크다.
아궁이	구들에 불을 들이는 곳이다. 부뚜막이 없는 아궁이가 함실아궁이다.
함실	고래둑 없이 불이 모이는 곳이다. 부뚜막이 없으면 함실에 바로 불을 넣는다.
불주머니	부뚜막의 아궁이다. 불주머니에서 불목을 넘어가면 함실이 있다.
부삭	아궁이 앞에 푹 파진 곳을 말한다.
부뚜막	밥을 짓기 위해 솥을 걸기 위한 시설이다.
고래	연기가 지나가는 길이다. 고래를 만드는 둑이 고래둑이다.
불목	부넘기. 아궁이와 고래바닥의 경계에 쌓은 둑이다.
개자리	개자리는 보통 움푹 파인 곳을 말한다.
구들개자리	불목 너머 조금 파진 부분이나, 이곳의 기능에 대해서는 아직 논란이 있다.
고래개자리	고래 끝에 파놓은 곳으로 연기가 역류되는 것을 막고 난방효율을 높인다.
굴뚝개자리	굴뚝 밑에 파놓은 곳으로 바람이 들어오는 것을 막고, 굴뚝 청소에 쓴다.

■ 기단 및 주초

기단	집이 앉는 자리를 주위보다 높게 하는데 이를 기단이라고 한다.
주춧돌	기둥을 받쳐서 힘을 땅에 전달하는 구실을 한다.

| 덤벙주초 | 자연 상태의 돌을 쓰는 주춧돌이다. 다듬은 돌은 숙석이라고 한다. |
| 장주초석 | 주춧돌이 길어 일부 기둥 구실도 하며 누마루 같은데 주로 쓴다. |

■ 기둥

기둥	지붕의 힘을 바닥으로 전달하는 구실을 하는 세로부재이다.
동자주	아기기둥. 대들보 위에 놓이는 작은 기둥이다.
대공	한옥 제일 위에 놓이는 기둥이다. 만드는 방법에 따라 판대공 등이 있다.
동바리	고임기둥. 마루의 귀틀을 받는 작은 기둥이다.
배흘림기둥	위아래보다 가운데가 불룩한 기둥이다.
민흘림기둥	위에서 아래로 내려올수록 커지는 기둥이다.
도랑주	나무껍질만 대충 벗겨 자연목 그대로 쓰는 기둥이다.
우주	모서리기둥. 귀퉁이에 있는 기둥이다.
평주	기준높이가 되는 기둥이다.
고주	기둥과 아기기둥 역할을 같이 하는 기둥이다. 때문에 주로 안줄기둥이 된다.
누하주	누각의 일층 다리 부분의 기둥이다.
누상주	누각건물의 2층부분 기둥으로 누하주 위의 귀틀에 얹히는 경우가 많다.
굴립주	땅에다 직접 기둥을 박은 경우 그 기둥을 말한다.
헛기둥	보를 받지 않는 기둥이다.

■ 보

대들보	평주와 평주를 연결하는 보다.
퇴보	퇴보는 퇴칸을 만드는 보다. 퇴칸이 있으면 대들보가 그만큼 짧아진다.
장통보	대들보가 퇴보로 나누어지지 않고 길게 쓰이는 경우 장통보라고 한다.
종보	건물의 제일 위에 있는 보다.
중보	중종보. 대들보와 종보 사이에 놓이는 보다.
간보	보를 잡아주는 보다.
고미보	고미받이. 고미반자를 만들기 위해 얹는 보다.
헛보	기둥 위가 아닌 곳에 얹히는 보로 고미보도 헛보의 일종이다.
충량(측량)	한쪽은 기둥에 한쪽은 보에 맞추어지는 보다.
우미량	휘어진 보로 높이가 다른 도리를 연결하는 부재지만 좀더 넓은 의미로 쓴다.

■ 도리

처마도리	주심도리. 서까래를 받고 그 힘을 보와 기둥에 전달한다.
마루도리	종도리라고 한다. 제일 위에 놓이는 도리다.
중도리	처마도리와 마루도리 사이에 놓이는 도리다.

납도리	네모 모양 도리
굴도리	둥근 모양 도리

■ 기타 중요 부재

수장재	벽선을 만드는 일체의 부재를 말한다. 수장폭은 부재를 뽑는 기준이 된다.
인방	벽선을 만드는 부재다. 위치에 따라서 상중하 인방으로 불린다.
지방	문밑에 있는 인방을 지방이라고 한다. 문지방이라는 말은 흔히 쓴다.
장여	장혀. 도리 힘을 밑으로 전달하고 다른 부재를 잡아준다.
주심장여	장여는 놓이는 위치에 따라 주심장여 중장여 종장여 등으로 부른다.
창방	대개 바깥줄 기둥을 잡아주기 위해 기둥머리에 연결하는 부재다.
뜬창방	종도리를 소로로 받으면 창방으로 소로를 받는데 이게 뜬창방이다.
박공	합각부분에 팔(八)자 모양으로 붙이는 부재
풍판	비바람을 막기 위해 합각에 대는 판대기다. 팔작지붕에는 보통 벽돌을 쓴다.
추녀	지붕 모서리에 45도로 걸리는 큰 부재다. 서까래의 시작과 끝선이다.
사래	부연의 추녀가 사래다.
서까래	지붕을 만드는 부재로 도리에 비스듬히 놓인다.
장연	중도리와 처마도리를 잇는 서까래. 종도리와 중도리에 걸리면 단연이다.
고미서까래	고미가래. 고미보와 처마도리 또는 간막이 도리를 연결하는 서까래.
선자연	모서리에 부채모양으로 만들어 붙이는 서까래.
말굽서까래	마족연. 말발굽모양처럼 모서리서까래를 거는 것이다.
나란히서까래	평연. 모서리 서까래를 나란히 거는 방법이다.
부연	서까래에 이어 붙이는 사각형의 작은 서까래다.
모끼연	목기연. 부연모양으로 부연보다 작게 만들어 박공에 댄다.
평고대	추녀와 추녀를 연결하고, 서까래를 잡아주는 부재다.
초매기	추녀에서 출발해서 서까래를 잡는 평고대다.
이매기	사래에서 출발해서 부연을 잡는 평고대다.
연함	평고대 위에서 기와를 받치는 부재다.
고막이	하인방과 땅 사이에 막아댄 벽을 말한다. 돌, 흙이나 나무널이 쓰인다.
산자	흙을 바르기 위해 놓는 각재다.
개판	산자 대신 서까래 위에 치는 널. 위치에 따라 부연 개판 등 달리 부른다.
갈모산방	추녀와 도리의 높이 차이를 메우고, 모서리 서까래 높이를 조정한다.

■ 작은 부재

주두	기둥머리에 놓이는 네모난 부재다.
소로	장여 밑에 놓이는 네모난 부재다.

보아지	보를 받치는 부재다. 여기에 무늬를 해 넣은 것이 익공이다.
익공	보를 받치며 장식도 되는 부재다.
단장여	장여를 보아지처럼 짧게 해서 도리를 받치게 만든 부재다.
뺄목	수평재가 기둥 밖으로 나오는 부분이다.
착고판	부연 사이를 막아주는 판이다.
당골막이	서까래가 만드는 도리 위의 공간을 흙으로 채우는데 이를 말한다.

■ 한옥의 종류

담집	흙 등으로 담을 만들어 힘을 받게 하는 집이다.
귀틀집	나무를 옆으로 뉘어 쌓는 담집의 하나다.
민도리집	소로, 익공이 없이 기둥과 보와 도리로만 짓는 제일 간단한 한옥이다.
장여수장집	장여 있는 집을 민도리집과 구분하여 장여수장집이라고 하기도 한다.
소로수장집	민도리집에 소로가 들어간 한옥
익공집	민도리집에 익공이 들어간 집으로 익공이 2개 들어가면 이익공집이 된다.
3량집	도리가 세 줄인 집으로 맞배지붕이 된다. 도리 수에 따라 5량 7량집이 된다.
5량집	도리가 다섯 줄로 고주 수에 따라 1고주 5량 2고주 5량 등으로 부른다.
평사량집	5량집에서 종도리줄을 뺀 한옥이다.
까치지붕집	팔작지붕의 합각부분에 연기 구멍을 만든 집이다.
너와지붕집	소나무 껍질인 너와로 지붕을 얹은 집
굴피지붕집	참나무 껍질인 굴피로 지붕을 얹은 집
너른돌지붕집	넓적한 돌을 기와얹듯 올린 지붕집이다.
두렁집	산간지역의 집평면이 비슷하면 지붕재료가 어떻든 두렁집이라고 하기도 한다.

■ 기술 등

다림보기	기둥을 수직으로 곧게 세우기 위한 작업이다.
그렝이질	그레질. 자질만을 말하는 경우가 많으나 기둥을 주춧돌에 곧게 세우기 위해 주춧돌에 맞춰 기둥 밑을 따내는 작업을 포함하기도 한다.
귀솟음	한옥을 보면 모서리로 갈수록 기둥이 높아지는 경우가 있는데 이를 말한다.
안쏠림	한옥 기둥이 안으로 기울어진 경우가 있는데 이를 말한다.
회첨	서까래가 만나는 곳으로 ㄱ자 집의 꺾이는 부분에 나타난다.
어깨굴림	기둥 같은 수직부재의 윗부분을 둥글게 깎아주는 것을 말한다.
소매걷이	보 같은 수평부재의 끝부분을 둥글게 깎아주는 것을 말한다.
바데떼기	가로부재를 밑에서 보았을 때 날렵하게 보이도록 1-2치 정도를 깎아내는 것이다.
상투(걸이)맞춤	보와 기둥을 맞출 때 기둥에 촉을 만들어 맞추는 맞춤방법이다.
사개맞춤	기둥머리를 십(十)자로 만들어 다른 부재를 맞추는 방법으로 사갈튼다고 한다.

앙곡	한옥 전면에서 보았을 때 처마 높이 차이가 나는데 이를 말한다.
안허리	보통 추녀가 처마보다 밖으로 더 나가는데 이를 말한다.
처마	기둥 중심선 바깥에 있는 지붕이나 그 아랫부분이다.
홑처마	서까래로만 이루어진 처마다.
겹처마	서까래와 부연으로 이루어진 처마다.
일자매기	앙곡이나 안허리가 없는 지붕이다.
방구매기	초가처럼 추녀가 오히려 더 들어가 둥근모양의 추녀지붕이다.
합각	팔작지붕이나 맞배지붕에서 서까래가 만드는 팔(八)자 모양의 공간이다.
용마루	여기서 마루는 지붕이 만나는 선이다. 용마루는 앞뒤 지붕이 만나는 선이다.
내림마루	팔작지붕을 만들면서 생기는 선이다.
추녀마루	추녀 위에 지붕이 만나면서 생기는 선이다.
모임지붕	용마루 없이 하나의 꼭짓점에서 지붕이 만난다.
맞배지붕	책을 엎어 놓은 것처럼 생긴 지붕이다. 내림마루만 있고 추녀마루가 없다.
우진각지붕	4면이 크기만 다를 뿐 같은 모양의 지붕이다. 내림마루가 없다.
팔작지붕	지붕 양쪽에 작은 합각을 만든다. 맞배와 우진각이 합해진 모양이다.
심벽	한옥처럼 뼈대 사이에 만든 벽이다. 기둥 노출이 없는 벽을 평벽이라고 한다.
치받이흙	앙토. 서까래 밑에서 바르는 흙.
화방벽	불이 나는 것을 막기 위해 만든 벽이다.
하방벽	중방 밑에 돌을 쌓아 바르는 벽이다. 화방벽으로 통일해서 설명하기도 한다.

■ 천장

우물반자	우물정자(井) 모양의 천장이다.
외기반자	눈썹천장. 팔작지붕 집에서 추녀 밑부분을 처리하기 위한 천장이다.
연등천장	대청처럼 서까래를 보이게 만드는 천장이다.
고미반자	서까래만으로 된 반자이다. 서까래 기울기가 완만하다.
종이반자	종이로 만든 평평한 천장이다. 반자는 종이 천장만을 의미했다고 한다.

■ 대문

문얼굴	가로 세로의 문모양 틀을 문얼굴이라고 한다.
문설주	세로 틀을 말한다.
문지방	가로 틀을 문상방과 문하방이라고 하는데 문하방을 문지방이라고 한다.
신방석	문설주의 주춧돌이다. 나무로 하는 경우 신방목이 된다.
문둔테	문을 걸 수 있도록 구멍을 뚫어 가로로 질러놓은 부재다.
문지두리	문에 만든 촉으로 이것을 둔테에 끼워 열고 닫는다.
빗장둔테	빗장을 걸기 위해 구멍을 만든 빗장걸이다.

■ 문의 종류

솟을대문	평문보다 높아 탈 것을 탄 채 드나드는 문이다. 보통 좌우에 평문이 있다.
중문	안채와 사랑채 등 내부를 잇는 문이다. 문 한 짝인 중문이 일각문이다.
분합문	문을 열어서 들어올릴 수 있는 문으로 대청이나 누마루에 설치한다.
세살문	가장 흔히 보는 살이 들어간 방문이다. 살모양에 따라 다양한 이름을 가진다.
장지문	안팎에서 문살을 창호지로 감싼 문이다.
판문	판재로 만든 문이다.
당판문	문울거미를 넣어 만든 판문으로 대청에 쓰인다.

■ 창문의 종류

머름	창과 문을 구분하기 위해 창 밑에 만든 높은 턱이다.
불발기창	사람 어깨 높이로 문 중간에 만든 빛들이기 창이다.
봉창	벽에 붙박이로 만든 창이다.
사창	비단을 바른 창이다. 장식과 함께 방충창 구실을 한다.
갑창	제일 안쪽의 창으로 빛을 들이지 못하게 맹장지를 바른다.
눈꼽재기창	밖을 보기 위한 아주 작은 창이다.

■ 기타 부재

맹장지	빛을 차단하기 위한 창호지
명장지	빛을 들이기 위한 창호지
지네철	합각 이음부분을 감추고 보호하는 지네처럼 생긴 쇠다.
현어	물고기 모양으로 합각 이음 부분에 쓴다.
꺽쇠	ㄷ자로 생긴 연결못이다.
방환	광두정. 못 머리를 장식하기 위해 쓴다.
띠쇠	얇은 철판으로 연결 부위에 박아 고정한다. 대문처럼 계속해서 쓰는 부분이 닳지 않도록 하는데도 쓴다.
돌쩌귀	문설주에는 암컷을 문에는 수컷을 박아서 문을 열고 닫게 하는 철물
들쇠	분합문을 위로 들어 올려 걸도록 한 철물. 문에 단 것은 걸쇠라고 한다.
정	한옥의 못이다. 사용하는 곳에 따라 연정 사래정 등 이름을 붙인다.

참고서적

연번	제목	저자(옮긴이)	출판사	출판일
1	집(6000년 인류주거의 역사)	노버트 쉐나우어 (김연홍 옮김)	다우	2004. 8. 6.
2	조선을 생각한다	야나기 무네요시 (심우성 옮김)	학고재	1996. 3. 30.
3	한국 건축사 연구 1, 2	한국건축역사학회	발언	2003. 5. 15.
4	한국건축사론	윤장섭	기문당	1990. 3. 15.
5	우리 건축 100년	신영훈외 2인	현암사	2002. 7. 30.
6	목재화학	이병근 옮김	대광문화사	1986. 7. 20.
7	건축구조 벌레 먹은 열매들	이창남	기문당	2002. 5. 30.
8	손수 우리집 짓는 이야기	정호경	현암사	1999. 3. 30.
9	한중일의 공간조영	권영걸	국제	2006. 1. 15.
10	목조	장기인	보성각	2005. 11. 10.
11	나무백과	임경빈	일지사	2003. 2. 25.
12	한국인을 위한 중국사	신성곤외 1인	서해문집	2004. 5. 20.
13	한옥의 공간문화	한옥공간연구회	교문사	2004. 6. 14.
14	문화환경 보전과 건축	김홍식외 9인	발언	1997. 5. 1.
15	한국전통목조건축도집	한국건축가협회	일지사	1982. 7. 5.
16	건축가 김기석의 집이야기	김기석	대원사	1996. 2. 29.
17	문헌과 유적으로 본 구들 이야기 온돌이야기	김남응	단국대학교	2004. 2. 25.
18	목수	신응수	열림원	2005. 3. 19.
19	한국의 자생풍수 1, 2, 3	최창조	민음사	1997. 10. 5.
20	이지누의 집 이야기	이지누	삼인	2006. 4. 6.
21	택리지	이중환(허진경 옮김)	한양출판	1999. 9. 30.
22	건축, 음악처럼 듣고 미술처럼 보다	서현	효형출판	2004. 10. 10
23	세계의 민속주택	Paul Oliver (이왕기외 2인 옮김)	세진사	1996. 6. 30.
24	한국의 민가 1, 2	김홍식	한길사	1992.
25	고구려 고분벽화 연구	김용준	열화당	2001. 7.10.

연번	제목	저자(옮긴이)	출판사	출판일
26	중국고전건축의 원리	리원허 (이상해외 3인 옮김)	시공사	2006. 4. 12.
27	한국의 문과 창호	주남철	대원사	2001. 9. 25.
28	한국의 전통건축	장경호	문예출판사	1992. 8. 30.
29	한옥의 조형의식	신영훈	대원사	2001. 10. 20.
30	사찰장식 그 빛나는 상징의 세계	허균	돌베개	2005. 11. 15.
31	전통문양	허균	대원사	2004. 12. 30.
32	살아있는 한국사 1권	이덕일	휴머니스트	2003. 8. 25.
33	한국사신론	이기백	일조각	1997. 1. 10.
34	한국의 풍수와 비보	최원석	민속원	2004. 11. 5.
35	한국의 전통마을을 가다 1, 2	한필원	북로드	2005. 3. 4.
36	아름지기의 한옥 짓는 이야기	정민자	중앙M&B	2003. 12. 2.
37	인간심리 행태와 환경디자인	일본건축학회 (배현미외 1인 옮김)	보문당	2000. 7. 10.
38	건축구조디자인의 세계	송호산	기문당	2001. 2. 10.
39	한국 정통 풍수지리	임창렬	한국전통풍수지리교육원	
40	사진과 도면으로 보는 한옥짓기	문기현	한옥문화재보호재단	2005. 8. 25.
41	참살이 한옥	주택문화사 편집부	(주) 주택문화사	2006. 7. 1.
42	한옥살림집을 짓다	김도경	현암사	2005. 10. 30.
43	우리가 정말 알아야 할 우리 한옥	신영훈	현암사	2006. 2. 20.
44	구조의 구조	함인선	발언	2006. 3. 15.
45	전통한옥 짓기	황용운	발언	2006. 3. 15
46	황토집 따라짓기	윤원태	전우문화사	2005. 4. 30.
47	한국의 전통초가	윤원태	재원	2004. 1. 15.
48	온돌 그 찬란한 구들문화	김준봉외 1인	청홍	2006. 1. 11.
49	한국 건축사	주남철	고려대학교	2002. 9. 30.
50	김봉렬의 한국 건축이야기 1,2,3	김봉렬	돌베개	2006. 3. 31.
51	부엌의 문화사	함한희	살림	2006. 9. 15.
52	민가건축 1,2	대한건축사협회	보성각	2005. 2. 24.
53	김석철의 세계건축 기행	김석철	창작과 비평사	1997. 4. 10.
54	한국미, 그 자유분방함의 미학	최준식	효형출판	2000. 4. 30.
55	남아있는 역사, 사라지는 건축물	김정동	대원사	2000. 9. 5.

연번	제목	저자(옮긴이)	출판사	출판일
56	도선국사 따라걷는 우리 땅 풍수기행	최원석	시공사	2000. 6. 24.
57	용의 혈	윤재우	삼한출판사	1999. 4. 15.
58	땅의 눈물 땅의 희망	최창조	궁리	2000. 6.28.
59	샤머니즘	이윤기 옮김	까치	1992. 8. 10.
60	현대주택 풍수 (명당은 어떻게 찾는가)	황종천	좋은글	1996. 11. 10.
61	풍수지리	김광언	대원사	1997. 6. 30.
62	돈과 행운이 따라오는 풍수인테리어	황종찬	문원북	2004. 11. 10
63	건축, 사유의 기호	승효상	돌베개	2004. 8. 13.
64	우리 옛 건축과 서양건축의 만남	임석재	대원사	2000. 1. 30.
65	천년 궁궐을 짓는다	신응수	김영사	2002. 12. 10.
66	한국 고건축 박물관 자료집	전흥수	VAN기획	2002. 1. 5.
67	한옥의 조형	신영훈	대원사	1998. 6. 30.
68	숨어사는 외톨박이 1, 2	윤구병외 25인	뿌리깊은나무	1991. 7. 1.
69	솟아라 나무야	임경빈	다른세상	2001. 3. 17.
70	목재건조학	정희석	선진문화사	1996. 10. 10.
71	우리가 정말 알아야 할 우리 나무 백가지	이유미	현암사	1996. 1. 15.
72	우리가 정말 알아야 할 우리 소나무	전영우	현암사	2004. 10. 15
73	최신 목재건조학	정희석외 6인	서울대학교	2005. 7. 30.
74	소나무	임경빈	대원사	1998. 7. 30.
75	건축구조역학 입문	홍종만외 1인	시공문화사	2001. 5. 25.
76	이제 이 조선톱에도 녹이 슬었네	배희한외 1인	뿌리깊은나무	1981. 5. 20.
77	우리가 정말 알아야 할 우리 한지	이승철	현암사	2002. 6. 20.
78	판소리 200년사	박황	사사연	1994. 3. 10.
79	한지의 발자취	김영연	원주시	2005. 8. 26.
80	35.6의 고구려자	유태용	서문문화사	2001. 8. 5.
81	집우집주	서윤영	궁리	2005. 1. 29.
82	우리 역사의 여러 모습	이기백	일조각	1997. 1. 5.
83	고분벽화로 본 고구려 이야기	전호태	풀빛	1999. 5. 30.
84	건축구조설계	김상대외 7인	브레인코리아	2003. 3. 12.
85	실학정신으로 세운 조선의 신도시 수원화성	김동욱	돌베개	2002. 3. 2.
86	역동적 고려사	이윤섭	필맥	2004. 11. 1.
87	수목생리학	이경준	서울대학교	1995. 1. 10.

연번	제목	저자(옮긴이)	출판사	출판일
88	한국 건축 공장사 연구	김동욱	기문당	1993. 8. 1.
89	우리문화 이웃문화	신영훈	문학수첩	1997. 5. 10.
90	건축물은 어떻게 해서 무너지는가	Mario Salvadori (손기상 옮김)	기문당	1995. 12. 15.
91	안팎에서 본 주거문화	주거학연구회	교문사	2005. 9. 30.
92	우리의 부엌살림	윤숙자외 1인	삶과꿈	1997. 5. 10.
93	강원도 민속문화론	김의숙	집문당	1995. 11. 1.
94	우리 문화의 수수께끼 2	주강현	한겨레신문사	2000. 6. 16.
95	우리 건축 틈으로 본다	권삼윤	대한교과서	1999. 4. 20.
96	한국건축사 강론	박언곤	문운당	1987. 1. 25.
97	우리 건축을 찾아서	편집부	발언	1994. 9. 15.
98	한국건축연구	윤장섭	동명사	2000. 9. 5.
99	중국건축개설	중국건축사편집위원회 (양금석 옮김)	태림문화사	1990. 1. 27.
100	한국 주거문화의 역사	강영환	기문당	1999. 8. 20.
101	한국 주거사	홍형옥	민음사	1992. 8. 15.
102	구들	최영택	고려서적	1989. 5. 20.
103	한국 목조건축의 기법	김동현	발언	1998. 6. 1.
104	그림으로 보는 중국전통민가	한동수	발언	1994. 8. 15.
105	한국의 건축	윤장섭	서울대학교	1996. 4. 30.
106	그림으로 보는 한국 건축용어	김왕직	발언	2001. 5. 1.
107	공간으로서의 건축	Bruno Zevi (최종현외 1인 옮김)	세진사	1997. 2. 10.
108	우리 영혼의 불꽃 고구려벽화	권희경	태학사	2003. 1. 10.
109	한국문화 상징사전 1	편집부	두산동아	1996. 4. 20.
110	한국미술사		대한민국예술원	1894
111	삼국시대 사람들은 어떻게 살았을까 1,2	한국역사연구회	청년사	1998. 4. 11.
112	우리 옛집 이야기	박영순	열화당	1998. 2. 5.
113	(원색)세계목재도감	조재명	선진문화사	1991. 1. 1.
114	산수간에 집을 짓고	서유구(안대회)	돌베개	2005. 7. 25.
115	세계문화유산 고구려고분 벽화	김리나 편집	문화재청	2004. 12. 15
116	현대부동산학	안정근	법문사	2004. 8. 5.
117	부동산평가이론	안정근	법문사	2000. 6. 27.

연번	제목	저자(옮긴이)	출판사	출판일
118	고문서에 담긴 옛사람들의 생활과 문화		한국정신문화연구원	2003. 6. 20.
119	종이공예문화	임영주외 1인	대원사	1997. 8. 30.
120	미술사의 정립과 확산 1, 2	편집부	사회평론	2006. 6. 20.
121	한국회화사 연구	안휘준	시공사	2000. 11. 15.
122	한국미술의 역사	김원룡외 1인	시공사	2004. 3. 25.
123	건축재료학	조준현	기문당	2002. 3. 15.
124	유라시아 초원제국의 샤마니즘	박원길	민속원	2001. 12. 20.
125	한옥표준설계도서		전라남도	
126	한국의 무속	김태곤	대원사	1993. 6. 30.
127	서낭당	이종철외 1인	대원사	1994. 10. 15.
128	한국 주거역사와 문화	백영흠외 1인	기문당	2003. 3. 3.
129	도작문화로 본 한국문화의 기원과 발전	위안리(최성은 옮김)	민속원	2005. 1. 20.
130	마을신앙의 사회사	이필영	웅진출판	1995. 1. 10.
131	집의 사회사	강영환	웅진출판	1992. 8. 25.
132	대산주역강의 1,2,3	김석진	한길사	2005. 12. 25.
133	한국의 성 숭배문화	이종철	민속원	2003. 6. 25.
134	요동사	김한규	문학과지성사	2004. 2. 13.
135	구수한 큰맛	고유섭	다할미디어	2005. 11. 15.
136	건축적 공간	宮川英二(문석창)	기문당	1982. 5. 25.
137	읽고 싶은 집 살고 싶은 집	김억중	동녘	2003. 8. 10.
138	민족건축미학 연구	민족건축미학연구회	대건사	1992. 12. 20.
139	삼국유사	일연(김원중 옮김)	을유문화사	2002. 11. 15.
140	고려도경	서긍(민족문화추진회)	서해문집	2005. 08. 25.
141	삼국사기 상, 하	김부식(이병도 옮김)	을유문화사	1996. 7. 25.
142	전통한옥	작가미상		
143	한국인은 왜 틀을 거부하는가	최준식	소나무	2002. 10. 10.
144	고구려 고분벽화의 세계	전호태	서울대학교	2004. 10. 30.
145	한국전통건축의 좋은느낌	김석환	기문당	2006. 3. 25.
146	한국의 민가	조성기	한울	2006. 3. 30.
147	중국속 한국 전통민가	김준봉	청홍	2005. 11. 22.
148	조선의 뒷골목 풍경	강명관	푸른역사	2003. 10. 1.
149	창호	장기인	보성각	2007. 2. 10.
150	한국민담의 심층분석	이부영	집문당	2000. 12. 20.

연번	제목	저자(옮긴이)	출판사	출판일
151	몽골민속기행	장장식	자우출판	2002. 4. 25.
152	중국사강의	저우스펀(김영수 옮김)	돌베개	2006. 6. 15.
153	소나무	김충영	종이나라	2006. 2. 20.
154	건축예찬	지오폰티(김원 옮김)	열화당	2004. 2. 15.
155	서양건축사	정성현외 1인	동방미디어	2002. 3. 15.
156	새시대를 위한 춘추 상,중,하	서정기	살림터	1997. 7. 21.
157	조선시대 사람들은 어떻게 살았을까 1,2	한국역사연구회	청년사	1996. 11. 5.
158	마주보는 한일사 1, 2	전국역사교사모임 외1	사계절	2006. 8. 10.
159	천하국가	김한규	소나무	2005. 5. 30.
160	풍수사상의 이해	천인호	세종출판사	1999. 5. 25.
161	한국의 지형	권동희	한울아카데미	2006. 8. 30.
162	영조법식	국토연구원 옮김	대건사	2006. 3. 25.
163	한국고건축단장 상	신영훈	문화교육출판사	1975. 6. 26.
164	한국고건축단장 하	김동현	통문관	1977. 3. 5.
165	한식목조건축설계원론	조승원외 1인	민음사	1981.
166	한옥과 그 역사	신영훈	동아문화사	1975.
167	조선시기 촌락사회사	이해준	민족문화사	1996. 9. 30.
168	기타 다수			

참고논문

1. 한국사찰의 산신신앙 연구 국립문화재연구소
2. 사당의 역사와 위치에 관한 연구(장철수) 국립문화재연구소
3. 한중 고대건축 비교연구 국립문화재연구소
4. 정자실측 조사보고서(홍익대학교 환경개발 연구원) 국립문화재연구소
5. 1960~70년대 한국현대건축의 전통론과 그 구현에 관한 연구(이은진외 1인) 대한건축학회논문집 제21권 제2호(이하 대한건축학회 논문집은 통권 번호만 적는다.)
6. 힘의 흐름을 고려한 전통목조가구의 구조형식 분류에 관한 연구(황종국외 5인) 대한건축학회논문집 제22권(통권 208호)
7. 한일 전통 주거공간의 중간영역에 관한 연구(박형진외 2인) 한국실내디자인협회논문집 제14권
8. 시각적 분석을 통해 본 한국전통상류주택 내부공간 구성요소의 의장적 특성에 관한 연구(권기화외 1인) 한국실내디자인학회 논문집 제7권
9. 가가에 관한 문헌 연구(우동선) 통권 178호
10. 개화기 이후 한국 도시주택의 변천에 관한 연구(이영호) 통권19호
11. 한국 고대건축의 기둥 단면형에 관한 연구(양재영외 1인) 185호
12. 한국주택에서의 바닥난방의 전통(김남응) 건축도시연구정보센터
13. 하이퍼코스트의 발전에 관한 고찰(김남응) 123호
14. 온돌과 하이퍼코스트의 차이점(김남응) 183호
15. 고대 서양의 바닥난방 하이퍼코스트의 고래유형에 관한 고찰(김남응) 145호
16. 고설식 온돌집의 조영특성에 관한 연구(유근주외 1인) 109호
17. 전통 온돌 고래내부의 유체흐름(정기범) 54호
18. 고설식 온돌집의 구성형식에 관한 연구(유근조외 1인) 107호
19. 온돌의 개자리 구조변경에 따른 열특성(정기범) 46호
20. 온돌방의 실내기온 수지분포에 관한 연구(이진영) 제5권 제2호
21. 민가연구의 동향과 과제(강영환) 한국건축역사학회 창립10주년 학술발표대회
22. 온돌의 역사(주남철) 건축도시연구정보센터
23. 보 이음부 휨 저항성능 향상을 통한 전통목구조 시스템개선(송종목외 1인) 207호
24. 전통 목구조 시스템의 보 방향 프레임의 해석 모델링(이영욱외 5인) 209호
25. 흙벽돌 구조물의 실내온열 환경에 관한 실측연구(김웅래) 석사학위논문
26. 우리나라 온돌의 발달(장경호) 공기정화냉동공학회 창립25주년기념 학술발표대회
27. 온돌의 형성과 전개(이호열외 2인) 제5권 제2호

28	온돌난방방식에서의 인체 각 부위별 대류 열전달률에 관한 실험적 연구(이철구) 190호
29	전통 온돌의 시대적 변천과 형성과정에 관한 연구(서명석외3인) 건축도시연구정보센터
30	전통 온돌 난방의 실내온열 환경 특성에 관한 연구(김난행외 2인) 제23권 제1호
31	열환경 개선을 위한 전통민가의 보존적 개수 방안 연구(김명신외 2인) 189호
32	전통온돌의 유동분포 특성(정기범) 제12권 제2호
33	주거사연구(이호열) 한국건축역사학회 창립10주년 학술발표대회
34	한국과 중국 주거문화를 통한 전통가구 비교연구(김군선외 1인) 한국실내디자인학회 논문집 41호
35	전통주택에 사용된 문양에 관한 연구(최지연외 1인) 한국실내디자인학회 논문집 28호
36	조선건축에 나타난 해방직후 건축가의 혼종적 정체성(김소연) 통권 210호
37	중부형 민가와 비교를 통한 제천지역 민가의 평면 특성에 관한 조사연구(최영식외1인) 한국실내디자인학회 논문집 32호
38	한국전통주거 건축에 나타나는 생태학적 특성에 관한 연구(김민경) 석사학위논문
39	한국 중부형 민가에 관한 연구2(조성기) 통권 38호
40	수혈주거 고대사자(장경호) 건축도시연구정보센터
41	사료로 본 삼국 및 통일신라시대의 기거용 가구(이정미) 한국실내디자인학회 논문집 통권 52호
42	최근 발굴된 영남지역 구들 유적과 한국주거사의 과제(김일진외 2인) 건축도시연구정보센터
43	주택내부공간의 사회적 경계구조에 관한 연구(곽경숙외 1인) 통권 210호
44	한옥 안마당의 계절별 건구온도 분포 및 상관도에 관한 연구(이주동외 3인) 설비공학논문집 제15권 제6호
45	17세기 퇴계학파의 건축관에 관한 연구(윤일이) 건축도시연구정보센터
46	조선후기 사찰 요사공간의 특성과 변화에 관한 연구(김종헌외 2인) 통권 171호
47	제주도 전통민가의 형성과 특징에 관한 연구(이해성외 1인) 통권 35호
48	한국전통건축공간에 나타난 위상기하학적 특성에 관한 연구(배강원외 1인) 한국실내디자인학회 논문집 통권 47호
49	주생활과 공간구조와의 관계에 따른 조선시대 상류주택 분석(이상은) 석사학위논문
50	양택론의 현대적 해석과 그 적용방안에 관한 연구(홍종숙외 1인) 제21권 제2호
51	조선후기 사회구조의 변화가 주거공간에 미친 영향에 관한 연구(박형진외 1인) 한국실내디자인학회 논문집 41호
52	전라 구례 오미동 가도를 통해본 운조루의 공간구성에 관한 연구(최수영외 2인) 157호
53	삼척 산간지역 두렁집의 주거공간 구성과 확장에 관한 연구(최장순) 통권189호
54	공간 구문론을 이용한 한옥 생활공간의 변화에 대한 해석(이주옥외 1인) 통권 178호
55	개화기 이후 한국 도시주택의 변천에 관한 연구(이영호) 통권 19호
56	역사환경으로서의 도시조직 변화연구(강성원외 3인) 한국도시설계학회 2006 추계학술발표대회
57	16세기 이전의 목가구조 도리 결구재의 유형과 변천(주상훈) 석사학위논문
58	1960년대 한국건축의 반공.전통이데올로기와 모더니티(안창모)

59 고대민간의 구조 및 수평프레임의 수평내력에 관한 연구(서정문외 5인) 한국지진공학회 논문집 통권 제2호
60 한국 목조건축에 있어서 공포결구 체계의 응용을 통한 철골조 디테일 개발에 관한 연구(김종헌외 3인)
61 지진특성 및 가옥의 노후도를 고려한 역사지진의 지진규모 추정(서정문외 1인) 한국지진공학회 논문집 통권 8호
62 해방이후 한국건축사학사의 사료조사 추이와 성과에 관한 연구1, 2(한재수외 1인) 9호
63 한국고대건축사 관계 중국측 문헌기록의 사료적 가치에 관한 연구(한재수) 통권 68호
64 해방이전의 한국건축사학사에 관한 연구 1, 2(한재수) 통권 4호, 5호
65 농촌근대화 과정에서 70년대 새마을 운동의 농촌표준주택설계도에 관한 연구(전호상외 1인) 건축도시연구정보센터
66 한국 건축의 고유성은 어떻게 확인되는가(김경수) 한국건축학회 창립10주년기념 학술발표대회
67 지역별 연구성과와 과제1(한동수) 건축도시연구정보센터
68 풍수지리에 의한 주택배치의 성격분해에 관한 연구(이정덕외 1인) 건축도시연구정보센터
69 양택론의 현대적 해석과 그 적용방안에 관한 연구(홍종숙외 1인) 제21권 2호
70 장소의 기에 관한 기초적 연구(이규목외 1인) 통권 204호
71 풍수지리설의 산형태의 해석정리에 관한 연구(이정덕외 1인) 통권 6호
72 주거용 부동산 선정에 대한 양택3대간법 배산임수 전조후고 전착후관의 적용가능성에 관한 연구(김성수외 1인) 대한국토도시계획학회지 '국토계획' 제41권 1호
73 유비쿼터스 주택의 양택론 적용에 관한 연구(이주현외 1인) 한국실내디자인학회 논문집 통권 53호
74 AD10세기 고려시대 건축사의 시대적 특성에 관한 연구(한재수) 통권 34호
75 조선태조시대 건축사의 시대적 특성에 관한 연구1(한재수) 통권 25호
76 고구려 건축의 성격과 의의(김도경) 건축도시연구정보센터
77 경북 북부지역 전통양반 가옥의 채광조절 기능에 관한 연구(김곤외 1인) 한국생태환경건축학회논문집(제4권)
78 전통 목구조 해석을 위한 모형과 기법(정성진외 5인) 건축도시연구정보센터
79 전통목조 건축의 공포발달 단계를 통해 본 하앙의 변천에 관한 연구(서운삼외 1인) 건축도시연구정보센터
80 생태학적 관점에 의한 환경친화적 건축재료에 관한 연구(한경희외 1인) 한국실내디자인학회 논문집 41호
81 물성 표현으로서 긴장도의 정량적 분석연구(김소희) 통권 176호
82 전통 목조건축의 측면가구에 관한 연구(김환외 1인) 건축도시연구정보센터
83 공간확장에 따른 목구조 변화에 대한 연구(주재형외 1인) 제21권 제2호
84 충효당내 전통온돌 난방공간의 실내열환경 특성(박성홍외 1인) 건축도시연구정보센터
85 조선후기 궁궐 건축에 쓰인 목부재의 수종(박원규외 1인) 건축도시연구정보센터

86	국내산 목재의 목구조 적용을 위한 물리적 특성에 관한 연구(이은영외 4인) 제24권 제2호
87	법주사 대웅보전 구조 및 기법(윤희상) 건축도시연구정보센터
88	농촌주거의 주공간 및 주생활변화에 관한 연구(최재권) 한국실내디자인학회논문집 34호
89	의식과 무의식을 통한 한국 현대건축의 전통성 표현에 관한 연구(이완건) 한국실내디자인학회논문집 41호
90	집에 대한 문학적 이해(허경진) 건축도시연구정보센터
91	실내공간 맥락에서 본 한.중.일 전통수납가구 특성 비교 연구(김국선외 1인) 한국실내디자인학회논문집 46호
92	한지의 환기 성능에 관한 실험적 연구(이종원외 1인) 설비공학논문집 제16권 제5호
93	현대거주 공간으로서 도시한옥의 가능성 제안에 관한 연구(허혜림외 1인) 한국실내디자인학회논문집 통권 46호
94	1940년대 후반 한국건축의 신건축 관련논의의 성격(송석기) 통권 173호
95	증개축을 통해 본 제주지역 농촌주거공간의 변화에 관한 연구(최재권) 한국실내디자인학회논문집 35호
96	한국과 중국 주거문화를 통한 전통가구 비교연구(김국선외 1인) 한국실내디자인학회논문집 41호
97	한말 지식인들의 재래주택에 대한 인식(김명선) 통권 206호
98	광복전후 우리나라 단독주택의 변화 특성 연구(유재우) 통권 192호
99	우규승의 주택작품에서 나타나는 공간조직 방식에 관한 연구(정인하) 통권 201호
100	요사채의 공간특성과 가구결구체계의 변화에 관한 연구(김종헌) 건축도시연구정보센터
101	봉정사 극락전의 구조해석을 통한 가구분석에 관한 연구1(윤재신외 2인) 통권 191호
102	다포계 형식 건축물의 이방에 관한 연구(박언곤외 2인) 통권 189호
103	간벌 소경재를 이용한 집성목재 보의 휨 거동 특성에 관한 연구(박학길외 2인) 건축도시연구정보센터
104	전통목조건축 구조해석과 현대화를 위한 장부접합의 구조적 성능에 관한 연구(한재수외 1인) 통권 198호
105	양동마을 전통주택의 생활공간 변화가 외관에 미친 영향 연구(한필원외 1인) 204호
106	중국고대 북방 제민족의 거주문화(김호걸) 건축도시연구정보센터
107	지속가능한 한옥 평면형 개발(김지민) 통권 209호
108	오리엔탈리즘의 재해석으로 본 일제 강점기 한국 건축의 식민지 근대성(김소연외 1인) 통권 198호
109	한국목조건축의 건축현황(김홍식) 건축도시연구정보센터
110	해방후 전환기 한국건축의 성격(성인수) 건축도시연구정보센터
111	통계방법에 기초한 18세기 다포 주불전의 비례체계에 관한 연구(김찬영외 1인) 통권 168호
112	일주문의 건축형식에 관한 연구(정대열외 1인) 통권 169호
113	역사환경으로서의 도시조직 변화연구(강성원외 3인) 한국도시설계학회 2006년 춘계학술발표대회
114	한국 근대초기 서양목구조의 수용과 교회 내부공간형태에 관한 연구(김정신) 한국실내디자인학회

	논문집 제14권 52호	
115	조선시대 다포건축의 출목과 도리배치에 관한 연구(양재영외 1인) 통권 180호	
116	한국과 중국의 소슬대공 변화과정에 관한 연구(유성룡외 1인) 통권 181호	
117	한중일 전통도시 주거의 외부공간에 관한 비교(임창복외 2인) 통권 208호	
118	1920~1930년대 서울지역 전통주거의 근대적 특성에 관한 연구(박형진) 한국실내디자인학회논문집 통권 47호	
119	거주자 생활사례분석을 통해 본 도시 한옥의 생태성에 관한 연구(조성진외 2인) 한국생태환경 건축학회 논문집 제4권	
120	봉정사 극락전의 목조 결구방법에 관한 연구(정연상외 1인) 통권 210호	
121	북촌 도시한옥의 기둥상부 결구방식에 관한 연구(김영수외 1인) 통권 205호	
122	일본의 목조 주택시장(안국진) 건축사연구학회논문집 통권45호	
123	농암 이현보와 16세기 누정건축에 관한 연구(윤일이) 176호	
124	성주 연계소 영건에 관한 연구(김찬영) 206호	
125	중국 연변조선족 전통마을 공간구성에 관한 연구(김성우외 2인) 173호	
126	해방직후 건축계의 활동과 성격에 관한 연구(김란기) 건축역사연구학회논문집 통권13호	
127	한국의 민가를 중심으로 한중일 민가계획론에 대한 비교연구(김홍식) 건축도시연구정보센터	
128	문화재 보수공사에 사용된 건축도구와 전통건축기술의 보존(이왕기외 1인) 건축역사연구학회논문집 제14권 제2호	
129	북촌도시한옥의 지붕가구 특징에 관한 연구(송인호외 1인) 건축역사학회논문집 제14권 제4호	
130	조선시대 안동문화권의 뜰집에 관한 연구(김화봉) 석사학위논문	
131	제도적 근대화와 60년대 한국 건축의 근대성(김일현) 석사학위논문	
132	한국근대건축에 나타난 근대성 연구(정태용) 박사학위논문	
133	전통건축의 지붕기울기 변화요인에 관한 연구(오현택) 석사학위논문	
134	전통 목조 건축의 지붕곡 결정에 관한 연구(배지민) 석사학위논문	
135	1930년대 경성부 도시형 한옥의 상품적 성격(박철진) 석사학위논문	
136	한국 전통 주거건축에 나타나는 생태학적 특성에 관한 연구(김민경) 석사학위논문	
137	양택적 기론의 자연환경적 해석에 관한 연구(박현장) 석사학위논문	
138	전통 민가를 중심으로 살펴본 제주도 건축의 지역성과 그 현대적 적용에 관한 연구(강연진) 석사학위논문	
139	경기도 전통민가의 퇴에 관한 연구(정연상외 1인) 건축도시연구정보센터	
140	20C 전반기 경기도 민가의 구조 특성에 관한 조사연구(이경미) 건축도시연구정보센터	
141	한지가 실내습도조절에 미치는 영향에 관한 실험적 연구(이종원외 1인) 건축도시연구정보센터	
142	삼척지방 동서간 민가변화에 관한 연구(임상규) 건축도시연구정보센터	
143	15세기 조선온실건축의 기능 및 실내환경 특성에 관한 연구 건축도시연구정보센터	
144	전통창호의 차음특성에 관한 실험적 연구(신훈외 3인) 건축도시연구정보센터	

145 실학파 학인 홍대용의 중국 건축관과 북경 조선관에 관한 연구(한동수) 건축도시연구정보센터
146 북한건축의 연구(이왕기) 건축도시연구정보센터
147 북촌 튼 ㅁ자형한옥의 유형 연구(송인호) 건축도시연구정보센터
148 왕곡마을의 공간구조에 관한 연구(최장순) 통권 201호
149 해방이전에 지어진 경기도 지역의 농촌주거에 대한 조사 연구(나종현) 석사학위논문
150 온돌난방의 변천과 현황(김광우외 1인) 건축도시연구정보센터
151 기타 다수

참고미디어

제목	강사	출처
샤머니즘, 자연과 교감하기 위한 인류 최고의 기술	최준식	디지털 문화예술 아카데미
역대권력과 풍수	김두규	디지털 문화예술 아카데미
풍수관, 땅과 몸의 일치	김두규	디지털 문화예술 아카데미
우리 사는 공간	정기용	디지털 문화예술 아카데미
현공풍수지리	송두원	한국풍수지리학회
반평의 진리	윤갑원	정통풍수지리학회
우리의 집		MBC
한옥의 향기 5부작		MBC
목조건축 12부작		EBS
중요무형문화재 제74호 대목장		국립문화재연구소
대목장 신응수의 고건축이야기		YTN
한국의 풍수지리	박시익	한국풍수지리학회

도움 받은 사이트

건축도시연구정보센터www.auric.or.kr(한옥에 관한 많은 논문을 볼 수 있다)
민족문화추진회 www.minchu.or.kr(연행록, 고려사절요 등 많은 번역서를 볼 수 있다)
국립문화재연구소www.nricp.go.kr(전통건축에 관한 동영상과 논문을 볼 수 있다)

즐거운 한옥짓기 즐거운 한옥읽기

1판 1쇄 펴낸날 2007년 10월 30일
1판 4쇄 펴낸날 2011년 4월 30일

지은이 이상현
펴낸곳 그물코
펴낸이 장은성
만든이 김수진

종 이 페이퍼릿
인 쇄 대덕문화사
제 본 쌍용제책사

출판등록일 2001.5.29(제10-2156호)
주소 (350-811)충남 홍성군 홍동면 운월리 368번지
전화 041-631-3914
팩스 041-631-3924
전자우편 network7@naver.com
인터넷 누리집 gmulko.cafe24.com